이야기를
 따라가는
한옥여행

닮은 듯 다른 한옥에서 발견하는 즐거움

이상현 지음

이야기를 따라가는 한옥여행

SIGONGART

차례

들어가며 6

1 서울 경기도

여경구가옥_ 꽃담에 남은 사상의 흔적 14
정용채가옥_ 아름다운 행랑채의 정체를 밝히다 32
성공회강화성당 / 강화온수리성공회성당_
한옥식 성당의 미래를 상상하다 48
칠장사_ 마당에서 깨달음을 얻다 66
운현궁_ 한옥, 역사를 품다 84

2 충청도

김기응가옥_ 은유의 공간을 들여다보다 104
최태하가옥_ 하늘과 맞닿은 한옥 124
김기현가옥_ 한옥의 여성성을 읽다 140
추사고택_ 추사, 한옥과 통하다 156
결성동헌_ 동헌, 스캔들이 터지다 174

3 전라도

몽심재_ 한옥 정원, 신선을 꿈꾸다 **192**
김동수가옥_ 공간의 향연에 빠지다 **210**
강골마을 이용욱가옥_ 비대칭 한옥, 디자인의 진수를 보다 **226**
도래마을 홍기응가옥_ 한옥, 리듬을 타다 **244**
운조루_ 조선 선비의 로망을 만나다 **262**

4 경상도

옻골마을 백불고택_ 한국의 미로 거듭나다 **284**
향단_ 세상의 중심을 꿈꾸다 **302**
병산서원_ 건축, 자연이 되다 **320**
남흥재사_ 막사발을 닮은 건축 **340**
정온선생가옥_ 영광과 좌절, 숙명을 끌어안다 **358**
일두고택_ 틈으로 완성하다 **374**
밀양향교_ 은밀한 세상으로 들어가다 **392**

5 강원도 제주도

왕곡마을_ 태고의 집을 만나다 **410**
성읍민속마을_ 바람의 땅에서 한옥을 만나다 **426**

한옥 구조 명칭도 **444**

한옥의 처마 아래서 새 인연을 기다리며

들어가며

　연애 이야기로 글을 시작하려 합니다. 벌써 30년 가까이 지난 이야기입니다. 백 년만의 가뭄이라는 올해와 달리 비가 많았던 해였던 것 같습니다. 요즘 일기예보가 맞지 않는다고 하지만, 당시의 '거꾸로 예보'에 비할 바는 아닙니다. 결코 비가 오지 않을 것 같은 예보를 믿고 나갔다가 봉변에 가까운 물세례를 받는 일이 흔했으니까요. 생각지도 못한 비가 느닷없이 쏟아지면, 사람들은 아스팔트 위로 튀어 오르는 빗방울마냥 이리저리 뛰기 시작합니다. 거리는 순식간에 비어 버리지요. 당시만 해도 도시에서 처마가 지금처럼 귀하지는 않았습니다.

　세상에는 특별할 그 무엇도 없다고 생각하던 시절이었습니다. 사실 매일 만나는 사람이라야 남자 아니면 여자였고, 학생이 하는 일이라야 늘 거기서 거기였으니까요. 어제와 오늘이 다르지 않았지요. 그래도 사람들은 매일 살았습니다. 그것이 참 이상하던 시절이었습니다. 그런 나였지만 그래도 비만 오면 콩처럼 튀어 처마 밑으로 숨었습니다. 분위기 있는 페시미

스트는 아니었던 셈이지요. 그날도 비가 왔고, 뛰어서 가까운 처마 밑으로 숨어들었습니다. 그리고 거기서 한 여자를 만났습니다. 코가 서늘한 여자였습니다. 그렇게 사랑이 왔습니다. 그때 알았습니다. 우리는 늘 남자와 여자를 만나지만, 그 사람들이 다 다르다는 것을. 처마가 제게는 보리수였던 셈이지요. 처마는 내 영역과 남의 영역 사이의 공간입니다. 내 집과 세상의 중간 지대라고 할 수 있지요. 이웃은 그곳에서 쉬어 갈 수 있습니다. 그러니 처마는 집주인이 세상에 보시하는 공간이기도 합니다. 어쩌면 도시는 처마가 없어지면서 더 각박해진 것은 아닌가 하는 생각도 듭니다. 아무튼 처마는 제가 한옥을 좋아하게 된 이유 중 하나입니다.

우리에게 전통 한옥은 아무래도 남성적 이미지가 강합니다. 누마루에서 턱수염을 쓸어내리는 선비 정도가 될까요? 그러나 조금만 주의를 기울여 보면, 한옥의 내면 깊숙이 숨은 다감한 여인을 발견할 수 있습니다. 이런 형편을 모르는 분이라면 한옥과 사랑에 빠지기 쉽지 않습니다. 여인을 닮은 한옥은 자신에게 진솔한 애정을 보여 주는 이들에게만 제 속살을 보여 주니까요. 아마도 여러분은 이 책에서 한옥의 속살을 훔쳐볼 수 있을 것입니다.

이따금 한옥은 비슷비슷하다는 말을 듣습니다. 그러나 이 말은 세상의 모든 여성이 다 비슷하다는 말만큼이나 건조하게 들립니다. 아마도 사랑에 빠지지 못하는 이의 징후 정도가 아닐까요? 사람이 다 다른 것처럼 한옥도 모두 다릅니다. 이 책을 다 읽은 분이라면, 전통 한옥을 보는 눈이 이렇게 다채로울 수 있구나 하는 느낌을 받게 될 것입니다. 그런 의미에서 이 책은 사랑의 기술을 담고 있다고 할 수 있습니다. 그래서 거창하게 민족문화를 떠벌리거나 정색을 하고 동양철학을 이야기해서 산통을 깨는 일은 없을 것입니다. 그 대신 친근하고 아름다운 글이 되도록 노력했습니다. 왜냐하면 사랑에 관한 이야기니까요.

지난 2년간 저와 소중한 인연을 맺은 24곳의 전통 건축이 이 안에 들어 있습니다. 24곳 중 17곳은 살림집으로서의 한옥입니다. 개인 재산임에도, 모두 집주인이 세상에 내놓는 처마 같은 곳이지요. 그 처마 아래서 보는 세상은 훨씬 따뜻합니다. 그리고 만나는 사람마다 독특한 색깔이 있는 것처럼 17곳의 한옥도 각자의 색깔을 가지고 있습니다. 그리하여 집집마다 색다른 감동을 전해 줍니다. 즉흥미가 물씬 풍기는 꽃담을 보고 나면 어느새 한옥의 풍성한 정원을 거닐고 있는 자신을 발견할 것입니다. 독특한 분위기에 어깨를 들썩이기도 하고, 미처 깨닫지 못한 한옥의 색다른 디자인에 놀라기도 하겠지요. 여인처럼 새침한 한옥도 있지만, 사내처럼 무뚝뚝한 한옥도 있습니다. 한옥 이야기도 결국은 사람 사는 이야기입니다. 할머니의 구수한 이야기, 죽은 정인을 따라나선 애틋한 옹주의 사랑 이야기, 때로는 아팠던 시대를 살아 낸 민초들의 이야기도 듣게 될 것입니다. 때로는 지지고 볶고 싸우지만, 따지고 보면 한 처마 아래 사는 우리 이야기입니다. 24곳 중 나머지는 성당, 절집, 서원 등 전통 건축을 종류별로 하나씩 선정한 것입니다. 그리하여 이 책을 다 읽고 나면 어떤 전통 건축물을 만나도 자신의 눈으로 보고 느낄 수 있을 것입니다.

또한 24곳은 전국적으로 고르게 분포되어 있습니다. 한옥 기행을 나선다면, 그곳과 가까운 여행지를 일정에 넣기를 권합니다. 그래서 주말여행에 어울리는 곳을 함께 소개합니다. 훨씬 풍요로운 여행이 되리라고 확신합니다. 건축 기행에 어우러지는 휴양·문화·역사 기행이 여행의 기쁨을 배가시킬 것입니다. 한옥에는 처마처럼 중간 공간이 많습니다. 네 것도 아니고 내 것도 아닌 함께하는 영역입니다. 그래서 한옥 기행은 너와 내가 맞서는 현실을 조금은 따뜻하게 만들어 줄 것입니다. 이 책이 점점 팍팍해지는 세상살이에 작은 처마가 되었으면 합니다. 혹시 어느 한옥의 처마 아래서 새로운 인연이 여러분을 기다릴지도 모르겠습니다. 저처럼 운 좋은 사내라면 말입니다.

이 책은 3년 전 한 통의 전화로 시작되었습니다. 목소리의 주인공은 지난 2년 동안 한옥 기행 원고가 차곡차곡 쌓일 수 있도록 애써 주었습니다. 이렇게 월간지 『전원생활』에 연재되었던 글이 새롭게 옷을 입고 한 권의 책이 되었습니다. 처음 인연을 만들어 준 『농민신문』 김봉아 기자에게 첫 번째 고마움을 전합니다. 본문 사진 중 일부는 2년 동안 함께 취재를 다녔던 최수연 기자의 것입니다. '음, 실력이 보통이 아니군!' 책 속의 사진을 보고 이런 생각이 들었다면, 아마도 최 기자의 작품일 것입니다. 사용을 허락해 준 최수연 기자와 『전원생활』에 감사를 전합니다. 그리고 바쁜 와중에도 아이 글을 돌보듯 꼼꼼하게 살피고, 첨삭지도(?)까지 마다하지 않은 옆지기 경자에게 가장 큰 공을 돌리고 싶습니다. 그리고 시공사의 한소진 씨는 제가 혼자 하기 힘든 부분까지 일일이 챙겨서 책을 세상에 내놓았습니다. 시공사와 한소진 씨에게 감사를 전합니다. 막상 감사의 마음을 전하려니 머릿속에 익숙한 얼굴이 가득합니다. 늘 남의 도움을 받아 사는 처지여서 허리를 숙여 감사해야 할 분이 많지만, 일일이 적지 못해 미안한 마음입니다. 직접 찾아뵙도록 하겠습니다. 끝으로 저와 지면을 통해 새롭게 인연을 맺을 독자 여러분에게도 앞선 감사의 인사를 드리고 싶습니다.

2012년 11월

이상현

1

—
서울
경기도

꽃담에 남은 사상의 흔적

여경구
가옥

한옥은 자연과 문화를 아우른다. 여경구가옥에서도 자연과 문화는 중요한 테마인데, 꽃담에서 이를 확인할 수 있다. 꽃담은 자연에서 구한 막돌과 사람이 구운 기와로 장식됐다. 자연석은 주로 담장에 쓰여 집의 안과 밖을 구분하고, 기와는 집 안 곳곳에서 아름다움을 피워 낸다. 꽃담만큼이나 독특한 공간 디자인도 눈길을 끄는데, 이를 통해 19세기를 살아 낸 사람들의 생각을 엿보는 것도 한옥 기행의 숨은 가치다. 등록문화재가 된 추억의 팔당역으로 이어지는 건축 기행과 남한강변의 아름다운 드라이브 코스에 점점이 박힌 볼거리가 즐거움을 더할 것이다.

즉흥미가 돋보이는 사당의 꽃담

어둠 속으로 반복해서 나타나는 갈림길과 나들목을 확인하는 일은 오래된 기억의 뿌리를 좇는 것처럼 의심스럽고 자신 없는 일이다. 초행과 다름없는 낯선 길. 길을 안내하는 입간판이 헤드라이트의 불빛을 받아 움찔거리면, 차도 덩달아 놀라 속도를 줄이고 출렁인다. 허공에 떠 있는 회색빛 간선도로가 거대한 아파트 단지의 허리를 좌우로 가르며 승용차와 함께 하늘을 날고 있다는 착각을 일으키게 한다. 성산대교에서 올라탄 하늘길은 생각보다 길게 이어진다. 가로등 불빛이 대기 속에 독특한 이미지로 번지는 한겨울 도시의 이른 아침, 고체 연료처럼 조금씩 타들어 가던 딱딱한 어둠이 멀리서 붉게 타오르면 도시는 문명의 일상을 스스럼없이 내보인다. 그리고 한순간에 도로는 차들로 메워진다. 러시아워. 명확한 경계 없이 액체처럼 흐르던 풍경이 점차 독립된 그림으로 시야로 들어오더니 간선도로를 벗어나 구리시로 들어갈 때쯤에는, 하나의 커다란 이미지로 변하여 승용차를 가두고 만다. 마치 고무줄처럼 길게 늘어났던 시간이 고밀도의 입방체로 압착되는 느낌이다. 조선 시대에 지어진 고택을 만나러 가는 길, 600년 고도 古都 서울을 축지법을 쓰듯 막 날아온 것이다.

우리는 이따금 고택 古宅 을 한옥과 같은 뜻으로 쓴다. 시멘트 건축의 역사가 짧은 까닭이다. 굳이 고택이라는 말을 떠올리는 것은 '한옥'에는 없는 매력이 그 속에 숨어 있기 때문이다. 그것은 거대도시 서울에서 느끼는 시대적인 익숙함이 아니라 시간을 함께 보낸 이에게서나 느껴지는 인간적인 친밀감 같은 것이다. 세월이 내려앉은 고택에서 머리가 희끗거리는 노신사의 멋과 여유가 묻어나는 것은 그래서 자연스러운 일이다. 손자의 머리맡에 앉아 이야기를 풀어 내던 할머니의 체취를 추억해 낼 수 있다면, 이 역시 고택이 주는 향기다.

고택 여경구가옥의 머리맡에는 조상을 모신 사당이 있다. 할머니의 구수한 입담처럼 이 사당은 많은 이야깃거리를 몰고 다닌다. 실제 여경구가옥은 사당 좌우의 아름다운 담벼락만으로도 적지 않은 사람들을 불러 모은다. 화려하게 장식한 벽을 통칭하여 '꽃담'이라 한다(담과 벽을 구분하면, 사당 벽의 꽃담은 꽃벽이라고 하는 것이 정확하겠지만, 꽃담이라는 말을 일반적으로 사용하고 있다). 문양으로 반드시 꽃이 들어가야 하는 것은 아니다. 일반 살림집에서는 화방火防벽(목조 가옥인 한옥을 불에서 보호하기 위해 쌓은 벽)을 화려하게 꾸며 꽃담을 대신하기도 한다. 때로는 붉은 벽돌을 이용하여 길상문을 만든다. 길상문은 수복부귀壽福富貴처럼 장수와 복을 기원하는 무늬인데, 이조차 많은 비용과 정성이 들어가야 하기 때문에 검소함을 미덕으로 여기는 한옥에서 꽃담을 만나기는 쉽지 않다. 그래서 꽃담 하면 우리는 자연스럽게 경복궁을 떠올린다. 경복궁의 담장에는 화려한 나무와 꽃, 거북을 묘사한 귀갑문, 그리고 영원을 소망하며 이어지는 다양한 기하 문양이 매우 꼼꼼하게 장식되어 있다. 하지만 여기에는 사람을 한자리에 오랫동안 잡아 놓는 깊은 감흥이 없다.

이 집 사당의 꽃담에는 우리 고유의 즉흥미가 잘 녹아 있다. 때문에 자칫 진부할 수 있는 길상문이나 화려하고 정교하기만 한 궁궐의 꽃담과는 전혀 다른 감동을 일으킨다. 무심히 쌓아 올린 즉흥성에서 출발하는 수수함이 사람의 발길을 잡고 놓지 않는다. 여러 가지 색깔의 돌을 가져다 벽의 허리춤까지 고르게 쌓고, 그 위에는 기와를 올려 장식했다. 돌의 거친 질감

(위) 현재 사당의 꽃담에는 예전 그대로의 모습은 아니지만 목수의 즉흥적인 감흥이 잘 살아 있다.
돌의 거친 질감이 돌을 감싼 고운 줄눈과 잘 어우러진다. 옛사람들의 철학은 사라졌지만 디자인은 남았다.
(아래) 원래 사당의 꽃담에서는 자연스러운 리듬감이 느껴진다. 1991년에 보수되기 전의 모습이다. 사진 제공 문화재청

이 돌을 감싼 고운 줄눈과 잘 어우러진다. 담장 위쪽의 기와 역시 현장 장인의 즉흥적인 미감을 잘 살려 냈다. 다른 사당의 평범한 담벼락에 비한다면 단연 눈에 띄는 맵시다. 그러나 안타깝게도 이 꽃담은 예전 그대로의 모습이 아니다. 수리를 하면서 전혀 새롭게 변하고 말았다. 수리 전의 이미지를 아는 이에게 현재의 꽃담은 진한 아쉬움을 남긴다. 현재 꽃담의 화려함과 경쾌함도 보는 사람에게 즐거움을 주는 데에 모자람이 없지만, 옛날 꽃담에 비할 바는 아니다. 벽의 허리까지 자연의 돌을 가져다 쌓고 그 위로 기와를 얹어 장식한 것은 똑같지만, 담장을 감상하는 우리에게 전해 주는 감동의 울림이 다르다. 옛날 꽃담은 전통적인 기법을 써서 담벼락 밑에 큰 돌을 놓고, 점점 돌의 크기를 줄여 가며 쌓아 올려 데크레센도 decrescendo(악보에서 점점 여리게 연주하라는 말)의 선율을 만들어 낸다. 이는 시각적으로도 매우 안정적이다. 그 위로 수키와를 두 줄과 네 줄로 포개어 쌓았다. 포개어 쌓은 수키와 사이의 꽤 넓은 공간에는 암키와를 원뿔 모양으로 심어서 강한 율동감을 일으킨다. 현재의 꽃담이 곧은 선이라면, 과거의 그것은 부드러운 곡선이다. 옛 꽃담의 문양이 된 암키와는 일정한 패턴이 있어서, 4개의 암키와가 크기를 달리하면서 하나의 장식 단위가 되었다. 그리고 짙은 색의 암키와가 2개씩 짝을 이룬다. 이 전체가 벽이라는 작은 우주에서 한 몸이 된다. 작은 우주에 주역의 태극, 음양, 사상四象이 담겨 있는 것이다. 때문에 주먹구구식 보수의 결과물인 현재의 꽃담과는 확연히 다르다.

　원래의 모습대로 꽃담을 살리지 않았다는 비난 때문인지, 안채의 바깥벽에 옛날 꽃담을 재현해 놓았다. 그러나 이곳에서도 이 집을 지은 이의 정신세계를 읽어 낼 방법은 없다. 꽃담의 문양을 단지 디자인으로 접근했기 때문에 원형의 가치를 이해할 수 없었고, 어설픈 흉내를 내다 보니 디자인에 숨은 정신의 맥을 놓쳐 버리고 말았다. 철학이 사라진 디지털 디자인이지만, 이 디자인이 고택 감상의 흥을 살리는 것은 분명하다. 건축이 시대를 담는다는 말을 그대로 받아들인다면, 지금의 문양은 이 시대의 디자인 정신을 담은 것이다.

독특한 묘미의 공간 구성, 그 속에 숨은 인간미

고택으로 들어가는 고샅(대문으로 연결되는 좁은 길)은 가파른 골목길이어서 도심의 달동네를 연상시키는데, 여경구가옥은 실제로 마을에서 제일 높은 곳에 자리하여 1980~90년대 가난한 살림집을 떠올리게 한다. 무슨 생각으로 불편을 감수하고 이 높은 곳에 집을 지었을까? 이 집을 지은 사람은 도대체 무슨 생각을 하고 살았을까? 짧은 고샅을 지날 때의 기분은 마치 과거와 현재 사이의 어디쯤을 지나는 느낌이었다. 쇳소리를 만들며 귀밑을 치고 지나가는 바람 때문에 그 느낌은 매우 강렬했다. 하지만 이런 궁금증을 풀 확실한 열쇠는 어디에도 없다. 여경구가옥에 관한 자료는 구전되어 내려오는 이야기 하나가 전부다. 집을 지은 사람이 지금 소유주인 여경구의 장인 이덕승의 8대조라는 것. 19세기라는 집의 건축 연대 역시 이 정보에서 나왔다. 그러나 제풀에 주저앉을 필요는 없다. 집은 시대와 함께 건축주의 마음을 담기 마련이기에, 천천히 집을 돌아보는 것만으로도 이 집을 지었던 사람이 어떤 생각을 하며 어떻게 살았는지 미루어 짐작할 수 있다.

우리가 집을 지을 때 고려하는 두 가지 중요한 요소는 전망과 생활이다. 살림집에 전망을 중요한 덕목으로 삼은 전통은, 논란이 있을 수 있겠지만

여경구가옥을 바라보면 자연과 도시가 고택의 배경이 되고 있다. 시간과 공간이 하나임을 느끼게 한다.

사실 오래된 것이 아니다. 이는 전망 좋은 곳에 짓던 정자가 사랑채에 흡수되면서 시작된 것이므로 조선 중기 이후부터로 보는 것이 맞다. 때문에 이후에 지어진 많은 전통 한옥들에는 바닥을 높여 2층으로 지은 누마루가 있다. 이 집의 높은 집터에는 어느 정도 이런 목적이 있어 보인다. 전망을 위해 정자를 짓다가 이것이 누마루로 변해 집의 일부가 되고, 이후에는 사랑채 자체가 전망을 확보하는 형태로 변한 것이다. 아파트 시세를 결정할 때 전망이 중요한 요소인 것을 보면, 조선 시대 살림집 전통이 오늘까지 이어져 왔다고도 할 수 있다.

　가파른 고샅을 지나 대문을 밀고 들어서면 제법 높은 기단(집터에서 건물이 들어서는 부분을 단단하게 다져 높게 쌓은 부분) 위에 선 사랑채를 만나게 된다. 평평하게 잘 고른 사랑마당 끝에는 곳간채가 있었다지만, 지금은 사라지고 없다. 대신 탁 트인 마당에서는 멀리 천마산과 왕숙천을 한눈에 내려다보는 호사를 누릴 수 있다. 사랑채는 바닥을 높여 꽤 높은 막돌기단을 쌓았다. 물론 이는 집터에 값하는 전망을 확보하려는 의지의 표현이기도 하지만, 이를 이해하기 위해서는 다른 시선 하나가 더 필요하다. 즉 사당의 꽃담을 감상할 때와 같은 맥락에 서는 것이 필요한데, 이는 여경구가옥 전체를 감상하는 데 매우 요긴하다. 말하자면 막돌 위에 기와를 얹는 수법으로 자연과 문화를 하나로 아우르는 것이다.

　이런 수법은 안채에도 똑같이 해당된다. 그리하여 전망을 위해 기단을 높였을 것이라는 생각만으로 안채에 들어가면 당황하기 십상이다. 안채의 기단은 높아서 위태로울 지경이지만, 막상 그 위에 올라서도 제대로 된 전망을 즐기기 어렵다. 곳간채가 앞을 가로막아서 보이는 것이라고는 허공

(위) 사랑채는 답답한 안채에 비해 주변의 터짐이 좋다.
주변 산세를 닮은 지붕에서 한옥이 자연에 녹아드는 모습을 볼 수 있다.
(아래) 봄이 되면 안채 뒤쪽의 화계에는 꽃이 만발하고, 겨울의 화계는 깊은 사색의 공간이 된다.

을 가르는 서늘한 겨울바람뿐이다. 따라서 안채의 높은 기단은 어느 정도 사랑채의 기단과 맥을 같이한다. 즉 자연을 담은 막돌 위에 문화를 상징하는 집이 있는 것이다. 꽃담이 가지는 정신이 안채에도 그대로 이어지고 있는 셈이다.

중요민속문화재 제129호로 지정된 후, 여경구가옥은 '보수'라는 명목으로 많은 변화를 겪어 왔다. 그러나 아무리 세월이 흘러도 쉽게 변할 수 없는 것이 이 집의 독특한 공간 배치다. 예학禮學에 답답하게 갇혀 있던 살림집이 조선 후기의 자유로운 사회 분위기 속에서 새로운 변신을 시도했음을 알 수 있다. 우선 사당이 사랑채 바로 뒤에 있는데, 이 독특한 위치가 이 집을 소개할 때 빠지지 않는다. 성리학이 약화되었다고는 하나, 효를 중시하는 우리 문화는 여전했고, 제사를 모셔야 하는 조선 선비의 의무도 이어지던 시절이었으므로 사랑채와 사당이 가까워야 했다. 그러나 사당의 위치는 사랑주인만을 위한 것이 아니라, 안주인과도 깊은 관계가 있어 보인다. 안채 뒤쪽을 통째로 안채의 영역으로 만들어 화계(계단식으로 층을 두어 만든 꽃밭)를 만들었다. 이렇게 하여 사랑채 축과 안채 축이 나란히 놓이게 되었다. 축으로만 본다면 남녀가 상당히 동등한 입장이 된다. 전체적인 건물의 배치가 특별하다고는 하나 여전히 전형적인 남향집처럼 안채가 북쪽을 차지하고 있다. 북北은 생식을 뜻하는 여인의 자리이니, 꽃담에 담긴 사상四象의 흔적이 채의 배치에서도 계속되는 셈이다. 사랑채와 안채는 나란히 서서 동쪽을 바라보고 있다. 같은 곳을 바라보는 것이 부부의 삶이라면, 이 집은 그런 의지를 담고 있다. 동쪽이 푸름을 뜻하는 것을 보면, 집을 지은 당사자는 물질적인 소유보다 가정의 푸른 행복을 꿈꾼 것은 아닐까?

돌과 기와가 만들어 내는 사유의 공간

안채는 철저하게 생활을 배려하여 지었는데, 이는 독특한 안채의 디자인으로 표현되었다. 보통 ㅁ자이거나 ㄱ자인 경기 지역의 안채가 이곳에서는 T자 모습이다. 건넌방 – 대청 – 안방 – 부엌이라는 전형적인 ㄱ자형 안채에 안방 옆으로 마루방과 구들방을 연이어 들여 매우 독특하다. 안방은 T자의 가운데를 차지했다. 결과적으로 안채는 두 개의 안마당을 가지게 되었는데, 아마도 안주인의 의견이 반영된 것 같다. 안채의 기단은 언뜻 보아도 사랑채 기단보다 높다. 앉은 자리도 사당을 밀어내고 제일 윗자리인 왼쪽 끝을 차지했다. 이런 파격은 꽃담에도 이어진다. 정숙해야 할 사당을 화려한 꽃담으로 치장한 것은 요즘 세대가 진지한 주제를 빠르고 화려한 랩으로 소화하는 것과 같은 것일지 모른다. 안채의 높은 기단 때문에 안마당을 효과적으로 쓸 수 없게 되자 건물 형태에 변화를 주게 되었고, 뒷마당이 실질적으로 안마당이 되는 효과가 만들어졌다.

뒷마당의 발달을 이 당시 한옥이 가지는 시대적인 특징으로 설명하는 학자도 있지만, 안마당이 가지는 기능을 이처럼 고스란히 받아 내는 뒷마당을 만나기는 쉽지 않다. 그런 의미에서 여경구가옥의 안마당화된 뒷마당은 당시 지어진 한옥으로는 매우 특이한 모습이다. 실제 우물도 이곳에 있기에, 살림을 위한 중심 공간은 뒷마당이었을 것으로 보인다. 이 역시 부부의 서로에 대한 배려에 닿아 있다. 늘 손님이 드나드는 사랑채의 일상에서 안채와 사랑채의 사생활을 보호하고, 안채의 내밀한 이야기가 밖으로 새어 나가지 못하게 하려는 의도가 엿보인다. 개인 생활에 대한 배려는 사랑채에서도 나타난다. 사랑채와 이어지는 안채의 쪽문은 작은사랑과 연결된다. 이 문은 사랑채에 서비스를 제공하는 통로가 되기도 하지만, 아들 부부에게는 사랑을 잇는 마법의 문이 되기도 했을 것이다. 여기서 주목할 것은 아파트 베란다의 이웃 간 가림벽 같은 칸막이가 사랑채에 있었다는 사실이다. 사랑채는 대청을 중심으로 큰사랑과 작은사랑으로 구성되는데, 큰사랑과 작은사랑의 시선을 막는 차단벽이 툇마루(바깥 기둥 안 툇간에 만들어지는 긴 마루. 기둥 밖 처마 밑에 만드는 쪽마루와 구분된다)를 가로막아, 같은 건물이지만 큰사랑과 작은사랑이 완전히 분리된 느낌의 공간감을 확보했다. 이는 아마도 작은사랑에 머무는 젊은 아들과 며느리에 대한 아버지의 따뜻한 배려였을 것이다.

사랑채와 안채를 이어 주는 문.
젊은 부부의 사랑을 연결시켜 준 마법의 문이었을 것이다.

여경구가옥의 본래 모습은 복원이라는 미명 하에 많이 변했다. 저마다 독특할 수밖에 없는 하나하나의 문화재가 추상화되고 관념화되어 모두 다 똑같은 모습이 되어 가고 있는 것은 아닌지. 그럼에도 불구하고 여경구가옥은 전통 한옥으로서 여전히 제 몫을 충실히 해내고 있다. 정신적 가치를

(위) 안채의 높은 기단을 오르는 댓돌이 너무 좁아 위태로워 보인다.
(아래) 여경구가옥의 뒷마당은 당시 지어진 한옥으로는 특이한 모습이다.
실제 우물도 이곳에 있어 뒷마당은 살림의 중심이 되었다.

(왼쪽) 사랑채의 툇마루 안쪽에는 큰사랑의 시선을 가리는 차단벽이 있었다. 작은사랑에 머무는 아들 부부를 배려하는 아버지의 마음이 흔적으로 남았다.

(아래) 여경구가옥의 기와는 살아 숨 쉬고 있는 듯하다. 합각과 굴뚝, 꽃담에서 다양한 모습을 드러낸다.

함축하고 있는 꽃담의 막돌과 기와는 집 이곳저곳에서 한결같이 함께한다. 자연에서 주워 온 돌은 담장이 되어 집의 안과 밖을 나누고, 때로는 기단이나 벽이 되어 건물의 안과 밖을 구분해 준다. 기와는 단순히 비를 막는 재료를 넘어서 합각(팔작지붕 양옆의 삼각형 부분)과 굴뚝, 그리고 꽃담에서 다양한 변신을 시도하는 중이다. 이와 함께 가족에 대한 가치를 공간 배치에 자유롭게 녹여, 정신을 담아내는 그릇으로 집을 승화시키고 있다. 그리하여 남양주시 진접읍의 개발로 도시 속의 한옥으로 그 위상이 바뀐 지금에도 문화재로서의 위치를 공고히 하고 있다. 전체적으로 집을 돌아보면, 꽃담의 디자인과 정신은 이 집 전체의 아름다움과 시나브로 연결된다. 여경구가옥에서 볼 수 있는 한옥의 미는 사당에서 출발해서 사당으로 돌아온다고 할 만하다.

아쉬운 마음에 집 안을 한 바퀴 더 돌아보고 대문을 나선다. 툇마루 시렁에 걸린 곶감이 주는 아스라한 여운을 안은 채로 가파른 고샅에서 잠시 발을 멈춘다. 멀리 바라다보이는 왕숙천이 한동안 시선을 잡고 놓지 않는다. 세월을 묵묵히 지나온 저 천(川)과 200여 년의 세월을 견뎌 온 고택 사이에는 무수한 변화가 일어났고, 일어나는 중이다. 시멘트 집들이 촘촘히 들어섰고 넓은 도로가 생겨났다. 그 위로 많은 차량들이 지체와 서행을 반복하고 있다.

주소 | 경기도 남양주시 진접읍 금강로 내곡리 286(961번길 25-14)
관람시간 | 10:00~17:00
관람료 | 무료
문의전화 | 남양주시청 문화관광과 031-590-4721

전설이 된 팔당역

북한강변에는 영조의 막내딸인 화길옹주가 이곳으로 시집오면서 지은 '궁집'이 있다. 궁집은 왕의 가족이 사는 민가를 이르는 말인데, 문화재로 지정되면서 아예 '궁집'이라는 이름이 붙었다. 궁궐 목수를 동원해서 지은 집이기에 추천하고 싶다. 그리고 팔당역이 이곳에서 멀지 않다. 팔당역은 서울에서 가깝고 경치도 좋아 사람들의 발길이 끊이지 않던 곳이다. 그 팔당역이 등록문화재 제295호로 지정되면서 추억은 이제 전설이 되었다.

그렇다고 남양주시가 추억을 되새김만 하는 고리타분한 곳은 아니다. 남한강변을 따라 이어지는 아름다운 드라이브 코스는 날마다 수많은 추억을 만들어 낸다. 남한강과 북한강이 만나는 두물머리의 풍광을 보고 달리기 시작해서, 주필거미박물관에 들러 거미 박사를 만나도 좋고, 잠시 남양주종합촬영소에 들러 영화 이야기를 나누어도 좋다. 도로변에 점점이 박힌 카페들도 매력적이다. 폐수 처리장을 단번에 매력적인 관광지로 만든 피아노 화장실도 이 드라이브 코스의 숨은 진주다. 시간이 되면 한국 안의 몽골, 몽골문화촌까지 둘러보자.

🚗 여경구가옥 —30분→ 궁집 —25분→ 팔당역 —20분→ 두물머리 —5분→
주필거미박물관 —16분→ 남양주종합촬영소 —13분→ 피아노 폭포

아름다운 행랑채의 정체를 밝히다

정용채
가옥

집은 사회의 변화를 담아낸다. 한옥처럼 실용을 중시하는 집은 그 변화에 매우 민감하다. 화성 정용채가옥은 1800년대 중반 해안가의 시대 상황을 잘 반영한다. 달 모양의 특이한 건물 배치에서 당시 시대정신을 '들여다보는 재미가 남다르다. 집을 짓는 이에 따라서 한옥이 얼마나 창의적으로 변신하는지 살펴보자. 정용채가옥 바로 아래 자리한 정용래가옥은 정용채가옥과 대비되는 아기자기함이 장점이다. 한걸음에 전혀 다른 정서를 담은 건물 둘을 감상할 수 있다. 저녁노을이 특히 아름다운 제부도가 가까워 정신적인 풍요를 건축에서 자연으로 이어 갈 수 있다.

뒷산에 기대어 지은 달 모양의 집

차가 무사히 화성방조제에 올라선 후에야 길을 제대로 들어섰다는 확신이 들었다. 그런데 달 모양을 한 집이라니! 화성 정용채가옥은 뒷산에 기대어 지은 달 모양의 집이라고 한다. 그 집을 처음 찾아 나선 길이니 궁금증이 여러모로 꼬리를 문다. 차창을 넘어 들어온 바다 냄새가 생각에 빠져 있던 마음을 주변 풍경으로 옮겨 놓는다. 고속도로를 막 지나온 뒤여서 '제한속도 60'이 답답하게 느껴지기도 했지만, 차창 밖에서 밀려드는 갯벌 냄새가 조바심을 풀어 주었다. 뚝 떨어진 속도감이 주는 여유로움 때문에 마음은 다시 달 주위를 도는 위성처럼 정용채가옥 주위를 맴돈다.

정확하게 말하자면, 집의 건물 배치 형태가 한자 '月(월)' 모양이다. 출발할 때부터 궁금했던 터라 차를 모는 내내 달에 얽혀 있을 이야기를 짚어 보는 중이다. 도대체 살림집을 月자로 지은 까닭이 무엇일까? 그 이유가 쉽게 머릿속에 떠오르지 않는다. 문화재청의 기록대로라면, 대문채가 1887년에 세워지고 안채와 사랑채는 그 몇십 년 전에 지어졌다. 그렇게 건물이 따로 지어졌다면 애초 月자를 염두에 두지 않았을 수 있다. 달이 주는 아스라한 이미지가 일으킨 공연한 호기심일 수도 있을 것이다. 다시 눈길이 밖을 향한다. 휴가철 바닷가치고는 도로에 여백이 넉넉하다. 아마도 연일 계속된 폭우 때문일 것이다. 바다를 가로질러 얼굴을 간질이고 달아나는 바람이 기분 좋게 느껴진다. 방조제를 지나 뭍에 오르자 바다로만 내달리던 바람이 방향을 틀어 작은 마을의 건물들 사이로 헤집고 들어가 큼지막한 비닐봉지를 하늘로 차올리는가 싶더니 순식간에 땅바닥에 꽂아 버렸다.

방조제 끝에 걸린 작은 마을을 벌써 까맣게 잊어버리고 앞으로만 내달리다가 급하게 속도를 줄였다. 문화재 입간판을 보고 가까스로 핸들을 돌려 골목길로 들어선다. 정용채가옥으로 들어가는 길이 4차선 넓은 도로에서 빠지는 좁은 샛길이어서 입구를 놓칠 뻔한 것이다. 정용채가옥으로 유도하는 입간판은 언덕 쪽을 향하고 있지만, 아래쪽 길을 선택했다. 먼저 주변을 둘러볼 요량이었다. 어느 순간 마을 당산나무가 나오고, 중요민속문화재 제125호로 지정된 정용래가옥이 얼굴을 내민다. 비록 초가지만, 사랑채며 안채며 구색을 모두 갖추고 대문에 홍살(대문 위에 만들어 댄 살대)까지 넣어 꽤 듬직해 보인다. 좁은 샛길을 지나서인지 먼저 눈길을 잡은 것은 집 앞으로 펼쳐진 넓은 들판이다. 바다 쪽으로 내달린 들판이 시야를 넓게 열어젖혀 기분까지 시원해진다. 한동안 들판 위를 거닐던 눈길이 당산나무 곁에서 잠깐 쉬고 정용래가옥 쪽으로 다시 옮겨 가는 찰나, 이번에 눈길을 가로챈 것은 산허리를 가르고 지나가는 기다란 건물이다.

들어온 길을 되짚어 확인하니 위치상으로 정용채가옥이 틀림없다. 거리감 때문인지 건물이 매우 낮게 느껴진다. 하지만 언뜻 보아도 살림집으로는 꽤나 고급스럽다. 도시의 한옥처럼 화방으로 치장되었고, 그 길이가 꽤나 길다. 그런데 왠지 건물이 낯설다. 딱히 화려함 때문만은 아닌 듯한데 낯섦의 정체는 무엇일까? 그러고 보니 건물에 창이 없다. 살림집에 창이 없다면 사람이 사는 건물은 아닌 듯한데, 그럼 도대체 무슨 용도로 저렇게 크고 고급스러운 건물을 지은 것일까? 위치상 행랑채(집 바깥 부분에 해당되는 주거 공간)가 분명한데 행랑채에 창이 없다니! 궁금증 때문에 코앞의 정용래가옥을 남겨 두고, 발길을 돌려 정용채가옥으로 향한다. 정용채가옥은 중요민속문화재 제124호다.

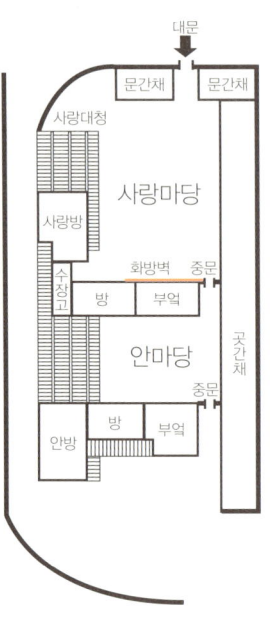

화려하고 엄숙하기까지 한 길고 긴 곳간채. 이 집이 月자로 된 까닭은 아마도
이 긴 곳간채와 관계가 있을 것이다.

철저하게 폐쇄적인 부농의 집

정작 언덕을 올라와서는 전망이 주는 호쾌함에 다시 눈을 빼앗긴다. 집터에서 내려다보는 전망은 주변에서 제일가는 자리다. 언덕 아래에서 보는 모습과 또 다르다. 안산案山(집 앞에 있는 작은 산)과의 거리도 안정감이 있고, 바다로 면한 평야도 시원하다. 그런데 의문 하나가 다시 떠오른다. 이 좋은 전망을 마다하고 왜 창문 하나 없는 행랑채를 지은 것일까? 왜 꽉 막힌 행랑채 뒤에 사랑채와 안채를 숨기듯 지었을까? 호기심과 궁금증이 꼬리를 문다. 얼른 시선을 거두고 문간채(대문이 있는 채)로 발길을 옮긴다. 가로로 길게 늘어진 행랑채와 비교되어서인지 문간채가 좁게 느껴진다. 고샅을 따로 두지 않고 마을에서 이어지는 길을 솟을대문(행랑채보다 지붕이 높은 대문)으로 바로 이어지게 한 것도 인상적이다. 대문을 들어서면, 집의 건축적 깊이감이 크게 느껴진다. 마당 두 개를 건물이 감싸서 月자 모양으로 지은 긴 집이기 때문이다. 사랑마당이 있고, 안마당이 연이어 중문(채와 채를 잇는 문. 보통 안채와 사랑채를 잇는 문을 말한다)으로 이어진다. 안채로 이어지는 중문은 행랑채 쪽에 치우쳐 있어서 대문에 들어서도 안채를 엿볼 수 없게 동선을 구성해 놓았다.

행랑채의 정체를 알게 된 것은 바로 그때다. 세상에! 놀랍게도 그 고급스러운 담벼락을 한 건물은 행랑채가 아니라 다름 아닌 곳간채였다. 순간 고개가 갸우뚱 돌아갔지만, 건물이 지어진 연대와 바닷가라는 위치를 생각하니 어느 정도 수긍이 간다. 1800년대 중후반이면 사회가 온통 혼란에 빠져 있을 때다. 전국적으로 농민이 봉기하고, 조정에서는 세도정치가 막바지로 치닫는 상황에서 바닷가에서는 외국 배들까지 심심찮게 출몰하던 위태로운 시절이었다. 이 지역 역시 그 시대 상황을 피해 가지 못한 듯하다. 보통 나무 벽을 길게 대서 허름하게 막아 대던 곳간채 벽에 화방을 두른 것을 보면, 당시 이곳의 치안 상황도 그리 녹록하지 않았던 것 같다. 어느 정도 과장이 있을 수 있겠지만, 마을 어른들의 이야기에 의하면 바다로 달려가는 저 너른 들판이 모두 정용채가옥의 소유였다고 한다. 행랑채로 위장이라도 한 듯 지어진 기다란 곳간채는 당시 집주인의 부와 함께 어지러운 시대 상황을 간결하게 정리하여 보여 준다.

솟을대문을 들어선 눈길이 중문 안으로
이어지며 공간에 깊이를 더한다.

정용채가옥은 방문객에게 그리 친절하지 않다. 솟을대문을 들어서면, 화방벽이 전면에서 다시 시선을 막는다. 어찌 보면 정용채가옥은 한옥의 기본 형태에서 많이 벗어나 있다. 중국의 전통 살림집인 사합원四合院이나 중세 서양의 도시 건물에서나 만날 수 있는 단절감이 안팎으로 이어진다. 때문에 나중에 집주인에게 혹시 조상 중에 외국을 다녀온 사람이 있는가 묻기까지 했다. 물론 대칭을 중시하는 사합원이나 서양 건물과 달리 정용

(위) 솟을대문을 들어서면 사랑마당을 두른 벽이 긴장감을 유발한다. 누군가 방문을 열고 맞아 주기를 기대했다면 당황하기 십상이다. 왼쪽은 곳간채, 오른쪽은 안채의 뒷모습이다.
(아래) 꽉 막혀 있지만, 답답하지 않은 안마당. 크기가 아담해서 대청에 앉으면 마음이 평온해진다. 곳간채 중심문이 정확하게 대청의 맞은편이다.

채가옥은 비대칭을 유지한다는 점에서 한옥의 미덕을 잃지 않고 있다. 일단 솟을대문에 들어서면 곳간채가 보이고 오른쪽으로 사랑채가 시야 속으로 들어온다. 분명 텅 빈 집이지만, 안채로 연결된 중문으로 발걸음을 옮기는 마음이 불안하다. 사랑채에서 누군가 보고 있는 것은 아닌가 하는 불안감에 사랑채를 흘끔거리게 된다. 이곳에 들어서는 사람은 철저하게 하나의 동선을 따라서 움직여야 한다. 솟을대문과 중문 이외에는 다른 길이 없고, 몸을 숨길 작은 공간조차 보이지 않는다. 타인의 움직임은 단 한순간도 집주인의 시선을 벗어날 수 없다. 건물의 본채인 사랑채와 안채를 대문에 들어섰을 때 정면에 오도록 짓지 않고 오른쪽에 세운 것은 건물이 안산과 평야를 향하게 한 것이겠지만, 곳간채를 지키려는 현실적인 의지가 확실하게 묻어난다. 이런 의지는 집터에서도 보인다. 집의 위치가 마을 밖에서는 쉽게 노출되지 않으면서도 마을을 충분히 살필 수 있는 자리다. 따라서 철저하게 폐쇄적인 건축 방법을 동원한 것은 집의 부를 보호하기 위한 조치였다.

안채와 사랑채 사이에 숨은 보물 창고

집을 지은 이가 상당한 재력가임에 틀림없지만, 당시 유행하던 사랑채의 누마루조차 짓지 않았다. 그렇다고 마을에서 자신의 권위까지 포기한 것은 아니다. 사랑채의 지붕은 외관상 격이 높은 팔작지붕(한옥에서 가장 화려한 지붕으로 지붕 선이 아름답다)이고 기둥을 받친 주춧돌도 정성 들여 다듬은 다듬돌이다. 그러니 좀 더 호쾌하게 자신의 권위를 내세우지 못한 것은 당시의 불안한 치안과 관계있을 것 같다. 누마루가 가진 개방성조차 용인하지 않던 당시의 각박한 시대 상황이 눈에 잡힐 듯하다. 신분 질서가 무너

(위) 안채 마당에서 사랑마당을 바라본다. 평화롭고 고즈넉한 분위기지만 지루하지 않은 것은 변화가 많은 벽이 주는 율동감 때문일 것이다.
(아래) 이곳을 방문하는 이라면 누구도 사랑채의 눈길을 피해 갈 수 없다. 혼란한 시기에 지어졌지만, 툇마루에 난간까지 두른 부농의 사랑채는 여유롭기만 하다.

지고 상업이 발달하면서 바야흐로 서양에서처럼 폐쇄적인 살림집이 출현할 조건이 성숙한 때가 이즈음이다.

이 때문에 사랑채의 기능도 다른 집과 사뭇 달라 보인다. 사랑채가 밖을 차지하고 방문객을 맞이하도록 한 것은 사랑채의 권위 때문이라기보다 안채와 곳간채를 보호하려는 의도였을 것이다. 대문에서 비켜선 채 출입자를 살피는 사랑채의 위치부터가 그렇다. 이는 단순한 추측이 아니다. 사랑채의 내부 구조에서도 이런 태도가 그대로 나타난다. 사랑대청을 건물 한편으로 물리고, 방을 안채 쪽으로 바짝 붙였다. 그리고 사랑방 뒤쪽 툇마루에는 안채와 연결되는 복도를 만들었다. 사실상 두 건물은 하나인 셈이다. 지붕도 사랑마당에서 보면 안채와 구분되지만 뒷마당으로 가서 보면 지붕이 하나라는 것을 알 수 있다. 그리고 툇마루의 복도 안쪽에는 꽤 큰 수납 공간을 만들어 중요한 재산을 보관할 수 있게 했다. 결과적으로 정용채가옥의 건축 공간은 철저하게 안채를 중심으로 몰려 있다. 사랑채 쪽의 곳간채 문도 안채 쪽으로 나 있다. 마당이 주는 느낌도 사랑마당은 무엇인가 불편하다. 이에 비해 안마당은 마음을 포근하게 하는 안성맞춤의 크기다. 따라서 이 집을 감상하기 위해서는 기존의 사랑채와 안채 개념을 넘어서 사회 혼란기의 부농의 마음을 읽어 내야 한다.

당시 부농들은 이미 볼품없이 사그라지던 성리학의 위세에 생활을 내어 줄 까닭이 없었다. 이 집은 전체적으로 일관되게 실용적이다. 봉제사접빈객奉祭祀接賓客(제사를 모시고 손님을 맞는 일)이라는 조선 선비 제일의 덕목이 이곳에서는 더 이상 유효하지 못했다. 지붕의 높이조차 외부와의 관계를 고려한 듯 외부에서 실내를 조금도 볼 수 없게 조정했다. 비록 안채가 집의

안채와 사랑채를 잇는 복도에는 고급스러운 우물마루를 깔았다. 우물마루는 짧은 널을 가로로 놓고 긴 널을 세로로 놓아 井자 모양으로 만든 마루다. 왼쪽으로 귀중품을 보관할 수 있는 넓은 공간이 눈을 잡는다.

가장 깊숙한 곳을 차지하고 사랑채의 지붕 높이를 높여 여자를 감추고 남자를 내세우는 사상적 태도를 유지하고 있지만, 가장의 사회 활동보다 가정의 부를 쌓는 것이 우선시 되면서 여인의 위상도 커졌던 것으로 보인다. 月자 모양의 건물 배치는 여인이 바야흐로 집의 중심이 되기 시작하는 당시의 사회적인 분위기를 반영한다. 월月은 음陰을 뜻하지 않는가? 모든 면에서 여성이 사회를 주도하기 시작한 오늘의 대한민국은 어쩌면 19세기 부농의 안채에서 출발한 것인지도 모른다.

창문 없는 건물의 궁금증을 풀고 나니 이번에는 정용래가옥이 궁금하다. 잠시 들판을 굽어보다 언덕을 내려선다. 정용래가옥은 비교적 옛날 부

(왼쪽) 정용래가옥은 문을 모두 열어젖히고 대청에든 툇마루에든 앉아 봐야 제맛을 느낄 수 있다. 단지 그렇게 하는 것만으로도 시원한 풍광을 즐길 수 있을 것이다.
(왼쪽 아래) 상상력을 유발하는 인방의 움직임이 벽을 활달하게 디자인한다.
(아래) 몬드리안의 그림을 연상시키는 벽면. 그러나 보자기처럼 다감한 한옥의 벽면에는 비례 대신 생활의 아름다움이 자리한다.

재를 그대로 살려 수리를 마친 초가인데, 초가라고는 하지만 갖출 것은 다 갖추고 있어서 이 집을 지은 이도 만만치 않은 재력을 가졌던 것으로 보인다. 과장되지 않게 지은 건물이 마당을 중심으로 둘러앉아 안으로 들어서면 평범한 인상이다. 그만큼 편안하고 안온하다. 건물을 짓는 데 쓴 나무도 과장되지 않은 자연스러운 느낌을 이어 간다. 곧은 나무로 기둥을 세웠지만, 인방(기둥과 기둥을 연결하여 벽을 잡아 주는 부재)만큼은 고집스럽게 자연목을 고집해서, 울퉁불퉁 출렁거리며 벽을 타는 인방이 독특한 재미를 더한다. 정용래가옥의 장점은 무엇보다 개방성에 있다. 행랑채의 문을 모두 열어젖히고 대청에 앉으면 마을과 집이 하나의 공간으로 이어지는 느낌이 들 정도다. 자연과 하나가 되는 편안함은 정용채가옥이 도저히 따라올 수 없는 이 집만의 장점이다. 하지만 마음은 여전히 독특함으로 무장한 정용채가옥의 이미지를 벗어나지 못한다. 마을을 떠나면서도 내내 정용채가옥의 긴 곳간채에서 눈을 떼지 못했다.

　차는 다시 화성방조제 위를 달리고 있다. 열려진 차창으로 바다는 바람을 타고 제 육향(肉香)을 실어 나르느라 부산을 떤다. 초가에 머물며 문이라는 문은 죄다 열어젖혀 자연이며 이웃과 하나가 된 사람과 팔작지붕을 올려 기와집을 짓고 화방으로 곳간채를 두른 사람, 누가 더 행복했을까?

주소 | 경기도 화성시 서신면 궁평리 109
관람시간 | 10:00 ~ 17:00
관람료 | 무료
문의전화 | 화성시청 문화예술과 031-369-2070

개펄의 생명력에
오감을 맡겨 보자

자연과 하나 되면 행복할 수 있을까? 혹시 정용래가옥이 던진 물음이 머릿속을 떠나지 않는다면, 제부도로 향하자. 정용채가옥에서 제부도까지는 불과 십여 킬로미터. 물이 빠진 개펄에 맨발로 들어가자. 오감을 통해 상상력을 키우는 교육 장소로 개펄만큼 좋은 곳도 없다. 아이들과 함께 바다가 열리는 신비함도 느껴 보고, 바다로 난 산책로도 걸어 보자. 자연이 전해 주는 느낌을 온몸으로 받아 낼 수만 있다면, 우리는 행복할 수 있지 않을까? 그리고 무엇보다도, 제부도의 아름다운 노을을 잊지 못하는 이가 많다. 서해라고 해서 노을이 다 아름다운 것은 아니다. 1박을 한다면, 제부도가 제격이다.

한국민속촌은 사십 년의 역사를 간직한 곳이다. 민속촌이라는 이름에 걸맞게 이곳에는 한옥을 지방별, 계층별로 분류하여 복원해 놓았다. 살림집뿐 아니라 관아, 사찰은 물론이고 서낭당까지도 복원해 놓아서 전통 건축, 전통 마을, 전통 문화를 한눈에 볼 수 있다. 민속촌이라고 하지만, 조각 공원, 야생화 공원, 놀이공원 등 다양한 볼거리와 이벤트가 준비되어 있어 방문객에게 쉴 틈을 주지 않는다. 가족이 함께 즐길 만한 모든 것이 있다고 해도 과언이 아니다.

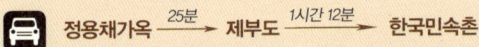

한옥식 성당의 미래를 상상하다

성공회강화성당
강화온수리성공회성당

성당을 한옥으로 지은 곳이 있다. 성공회강화성당은 사찰 같은 겉모습이 사람을 당황하게 하지만, 내부는 바실리카식 성당을 잘 소화해 내 독특한 아름다움을 만들어 낸다. 강화온수리성공회성당은 규모는 매우 작아 소박하지만 전통 건축에 신앙을 무리 없이 담아내 아늑한 건축 공간을 성취해 낸다. 여러 면에서 대비되는 두 성당을 함께 볼 수 있으면 좋겠다. 강화도는 역사의 지층이 두터운 곳이다. 선사 시대, 고려 시대, 조선 시대로 이어지는 역사의 흐름을 이곳에서는 하루에 짚어 볼 수 있다. 역사 기행을 염두에 둔 주말 나들이로 손색이 없다.

성당을 짓기 위해 민초들이 나서다

봄은 아직 오지 않았다. 1906년, 일본이 우리를 몹시 불편하게 하던 그때, 강화도의 한 마을에는 봄을 품은 건물 하나가 제 모습을 갖추어 가고 있었다. 신자들이 땅을 내고, 직접 산에 올라가 소나무를 베어다가 손수 지은 스물일곱 칸 성당이다. 당시 민초들이 지은 그 성당을 만나러 가는 당일, 멱살잡이를 하듯 몰아치던 추위도 한발 물러서 자못 봄기운마저 느껴졌다. 강화로 들어서니 도로 주변의 풀과 나무는 눈처럼 하얀 서리를 맞으며 강화의 아침 풍경을 그려 내고 있었다. 봄을 향한 믿음 때문인지 창밖의 그림이 오히려 따뜻하다. 초지대교를 지나 우회전을 하여 줄곧 달려가니 이내 작은 읍내가 나온다. 역사의 고장답게 길이 오밀조밀하다.

안내 입간판을 보고 겨우 차 하나가 들어가는 좁은 길로 들어서니, 꽤 넓은 땅을 차지하고 앉은 강화온수리성공회성당(이하 온수리성당)이 나타난다. 다른 곳에서는 만나기 힘든 독특한 장식을 한 외벽이 눈길을 끈다. 돌을 창 아래까지 쌓아 올리고 윗부분을 기와로 장식하여, 수수한 아름다움이 마음을 훔친다. 그 수수함에는 아마도 당시 어려운 시대를 감내하던 마을 사람들의 마음이 담겨 있을 터, 그들은 자신들이 애써 올린 하느님의 성전을 우러르며 하느님의 은혜가 이 땅에 내리기를 기도했을 것이다. 그때는 산 밑에 자리했을 성당이지만, 지금은 산을 밀어내고 크게 지은 신식 성당이 산을 대신하고 있다. 온수리성당은 그래서 다소 왜소해 보인다. 하지만 미소를 머금은 입술처럼 유쾌하게 올라간 지붕 선은 그 정도 변화쯤에야 개의할 일이 없다는 듯 온화하다.

건축물 감상이 어느 정도 숨은 건축 정신을 읽어 내는 일이라면, 곁눈질이나마 간단하게 성공회의 내력을 짚어 보는 것이 좋을 듯하다. 예수를 교주로 하는 많은 종파 중에 성공회가 탄생하게 된 배경에는 16세기 초의 종교개혁이 자리한다. 당시 유럽에는 가톨릭을 변화시키려는 역사의 도도한 흐름이 있었고, 대륙에서 떨어진 섬나라라고는 하지만, 영국 교회 역시 이런 분위기에서 온전히 자유로울 수 없었다. 그래서 영국에도 가톨릭과 프로테스탄트의 갈등이 상존했다. 이 갈등은, 영국 왕 헨리 8세의 이혼이라는 정치적 동력을 얻어 로마 교황과의 단절을 선언하고 영국의 국교인 성공회를 세우는 것으로 봉합되었다. 겨우 이혼 때문에? 그렇게 반문할 수도 있겠지만, 왕조 시대 왕의 혼인 문제는 우리 역사에서도 제일 중요한 정치적 사건이었다. 하여간 이런 역사적 상황 때문에 성공회의 종교적인 특성은 프로테스탄트와 가톨릭의 중간 어디쯤에 위치한다. 가톨릭처럼 교회 건물을 성당이라고 부르지만, 성당 어디에서도 성모상을 볼 수 없는 것은 그런 까닭이다. 성공회는 19세기 말 우리나라에 들어왔다. 독특한 탄생 배경 때문에 토착 문화를 존중하고 수용할 줄 아는 이들은 의료와 교육 사업을 통해 민중 속으로 파고들었다. 1898년 온수리에 있는 집 한 채를 구하여 진료소를 열고 주민에게 헌신했는데 이것이 주민의 마음을 움직였고, 이때 성공회를 받아들인 주민들이 성당 건축에 주체적으로 참여하여 결실을 맺게 된 것이 온수리성당이다. 이후 온수리성당은 강화 남부의 신앙 중심지가 되었다.

유럽 교회 양식을 성공적으로 담아내다

성당을 바라보고 있자니 안타까운 마음이 그지없다. 산 아래 다소곳이 앉

(위) 건물을 길게 이용한 온수리성당. 분명 익숙한 모습은 아니지만, 성당이 주는 따뜻한 이미지를 훼손하지 않는다. 사진에서 보이는 왼쪽 문을 통해 들어가 내부를 감상할 수 있다.
(아래) 온수리성당은 문간채에 종탑이 있다. 전통 건축에 변화를 준 색다른 모습을 가장 도드라지게 느낄 수 있다.

은 성당의 아담한 이미지는 상상만으로도 포근하다. 산을 밀어내지 말았어야 했다. 하지만 이미 돌이킬 수 없는 일. 그래도 성공회강화성당(이하 강화성당)보다는 나은 편이다. 강화성당은 산꼭대기를 차지하고 있어 유럽의 성이나 수도원을 연상시킨다. 그러나 하늘을 찌를 듯 솟아오른 건물이라면 모를까, 산꼭대기에 납작하게 엎드린 한옥은 도무지 낯설기만 하다. 어쨌든 강화성당이 마을 중심의 산꼭대기에 자리 잡고 세상의 중심이고자 하는 의도를 노골적으로 드러냈다면, 산 밑에 자리 잡았던 온수리성당은 훨씬 겸손하다. 겨우 나지막한 종탑을 세워 중심성을 확보했을 뿐이다. 원래 종탑은 성당 안에 세우지만, 온수리성당은 문간채를 따로 만들고, 문간채의 가운데 칸을 높여 종탑을 대신했다. 성당 아래 사제관의 지붕과 뜰에는 아직 잔설이 남아 을씨년스럽다. 성당을 지을 때 같이 지은 사제관은 ㄷ자 모양으로 여느 한옥과 크게 다르지 않은 겉모습을 하고 있지만, 내부는 서양인인 사제의 생활에 맞게 개조되었다고 한다. 사제관의 내부 모습이 궁금했지만 사적인 공간을 침입할 수는 없는 노릇이어서 발길을 돌려 성당으로 향했다.

　온수리성당은 현관문을 떡하니 한옥의 옆구리에 만들어 놓았다. 주로 건물의 넓은 벽면 쪽을 이용하는 전통 건축물과 달라서 이상할 만도 하지만, 이미 성당 건물에 익숙해진 탓인지 전체적으로 아담한 모습이 먼저 눈에 들어온다. 그래서 크게 이질감을 느끼지 못했다. 조심스럽게 문을 여니 다행히 문이 열린다. 은은한 창호지 문으로 둘러싸인 자그마한 전실이 호기심을 일으켜 안으로 들어서니, 창호지 문 위에서 역대 관할 사제들이 줄지어 사각 액자로 얼굴을 내민 채 낯선 손님을 맞는다. 불발기 문(문의 중간

제단 위의 십자가에서
민초들의 애통한 기도 소리가 들리는 것 같다.

에 얇은 창호지를 붙여 빛이 통하도록 한 문) 형식으로 만들어진 문을 열고 안으로 들어서니 마음이 다소곳해진다. 문 하나의 차이지만, 건물 밖에서의 마음과 달리 차분하다. 딱히 설명할 수 없는 마음의 위안이라고 할까? 그러면서도 명쾌한 종교적 의미를 육감으로 전해 준다. 건물을 세로로 이용하기 때문에 안으로 들어서면 두 줄로 길게 늘어선 기둥이 방문객의 눈길을 자연스럽게 제단으로 이끈다. 순간 마음을 추슬러 다잡게 된다. 제단을 이루는 세 개의 단壇은 '하느님, 예수님, 성령이 하나'라는 기독교의 삼위일체 교리를 떠올리게 한다. 벽에 딱 붙은 낯선 모습의 제단이 눈길을 잡는다. 제사장만이 하느님과 소통하던 시대가 있었다. 요즘은 사제가 신도를 마주 보며 예배를 집전하지만, 옛날에는 제사장인 사제가 벽을 향해 서서 신과 소통하는 동안 신도들은 제삼자가 되어 뒤에서 바라보기만 해야 했다. 그 전통의 흔적이다. 성당에 들어선 이의 시선을 인도하는 열두 개의 기둥은 예수의 12사도를 상징한다. 영원성과 연속성을 상징하는 열주列柱(일렬로 늘어선 기둥)는 그 자체만으로도 마음 가득 엄숙함을 채운다. 가운데 두 줄로 늘어선 고주高柱(길이를 길게 하여 높이 만든 기둥)를 이용하여 바

(위) 온수리성당의 전실은 다른 전통 건축물에서는 만나기 힘든 공간이다. 이곳에서 집무하던 관할 사제의 사진들이 오랜 역사를 이야기한다.
(아래) 온수리성당의 내부. 한옥의 구조미가 돋보인다. 작은 규모의 건물에서는 보기 힘든 2고주 7량집이다. 기둥과 기둥 위에 얹는 나무인 도리가 일곱 줄인 7량집은 주로 사찰이나 궁궐 등에서 이용되었다. 바실리카식 성당은 기둥 좌우에 복도를 두지만, 이 성당에서는 좌석을 만들어 놓아 한옥의 구조를 자연스럽게 흡수한 모습이다.

실리카 양식의 종교적 장치를 성공적으로 흡수하고 있다. 밖에서 보면 그다지 높지 않은 건물이지만, 안에서 보는 천장은 한옥의 대청처럼 서까래가 그대로 드러난 연등천장이어서 충분히 높다. 그래서 높이를 통해 경건함을 끌어내는 유럽의 전통을 충분히 담아낸다. 경건함이 마음을 억누르지 않고 아늑해서 좋다. 문득 성당에 다니고 싶어진다.

마당을 이해 못 한 건축, 강화성당

온수리성당에서 바닷가로 난 해안 도로를 따라 15km 정도 달려가면, 강화성당이 나온다. 2층 한옥으로 지은 성당은 어떤 모습을 하고 있을까? 사찰처럼 지었다는데 도대체 그런 건물에 어떻게 하느님에 대한 신앙을 담아냈을까? 처음 그곳을 방문하는 사람이라면 궁금증이 꼬리를 문다. 그리고 도착하면, 힘껏 입을 벌리면서 소리를 지를지도 모르겠다. 단청을 입은 성당의 모습이라니! 비록 낯선 모습이기는 하나 그만큼 흥미를 일으키기에도 충분하다.

　같은 성공회 성당이지만 강화성당은 입구부터 온수리성당과 전혀 다른 이미지다. 성당으로 진입하려면 가파른 계단을 올라가야 하기 때문에 향교의 제례 공간을 연상시킨다. 공연히 옷매무새를 만지작거리며 계단을 오른 것은 아마도 그 때문일 것이다. 문을 밀고 안으로 들어서니 또 다른 문이 바짝 붙어서 사람을 가로막는다. 예상하지 못한 건축적 변화는 마음에 큰 울림을 주기도 하지만, 이 경우는 당혹스러움에 가까운 느낌을 받는다. 문 안의 문이라는 낯선 구도는 도무지 혼란스럽다. 문을 연이어 설치한 까닭이 무엇일까? 당시 건축을 주도하던 외국인 사제가 향교나 서원의 대

(위) 강화성당의 높은 대문채와 계단은 자신도 모르게 옷매무새를 만지작거리게 한다.

(오른쪽) 답답하게 이어진 대문은 방문객을 당혹스럽게 한다. 건축을 자연의 흐름 속에서 이해하는 우리 건축 방식을 이해하지 못한 결과다.

(위) 사찰의 범종각을 연상시키는 종탑에서 토착화에 공을 들이던 성공회 사제들의 노력을 읽을 수 있다.
(아래) 강화성당은 단청에 한자로 적힌 현판까지 달려 있어 절집 같기도 하지만,
2층의 유리창이 이곳을 사찰과 구별해 준다.

문과 중문에 해당하는 외삼문과 내삼문을 흉내 낸 것은 아닐까? 잠시 문을 보고 생각에 잠겨 보지만 정확한 답을 찾지 못한다. 생각은 생각대로 열어 두고 두 번째 문을 지나 성당 앞으로 향한다. 성당 2층 처마 밑에는 '天主聖殿(천주성전)'이라는 현판이 붙어 있고, 기둥에는 나란히 주련柱聯(긴 널빤지에 써서 기둥에 걸어 둔 글귀)까지 달려 있어 건물을 세로로 이용한 것을 뺀다면 흡사 절집 같다. 당시 사제들이 조선인들에게 다가가기 위해 무던히 애를 썼을 모습이 눈에 선하다. 그러나 그들의 시도는 대체로 실패한 듯 보인다. 안타깝게도 성당을 마주할 때 경건함보다는 답답함이 앞선다. 마당다운 마당이 없어서다. 한국의 건축은 마당을 중심으로 하여 건물을 배치한다. 통도사처럼 건물이 많은 곳도 마당을 매개로 하여 다양한 축과 비례를 만들고, 이를 통해 전체적인 아름다움과 경건함을 성취해 낸다. 그러나 이곳에서는 그런 아름다움을 느낄 수가 없다.

　서양에는 마당이라는 공간이 없으니, 성당 건축을 주도한 주교나 사제가 이를 고려하기 힘들었을 것이다. 생각이 거기에 미쳐서야 문이 이어진 이 독특한 건축 체계를 이해할 수 있었다. 그러고 보니 성당 건물 안에 있어야 할 종탑도 보이지 않는다. 그렇다면, 사찰의 일주문(기둥이 문 양쪽에 하나씩인 문으로 사찰 경내를 들어갈 때 만나는 첫 번째 문)과 불이문(본전에 이르는 마지막 문으로 범종각과 이웃한다)을 모사했을 가능성이 더 크다. 문 한쪽에 종을 달아 놓은 것을 보면 사찰의 범종각을 모방한 것이 명백하기 때문이다. 조선에서 건축은 건물만을 의미하지 않았다. 당시 건축을 주도한 외국인 주교가 건물과 그 둘레를 하나로 인식하는 조선의 건축을 이해하지 못하여 건축을 단지 건물로만 인식했던 것이다. 우리는 건물을 짓게 되면 건물에 딸린 마당을 함께 감안하여 공간감을 찾는다. 그리하여 건물을 볼 때 건물만 보는 것이 아니라 멀리 떨어져서 마당을 함께 보는데, 이 때문에 건물과 그 주변의 형세를 함께 볼 수밖에 없다. 그들은 이 마당의 원리를 이해하지 못한 것이다. 연달아 설치된 두 개의 문채는 이들을 마당에 연계시키지 못해 답답하고 부자연스럽다. 한옥에서 마당은 건축의 선험적인 형식에 해당하는 중요한 개념이다.

종교 건축이 주는 감동은 어디에서 오는가?

강화성당의 겉모습은 온수리성당과 많이 다르다. 전체적으로 사찰의 대웅전처럼 2층이고 단청까지 칠해져 사람을 압도하는 힘이 있다. 다행히 2층으로 포개진 두 개의 팔작지붕이 사뿐히 날아오르며 만든 리듬감이 사람을 제압하는 힘을 한결 누그러뜨리고 마음에 작은 여백을 만들어 준다. 사찰과 비슷하지만, 담벼락을 붉은 벽돌로 쌓아 사찰이 주는 느낌과 많이 다르고 포가 보이지 않는다. 포는 사찰 지붕 밑에서 뾰족하게 사방으로 튀어나온 부재인데, 이 포를 없애고 대신 거기에 유리창을 달았다. 이렇게 하여 강화성당은 사찰에서 조금 벗어난 모습이다. 이 유리창은 성당의 겉모습을 사찰과 구분해 주는 구실 말고도, 성당 내부를 유럽 성당 분위기로 유도하는 데 기여한다. 강화성당 역시 건물을 길게 사용하여 성당에 들어서는 사람의 시선을 제단으로 모으도록 했지만, 사람을 압도하는 힘이 더 강하다. 내부가 온수리성당보다 훨씬 높고 전체적으로 더 엄숙하기 때문이다. 제단의 크기도 크고 제단의 영역 구분도 명확하여, 제단은 신도가 함부로 올라설 수 없는 곳이라는 종교적 권위를 명확히 선언한다. 그 권위를 마주

강화성당 내부의 이국적인 모습. 2층의 유리창에서 쏟아지는 빛이 유럽의 성당 분위기를 느끼게 해 준다.

한 이들에게 2층 유리창에서 어두운 실내로 쏟아지는 햇빛은 신을 향한 무한한 신심을 일으키도록 유도했을 것이다. 구원을 위해 무릎을 꿇은 이들에게 이 광경은 큰 울림으로 다가왔으리라. 성공회를 받아들인 조선인은 이 울림에서 엄혹한 시대의 고통을 감내하는 힘을 얻지 않았을까?

강화성당이 더 유명세를 타고 있지만, 개인적으로는 온수리성당에 마음이 간다. 두 개의 건물은 많은 면에서 대비된다. 강화 남부의 신앙 중심지였던 온수리성당은 일반 신도들이 중심이 되어 건축된 반면, 강화 북부의 신앙 중심지였던 강화성당은 1900년에 성공회 영국 교회의 지원하에 외국인 사제가 주도하여 지어졌다. 때문에 궁궐 목수까지 동원되었고, 그런 만큼 권위적일 수밖에 없었다. 그러다 보니 이에 걸맞은 외부 시설을 갖출 수 있었다. 사찰의 일주문과 불이문을 본뜬 두 개의 문과 종각까지 설치했지만, 이것이 농익지 못해 성당과 하나로 어울리지 못하고 겉돈다. 이에 비해 온수리성당은 강화성당처럼 요란하게 전통을 내세우지는 않았지만, 한옥이 가지는 내밀한 아름다움을 매우 효과적으로 흡수하여 전체적으로 차분하고 편안한 감동을 준다. 건축이 주는 감동이 어디에서 오는가를 새삼 생각하게 한다.

두 성당을 모두 '바실리카식 성당'으로 평가한다. 바실리카는 로마의 공회당公會堂이다. 로마가 기독교를 공인한 후, 교인들은 자신들이 모이는 장소로 바실리카를 이용했고, 결국 바실리카에 신앙을 덧입혀 지은 성당이 바실리카식 성당이다. 강화성당은 비교적 여기에 충실하게 지어졌다. 그러나 온수리성당은 어디를 보아도 딱히 바실리카 양식이라고 할 만한 것이 보이지 않는다. 물론 전실과 후실을 만들고 실내의 천장을 높게 하여 수직성을 강조하기는 했지만, 그것만으로 바실리카 양식이라고 하기에는 부족하다. 특히 고주를 이용하여 천장을 높이는 방법은 사찰과 궁궐 건축에서 흔히 써 왔기 때문에 이를 바실리카 양식으로 보기보다는 한옥에 신앙을 투사한 새로운 양식으로 봐야 할 것 같다. 그렇다면 '한옥식 성당'이라고 하면 어떨까. 한옥식 성당이 '바실리카식 성당'처럼 하나의 양식樣式으로 발전하기 전 성장을 멈추어 버린 듯하여 못내 안타깝다.

성공회는 성당을 우리 건축 방식으로 지어 왔다. 우리 문화를 존중하는 이런 태도는 해방 이후까지 계속되었다. 장식성이 강할 수밖에 없는 종교 건물이지만, 권위적인 두리기둥(둥근 기둥)을 포기하고 민가에서나 쓰는 네모기둥만을 쓸 정도로 낮은 자세로 조심스럽게 한국 문화를 흡수하며 신앙의 터전을 일구어 온 것이다. 그러나 성공회의 이런 노력이 이제 더는 계속되지 않는다. 전통 건축을 신앙으로 해석하는 노력이 다시 한번 시도되었으면 하고 제단 앞에 서서 기도하며 길을 나선다.

주소 | 성공회강화성당(사적 제424호): 인천광역시 강화군 강화읍 관청리 250(관청길 22)
강화온수리성공회성당(인천 유형문화재 제52호): 인천광역시 강화군 길상면 온수리 505-3
관람시간 | 10:00~18:00
관람료 | 무료
문의전화 | 성공회강화성당 032-934-6171, 강화온수리성공회성당 032-937-9082

단군에서 조선까지,
한 번에 역사 읽기

온수리성당에서 엎어지면 닿을 만한 곳에 전등사가 있다. 우리나라에서 가장 오래된 사찰 중 하나다. 삼랑성을 지나면 이어지는 산길이 꽤나 운치 있다. 이 아름다운 길을 지나면 전등사의 대웅전(보물 제178호)과 약사전(보물 제179호)을 만날 수 있다. 특히 대웅전의 추녀 밑에는 실오라기 하나 걸치지 않은 여인이 쪼그리고 앉아 사람을 맞는다. 이 나신裸身은 대웅전을 짓던 목수가 깎아 걸었다. 대웅전을 지을 당시 인근 주막의 주모에게 마음을 빼앗긴 목수는 품값을 모두 가져다주며 사랑을 키웠다. 그런데 웬걸, 주모는 재산을 모두 가지고 달아나 버렸다. 그러자 목수는 달아난 주모를 인형으로 만들어 그곳에서 업보를 풀도록 했다고 한다. 온수리성당과 전등사가 가까우니 전등사를 보고 강화성당으로 이동하는 것이 좋다. 어차피 역사의 밀도가 높은 강화에서 역사 기행과 건축 기행을 나누는 일은 부질없어 보인다. 단군의 얼이 깃든 마니산, 청동기 시대 우리 조상들의 정서情緖가 묻힌 고인돌, 사십 년 가깝게 이어진 몽고 항쟁으로 사무치는 고려궁지, 그리고 신미양요, 병인양요 등 개국의 혼란이 깃든 유적 모두를 강화도에서 만날 수 있다.

마니산 —18분→ 강화온수리성공회성당 —6분→ 전등사 —12분→ 초지진 —36분→
성공회강화성당 —2분→ 고려궁지 —13분→ 고인돌 유적(강화지석묘)

마당에서 깨달음을 얻다

칠장사

사찰이 바뀌고 있다. 현대 건축의 실용성이 파고든 까닭이다. 그래도 여전히 사찰은 가장 대표적인 전통 건축물이며 전통 건축이 가지는 상징성도 가장 잘 보존하고 있다. 굳이 그런 이유가 아니어도 사찰은 아름다운 자연을 배경으로 하고 있어 나들이로 다녀올 만하다. 임꺽정이 드나들었다는 칠장사 역시 빼어난 자연을 배경으로 가지고 있다. 운무까지 사찰을 감싸는 날에는 마음까지 아득해진다. 그 아득함을 이어 갈 수 있는 곳이 칠장사 근처에 있다. 그곳은 몽환적인 분위기로 사람을 또 한번 감동시키는데, 영화감독 김기덕은 그곳을 '섬'이라고 이름 붙였다. 바로 고삼호수다.

마음 따로 몸 따로

이따금 감지되는 봄기운이 연녹색 감정을 고양시킨다. 고속도로 톨게이트를 빠져나와 안성 두메저수지를 지나자, 부슬부슬 내리던 비가 어느새 물안개가 되어 산자락 사이로 피어오른다. 물의 윤회 속에 녹아든 풍경이 동양화를 펼쳐 놓은 듯 길게 이어져, 흡사 화첩畵帖이라도 넘기는 것 같다. 팔랑팔랑 책장을 넘기듯 굽이굽이 돌아가는 길, 경기도치고는 산이 깊다. 관헌에 쫓기던 임꺽정이 칠장사에 드나들었다는 말이 허언은 아닌 듯하다. 멀리 기와집 한 채가 슬며시 화첩 속에 자리 잡는다.

지난날을 돌아보면 우리는 건축을 하나의 상징체계로 여기며 살아왔다. 작은 살림집 하나를 지어도 집을 신神으로 생각하여 여러 번의 고사를 지내 정성을 보이고, 아주 작은 창살 하나에도 뜻을 담아 소중히 여겼다. 감각 있는 부부라면, 집 담장에 소나무를 그려 넣기도 했다. 잎이 쌍으로 된 소나무는 부부의 사랑을 뜻한다. 일상 속에 있던 상징이 사라지면서, 오늘날 건축에서 상징은 점점 설 자리를 잃어 가고 있다. 아파트를 생각하면 그 의미가 쉽게 와 닿는다. 아파트 어디에도 상징이 들어설 자리는 보이지 않는다. 상징이 사라진 시대! 상징의 보고인 사찰 기행은 특별할 수밖에 없다.

일주문에 다다르자 낮게 가라앉은 독경 소리가 운치를 더한다. 칠현산七賢山에 안긴 칠장사七長寺는 조용히 눈을 감은 채다. 사찰은 수미산(불교의 세계관에 나오는 상상의 산)을 생각하며 지은 종교 건축이다. 그리하여 건물 하나하나는 물론이고 건축 전체가 큰 상징체계를 이룬다. 절로 들어가면서 지나는 문이며 건물이 모두 전체를 관통하는 하나의 의미 속으로 녹아든다. 우리는 길을 따라 걸으며 그 공간과 하나가 되고, 거기에서 느끼는 작은 체

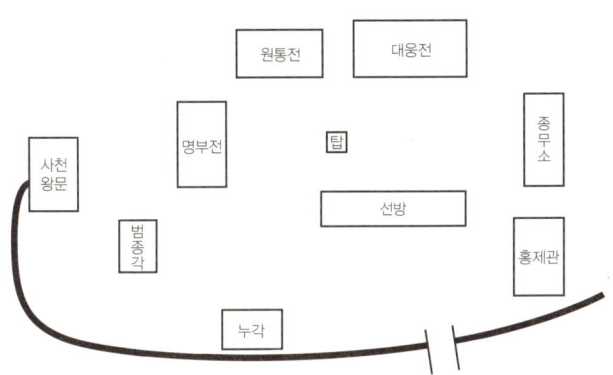

칠현산에 기댄 칠장사는 마당을 중심으로 건물들이 배치돼 있다.

(위) 사천왕문 안에 들어서면 불국정토를 지키는 사천왕이 우리를 기다린다. 맞배지붕에서 진중함이 느껴진다.
(아래) 어머니가 번뇌를 털어 내는 사이 우락부락한 사천왕의 모습에 놀란 아이는 엄마 손을 꼭 잡을 것 같다.

험 조각들을 하나로 모으는 것이 중요하다. 그래서 건물 하나하나에 방점을 찍기보다는 전체를 하나의 묶음으로 보는 열린 시각이 필요하다. 칠장사는 600년대 자장慈藏, 590~658이 창건한 것으로 전해지지만 정확하지 않다. 칠장사가 가장 번성한 것은 혜소국사慧炤國師, 972~1054가 살던 고려 문종 때다. 혜소가 국사의 칭호를 받은 시기도 이때다. 이후 흥망성쇠를 되풀이하다 조선 숙종 때인 1704년, 대웅전을 비롯하여 여러 건물이 들어섰다. 이마저도 화재로 몇 개의 건물이 소실되고, 일부는 자리를 옮겨 다시 지어지는 과정이 반복되었다. 따라서 현재 남은 건물과 건물의 배치는 숙종 때와 다르다. 당연한 말이지만 가게 앞 주차장에 생뚱맞게 서 있는 일주문도 원래는 없었던 것이다.

사천왕문을 통과하며 세속의 때를 벗겨 내고 대웅전으로 가는 것이 사찰 순례의 기본이지만 칠장사에서는 그러기가 쉽지 않다. 엉뚱한 곳에 만들어진 주차장 때문에 사천왕문을 통해 대웅전으로 가려면 차에서 내려 한참을 돌아가야 하니 따로 마음을 먹지 않는 한 쉬운 일이 아니다. 그러다 보니 차에서 내린 사람들은 마음을 추스를 짬도 없이 건물과 차가 뒤엉켜 어수선한 계단을 통해 대웅전으로 향해야 한다. 현대 건축의 실용성이 전통 사찰에 파고든 까닭이다. 일주문과 사천왕문이 산문山門(절의 바깥문)으로서의 상징성을 잃고 용도 불명의 건물이 되고 말았다. 급할 것 없는 마음이어서 사천왕문 쪽으로 천천히 발걸음을 옮긴다.

마당에서 원효의 깨달음을 얻다

언덕을 걸어 올라가야 만날 수 있는 사천왕문은 수미산 중턱을 차지하고 호령하는 사천왕의 자리로 안성맞춤이다. 극락정토에 이르기 위해 좁은 산길을 걷는다는 것은 불자에게 그 자체로 의미가 있다. 문 안으로 들어서 자 여차하면 달려들 듯 포즈를 취한 사천왕상이 인상적이다. 이들은 불국 정토를 지키는 문지기다. 태권도의 기마 자세를 연상시키는 모습이 역동 적이다. 나무를 깎아 만든 다른 사천왕상과 달리 이곳의 사천왕상은 흙으로 빚어 피부의 질감이 생생하다. 이곳에서 불자는 사천왕의 눈에 비친 자신을 돌아보고 마음속 번뇌를 털어 낸다. 그래야만 불국토로 입장할 자격이 주어지는 것이다.

마음을 가다듬고 사천왕문을 지나면, 이제 경기도 유형문화재 제114호인 대웅전이다. 대웅전은 칠장사에서 가장 오래된 건물이고, 격도 제일 높아 불교의 교주인 석가모니불이 모셔져 있다. 경건한 맞배지붕(책을 펴서 엎어 놓은 모양의 지붕) 위에서 고랑을 만들며 이어지는 기왓골은 우리의 삶이 결코 일회적이 아니며 끊임없는 윤회로 이어지는 무엇임을 감지하게 한다. 대웅전은 앞에서 보면 세 칸으로 된 그리 크지 않은 건물이지만, 기둥 사이에까지 포를 두어 지은 다포 건물이다. 포는 지붕 아래 비쭉비쭉 나온 부재 덩어리인데, 지붕을 받쳐 줄 뿐 아니라 건물을 아름답게 치장한다. 자칫 지나치게 화려할 수 있는 것이 단청이지만, 대웅전을 감싼 단청은 세월의 가르침을 받아 수도승처럼 수수하고 차분하다. 스님 한 분이 대웅전으로 들어서자 얼마 지나지 않아 독경 소리가 흘러나온다. 독경 소리에 밀리듯 뒤 꼍으로 돌아드니 꽃살문이 시선을 잡는다. 꽃살 문양은 연꽃인데, 조각이 단순하지 않다. 꽃망울이 맺혔다가 연꽃으로 활짝 피는 과정을 묘사했다. 깨달음의 과정을 연꽃의 아름다움으로 바꾸어 놓은 것이다. 문이 사찰에서

(위) 대웅전 처마는 다포 양식으로 사찰의 장엄함을 지닌다.
(아래) 칠장사에서 가장 오래된 건물인 대웅전. 맞배지붕의 대웅전은 절제된 모습이 빛바랜 단청과 함께 기품을 느끼게 한다.

(위) 대웅전 뒤쪽에 달린 꽃무늬 문살에는 꽃이 피는 과정이 보인다.
활짝 핀 꽃이 깨달음을 나타낸다면 이 문살에는 깨달음의 과정이 모두 담겨 있다.
(아래) 대웅전 부처의 눈높이에서 바라본 마당, 선방, 그리고 그 너머 속세. 구름이 걷혀
해와 인연이 되면 물로 돌아갈 마당의 녹다 남은 눈이 상징적이다.

가지는 상징성을 생각한다면, 그 의미가 묵직하다. 불자인가? 산 쪽에서 내려온 사람이 마당을 가로질러 종무소(절의 사무소) 쪽으로 걸어간다.

마당은 다른 나라에는 없는 우리 건축만의 특유한 공간이다. 잠깐 설명을 하자면, 마당은 살림집인 한옥에서 출발했다. 한옥은 구들방이 있어서 한겨울에도 스물네 시간 따뜻하다. 밖에서 일을 하고 들어와도 언 몸을 녹일 수 있다. 건물 안에 중정(건물로 둘러싸인 집 안의 마당)을 만들어 겨울에는 집 안에서만 일을 하는 다른 나라와 달리, 우리는 건물 외부에 마당이라는 활동 공간을 발전시켰다. 조선 시대가 되면 구들이 전국적으로 보급되면서 마당도 보급되는데, 전통 건축물의 외부 공간은 중정과 마당이 뒤섞이며 우리만의 독특한 건축 공간을 창조해 냈다. 이런 분위기 속에 사찰도 예외는 아니어서 고려 시대까지 남아 있던 불당 앞의 탑과 회랑回廊(지붕이 있는 외부 통로)이 점차 사라지고, 마당을 중심으로 불당과 요사를 짓는 패턴이 나타났다. 스님들이 생활하는 살림집인 요사에 부엌을 들여 건물 앞뒤의 소통이 원활해진 것도 이 시기다.

칠장사 역시 마당을 중심으로 한 사찰이다. 마당은 공간을 신축적으로 만드는 재주가 뛰어나다. 주변 공간을 마당에 하나로 담아내고, 그 공간을 다시 주변으로 무한히 확장시킨다. 칠장사의 건물 배치는 입구에서부터 순차적으로 일주문, 천왕문을 거쳐 대웅전까지 오고, 대웅전 마당에서 사찰의 다른 공간으로 이동하는 구조다. 마음을 하나로 모아 산문으로 난 길을 따라 대웅전으로 향하고, 이곳에서 부처를 만나 깨달음을 얻어 주변의 전각을 돌아보면서 보살이 행한 실천을 배운다는 이야기 틀을 함께 가진다. 부처는 깨달음을, 보살은 중생을 위한 헌신을 상징한다.

(위) 대웅전과 함께 월대 위에 자리 잡은 원통전은 기둥에만 포를 넣은 주심포 건물로, 대웅전보다 격을 낮추어 지었다.

(가운데) 명부전은 월대에서 내려와 마당의 낮은 자리를 차지했다. 낮은 곳으로 임하려던 지장의 뜻을 살렸다.

(아래) 전통 건축에서 가장 낮은 곳인 마당은 어디로든 통한다. 스스로를 낮추어 살던 원효의 가르침을 배울 수 있다.

대웅전 옆의 원통전은 천 개의 눈과 손으로 중생을 보살피는 관음보살을 모신 곳이다. 원통전은 기단을 조금 낮게 해서 대웅전보다 격을 낮추었다. 지장보살은 모든 인간이 구원을 받을 때까지 부처가 되기를 미루기로 한 보살인데, 이를 모신 곳이 명부전이다. 명부전은 아예 대웅전이 앉은 월대(이중으로 된 넓은 기단) 아래로 내려 지어, 낮은 곳으로 임하려는 지장의 마음을 건축에 담았다. 이때 마당은 보살행을 배우도록 하는 소통의 공간이 된다. 원효가 저잣거리로 간 속 깊은 깨달음도 마당에 숨어 있는 셈이다. 마당 가운데 자리한 석탑은 다른 곳에 있던 것을 가져다 놓은 것으로, 사찰의 전체 배치를 고려하지 않은 듯해서 어중간하다. 원통전과 명부전을 돌아보며 보살행까지 배웠다면, 꼭 들러야 하는 칠장사의 명물이 있다.

나한이 된 일곱 도적 이야기

대웅전 마당을 벗어나 언덕길을 감아 돌면, 전망 좋은 자리를 차지한 한 칸짜리 작은 건물을 만나게 된다. 건물 밖으로 새시를 달아서 조악해 보이지만, 그 안으로 나한전이 숨어 있다. 고려 말 나옹 선사가 심었다는 소나무를 우산처럼 쓰고 있어, 비가 오는 날이면 비가 오는 대로 운치가 있다. 칠장사에는 나한전과 관련된 흥미로운 전설이 내려온다. 혜소국사가 이곳에 머물고 있을 때 주변에 일곱 명의 도적 무리가 있었다. 그중 하나가 갈증을 이기지 못해 칠장사의 샘을 찾아왔는데, 물을 마시고 보니 방금 물을 담아 마신 바가지가 금으로 된 값진 물건이었다. 옳거니 하고 이를 옷 속에 숨겨 갔음은 불을 보듯 뻔한 노릇. 일곱 명의 도둑이 시간차를 두고 모두 같은 방식으로 물을 마시러 왔다가 금 바가지 하나씩을 챙겨 돌아갔다. 잠을 청한다고 잠이 올 리 없었고 다른 일도 손에 잡힐 리 없었다. 서로가 시치미를 뚝 떼고 있다가 결국 각자 숨어서 옷 속을 뒤지니 바가지가 온데간데없었다. 하도 이상한 일이어서 입이 가벼운 도둑 하나가 자초지종을 말하자, 그때서야 그들은 모두 같은 일을 당했다는 것을 알게 되었다. 혼비백산하여 우왕좌왕하던 도적들은 이 모든 것이 혜소국사의 법력임을 깨닫고 국사에게 가르침을 받기 시작했다. 이후 일곱 명의 도둑은 모두 깨달음을 얻어 현인이 되었고, 그 현인이 나한이 되어 지금의 나한전에 모셔진 것이다. 이렇게 해서 산 이름이 아미산에서 칠현산七賢山으로 바뀌고, 절의 이름도 漆長寺(칠장사)에서 七長寺(칠장사)로 바뀌었다고 한다. 세도가에 의해 불타 버린 칠장사의 재건을 시작한 숙종 때의 탄명 스님은 바위 위에서 눈비를 맞고 있던 나한상이 안타까워 나한전을 세워 그 안에 나한들을 모셨다고 한다. 도둑을 나한으로 만든 샘물은 여전히 그곳에서 물을 뿜어 올리고 있다.

　나한상이 어찌 생겼을까 궁금해 나한전에 들어서는데, 여인 하나가 경건한 표정으로 건물을 나선다. 작은 방에 둘러앉은 일곱 나한의 아기자기한 모습을 보고 있자니 절로 웃음이 나온다. 별생각 없이 혼자 웃다 보니 문득 방금 나간 여인의 경건한 표정이 떠오른다. 불교 신자가 아니어서 사찰을 다니러 올 때마다 늘 미진한 부분이 경건함이다. 굳이 나한이나 부처가 아니어도 자연에서 만나는 풀 한 포기, 다람쥐 한 마리, 흔들리는 잎사귀 하나에 경건할 수만 있다면 이 세상 어느 것 하나 우리를 벅차게 하지 않는 것이 없을 텐데…….

　나한전에서 내려다보는 사찰 전경이 그만이다. 주변에 저수지가 많아서인지 건물 주변을 에워싼 물안개는 걷힐 듯하다 다시 피어오르기를 되풀

(위) 나한전은 600여 년 된 소나무를 우산처럼 쓰고 있다.
(아래) 나한전에 들어서면 아이처럼 티 없는 일곱 나한이 사람을 맞는다.
(오른쪽) 도적을 나한으로 만든 영험한 약수다. 깨달음을 얻지 않을까 하는 마음에 바가지를 들어 본다.

홍제관은 칠장사의 보물 창고다. 꺽정불은 물론이고, 인목왕후 어필 칠언시, 국보인 괘불탱 등이 모두 이곳에 보관되어 있다.

  이하고 있다. 운무에 묻힌 사찰 건물들의 어우러짐이 그윽하여 쉽게 발길을 뗄 수가 없다. 마음을 크게 먹고 언덕을 내려서니 발이 움직일 때마다 안개 속에서 출렁이는 대웅전의 지붕 선이 감성을 자극한다. 움직이는 지붕 선을 눈으로 잡고 조심조심 언덕을 내려선다.

  이 절에는 일곱 나한상의 이야기 말고 임꺽정에 대한 이야기가 하나 더 있는데, 그 이야기도 흥미롭다. 홍명희가 쓴 소설 『임꺽정』은 이를 배경에 두고 있다. 임꺽정의 스승으로 알려진 병해대사는 갓바치(가죽신을 만드는 일을 직업으로 하던 사람)여서 갓바치대사로도 불렸고, 개혁주의자인 조광조와도 친분이 있던 당시의 명사다. 임꺽정은 이곳을 드나들며 병해대사를 스승으로 모셨다고 한다. 병해대사는 이따금 그곳으로 숨어드는 임꺽정과 그 수하들이 깨달음을 얻어 또 한번 일곱 나한의 기적이 일어나기를 바란

듯하다. 그러나 전설은 반복되지 않는 법. 병해대사의 바람은 끝내 이루어지지 않았다. 임꺽정은 스승 병해대사가 세상과의 연을 놓고 입적하자 부처를 만들어 공양하는 것으로, 나한이 되기를 바라던 스승의 마음을 달랬다고 한다. 이것이 '꺽정불'로 지금까지 전해진다. 꺽정불은 종무소 옆 홍제관에 모셔졌는데, 홍제관은 꺽정불뿐 아니라 보물급 문화재 다수가 보관된 칠장사의 보물 창고다. 한때 칠장사는 선조의 계비繼妃(왕이 다시 결혼하여 부인이 된 왕비)였던 인목대비가 아들 영창대군과 친정아버지 김제남을 위해 기도하던 원찰(망자의 명복을 빌기 위해 건립한 사찰)이기도 했다. 그가 쓴 「인목왕후 어필 칠언시仁穆王后御筆七言詩」가 보물 제1627호로 지정되어 이곳에 모셔져 있다. 영창대군과 친정아버지를 잃고 자신조차 위태로운 처지가 되어 칠장사에 머물며 쓴 것으로 추정된다. 삶이 가지는 고단함에는 신분의 높고 낮음조차 모두 부질없이 느껴진다. 칠언시를 옮겨 적는다.

老牛用力已多年 노 우 용 력 이 다 년	늙은 소 힘쓰기는 이미 여러 해 되어
領破皮穿只愛眠 영 파 피 천 지 애 면	상처 난 몸뚱이는 그저 쉬고 싶을 뿐인데
犁耙已休春雨足 려 파 이 휴 춘 우 족	밭 고르기 끝나고 봄비도 풍족한데
主人何苦又加鞭 주 인 하 고 우 가 편	어찌해 주인께선 채찍질 또 해 대시나!

주소 | 경기도 안성시 죽산면 칠장리 764
관람시간 | 09:00~17:00
관람료 | 무료
문의전화 | 칠장사 종무소 031-673-0776

칠장사

산이 산을 숨기고,
물이 물을 숨긴 곳

이른 아침 이곳에 물안개가 피어나면, 사람들은 몽환적인 분위기에 빠져 자신이 세상과 격리되어 고립될지 모른다는 불안감에 빠져든다. 산이 산을 숨기고 물이 물을 숨기는 끊임없는 번뇌의 사슬. 영화감독 김기덕은 이곳을 '섬'이라 이름 지었다. 기이하게 슬프고 아팠던 영화 〈섬〉을 찍은 고삼호수다. 영화의 무대는 얼마 되지 않지만, 실제 고삼호수는 290만 제곱미터가 넘는다. 차를 몰고 물을 따르고 길을 따르면 호수는 일상에서 만나기 힘든 은밀한 세계의 얼굴들을 보여 준다. 굳이 드라이브일 필요도 없다. 한곳에 머물며 24시간 물안개가 피고 지는 풍경에 몰입하는 것도 좋다. 영화에서처럼 좌대를 펴고 낚싯대를 드리우는 것만으로도 우리는 많은 감정을 낚아 올릴 수 있다. 고삼호수에서 먼저 하루를 묵고, 칠장사로 가는 것도 괜찮다. 고삼호수에는 머물 곳도 많고 먹을 것도 많아 하루 쉬어 가기에 부족함이 없다. 칠장사가 기댄 칠현산은 그리 높지 않아서 잠깐의 산행에도 적당하다.

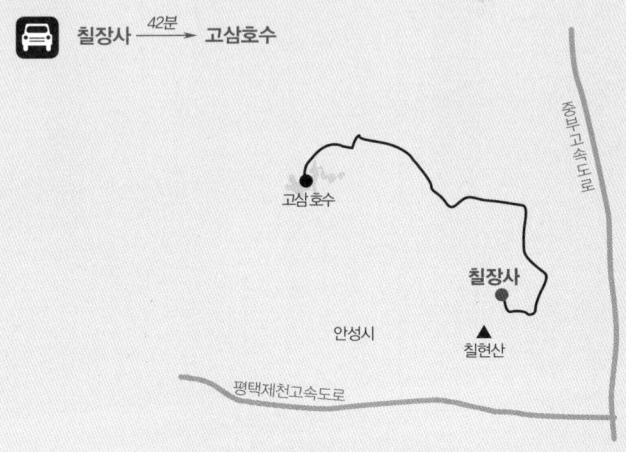

한옥, 역사를 품다

운현궁

때로 한옥은 자신이 품은 역사 이야기만으로도 그 의미가 남다르다. 명성황후와 흥선대원군, 조선 시대를 마감하기 전 불처럼 일었다가 스러진 두 인물의 숨결을 한꺼번에 느낄 수 있는 곳이 사적 제257호인 운현궁이다. 비록 아름다운 풍광을 갖기 힘든 것이 도시 한옥의 숙명이지만, 궁궐 목수의 섬세한 손길이 느껴지는 전통 한옥이 서울 한복판에 남아 있다는 것은 우리에게 행운이다. 조선의 처음과 끝을 지킨 다섯 개의 궁궐이 모두 운현궁 주위에 남아 있다. 특히 창덕궁은 대원군 집권 당시 오랜 기간 고종이 머물던 곳으로 운현궁과 인연이 깊어, 함께 보면 의미가 남다를 것이다.

자기 집 빗장까지 빼앗기다

거리에 초점을 맞추고 셔터를 누르려는 순간 도포 자락 하나가 휘익 지나간다. 고개를 들어 보니 머리에 붉은 염색을 한 젊은이다. 무슨 행사라도 있는 것일까? 순간 흥선대원군을 생각했던 것 같기도 하다. 하늘을 조각내며 들어선 고층 빌딩 사이로 유영하듯 걷는 21세기, 그러나 종로는 어쩔 수 없이 역사의 거리다. 숱한 역사를 기억하고 재생한다. 핏발 선 눈빛의 이방원에서 한을 품고 숨을 거둔 대원군까지. 그뿐이랴, 시인 기형도의 주검이 발견된 곳도 여기 어디쯤이다. 어쩌면 역사는 종로 모퉁이 어디쯤에서 자신에게 관심을 보이는 이에게 언제든 말을 건넬 준비를 하고 있는지도 모른다. 귓밑으로 쌓이는 자동차 소음을 털어 내며 운현궁으로 가는 길, 흥선대원군 이하응을 떠올린다. 그처럼 권력의 부침이 심했던 사람도 드물다. 세도가의 말 한마디면 왕족이라도 목숨을 부지하기 힘들었던 시절, 그는 세도가의 기생에게까지 절을 해서 손가락질을 받는다. 그러나 그런 어처구니없는 처신이 그에 대한 세도가의 견제 심리를 누그러뜨렸고, 이하응은 조용히 사람을 규합하여 아들 명복을 고종으로 등극시킬 수 있었다. 어린 아들을 대신하여 그가 섭정에 나서면서 운현궁 雲峴宮 은 조선 역사의 중심이 되었다.

운현궁의 역사는 흥선군 이하응 李昰應, 1820~1898 의 신분이 '새 임금의 친아버지'인 대원군으로 바뀌던 1863년 12월에 시작된다. 몰락한 왕족 이하응의 집은 이즈음 운현궁이라는 이름을 얻는다. '운현'은 당시 그곳에 있던 언덕 이름이다. 12월 북풍한설이 몰아치는 한겨울이었지만 전혀 다른 세상이 된 그해 겨울, 그는 춥지 않았을 것이다. 하지만 오늘의 영광이 내일의 영광을 보장하지는 않는다. 절정기의 운현궁은 지금의 교동초등학교와 삼환기업, 그리고 일본대사관까지를 포함하는 엄청난 규모였지만, 대원군의 몰락과 함께 점차 지금의 모습으로 축소되었다. 현재 남아 있는 부분은 고종 즉위 원년(1864년)에 지어진 노락당과 노안당, 그리고 6년 뒤 지어진 이로당 정도다. 운현궁은 나라의 운명에 따라 소유자도 바뀌어 왔다. 조선이 역사에서 이름을 내린 뒤 정부 소유가 되었던 운현궁은 해방이 되어서야 다시 그의 후손에게 돌아갔다. 서울시는 관리하는 데 어려움을 겪는 후손에게서 이를 매입하여 1996년까지 대대적인 보수 공사를 하여 지금에 이르렀다.

권불십년權不十年. 권력을 가졌던 초기 십 년을 빼면, 그에게 운현궁은 그리 너그럽지 않았다. 운현궁에 연금된 채 살아간 세월이 적지 않았기 때문이다. 매표소를 들어서면 정면으로 보이는 솟을대문에 이런 아픈 사연이 숨겨져 있다. 1990년대 초반까지 이 문은 안과 밖이 바뀐 채 달려 있었다. 문이 거꾸로 달린 까닭에 대해서는 여러 가지 의견이 있지만, 대원군을 감시하던 일본이 대원군의 출입을 봉쇄하기 위해 빗장을 밖으로 둔 것이라는 게 대체적인 의견이다. 자기 집 빗장마저 빼앗겨 버린 우리 역사의 아픈 기억이다. 이 문은 서울시가 보수 공사를 할 때 제 모습을 찾았다. 한때 운현궁에는 고종과 대원군의 전용 문인 경근문과 공근문을 포함하여 네 개의 대문이 있었지만, 지금은 당시 후문으로 쓰던 이 문만이 남아 있다.

솟을대문 주변에 모인 중국인과 일본인들이 쏟아 내는 알 수 없는 말의 홍수 속에서 당시 조선 조정의 혼란스러운 처지가 페이드인fade-in과 페이드아웃fade-out을 반복한다. 솟을대문을 사진에 담고, 사람들 틈을 비집고 안

무심해 보이는 솟을대문. 보수 공사를 하기 전까지 빗장이 밖으로 있었다고 한다. 연금되어 있던 대원군의 노기 띤 얼굴이 그려진다.

으로 들어서니 노안당老安堂이다. 가지런한 지붕 선이 당호(집에 붙인 이름)에 걸맞은 편안함을 준다. 건물 위에 엎드려 반듯하게 고개를 쳐든 지붕의 추녀가 정적인 건물에 율동감을 준다. 화선지 위에 힘차게 뻗은 난 줄기라도 보는 듯하다. 잠시 건물을 둘러본다. 마루를 두른 난간에서 추녀를 받친 부챗살 모양의 서까래까지 궁궐 목수의 섬세한 손길이 느껴진다. 당대 최고의 한옥이었지만, 전체적으로 홑처마(서까래로만 이루어진 처마)에 네모기둥을 쓴 절제미가 돋보인다. 집을 둘러보는 사이 다시 한 무리의 중국 관광객과 일본 관광객이 지나가고, 몇몇 서양인들이 사이사이 셔터를 누른다.

노안당의 날렵하게 올라간 추녀 끝에서 궁궐 목수의 손길이 느껴진다.

살림집 한옥에 숨은 궁궐 내전의 모습

노안당이라는 당호에서는 아들을 왕으로 등극시킨 늙은 아비의 흡족한 마음이 잘 드러난다. '노인을 편안하게 하는 집' 정도로 해석할 수 있는 당호는 『논어論語』의 「공치장편公治長篇」에 나오는 '老者 安之(노자 안지)'에서 따온 것이다. 그러나 그의 소망과 달리 이곳에서 그의 삶이 편하기만 했던 것은 아니다. 사랑채에 해당하는 이 건물에서 그는 안동 김씨 등 당대의 세도가를 몰아내고 공평한 인재 등용과 서원 철폐로 이어지는 각종 법률 정비와 개혁 정책을 구상해 자신의 뜻을 펼치기도 했지만, 그를 견제하는 주변 열강과 명성황후明成皇后, 1851~1895에 의해 적지 않은 세월을 이곳에서 유폐된 채 살아야 했다. 만년에 눈을 감은 곳도 노안당 큰방 뒤쪽에 딸린 작은 방이라고 하니, 그의 30년 정치 인생이 노안당에 고스란히 녹아 있다고 할 수 있다.

구석에 자리를 잡아 전망을 확보하지 못한 사랑채의 누마루는 유폐된 채 답답한 세월을 견뎌 냈을 대원군의 분신처럼 느껴져 안타까움을 자아낸다. 그는 이곳에 앉아 난을 치며 영광과 좌절을 되새김질했을 것이다. 김동인은 그의 소설 『운현궁의 봄』에서 흥선대원군 이하응을 시대의 풍운아로 그려 내고 있다. 유행에 민감한 신문의 연재소설임을 감안하면, 백성들 사이에 그에 대한 추억이 적지 않았음을 짐작할 수 있다. 그는 보수적인 국수주의자로 비난받기도 하지만, 인재 등용에서 신분의 차별을 두지 않고, 동학혁명을 두둔하여 백성과 교감하던 보기 드문 지식인이었다. 잠시 툇마루(바깥 기둥 안쪽에 반 칸 크기로 깐 마루)에 앉아 한 시대를 살다 간 거인의 삶을 머리에 그리다 자리에서 일어선다.

중문을 통해 안으로 들어서면, 안채인 노락당老樂堂이 나타난다. 평생 고생만 시킨 부인에 대한 대원군의 미안함과 애틋함이 느껴지는 당호다. 어디선가 다듬이질 소리가 들리는 듯한 착각이 드는 것은 뽀얀 기단석 때문

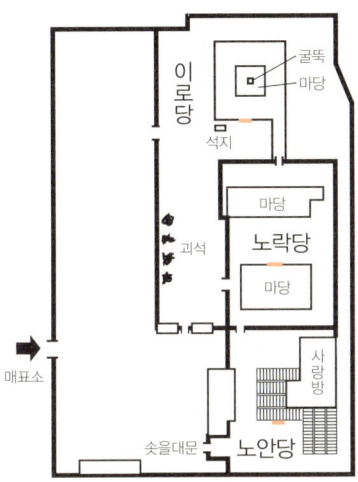

노락당 안방 주인의 위엄 있는 눈길이 느껴진다. 처마와 쪽마루 사이에 문들이 위계를 지키며 도열해 있다.

(위) 노락당의 쪽마루에 해 단 고급스러운 난간은 이곳이 한때 권력의 중심지였음을 말해 준다.
(아래) 창호지를 두드리는 햇살이 마음까지 두드린다. 운현궁의 복도에서는 내밀한 이야기들이 들리는 듯하다.

이 아니라 그런 인간적인 애틋함 때문이 아닐까? 노락당은 운현궁의 중심이다. 장차 명성황후가 되는 민씨가 고종과 혼례를 올린 곳도 이곳이다. 왕의 혼례를 이곳에서 치렀다는 사실만으로도 흥선대원군의 기세가 당시 어떠했는지 알 수 있다. 당시 대원군의 위세를 짐작하게 하는 이야기가 전해진다. 운현궁의 낙성식(건축물의 완공을 축하하는 의식)에 참석한 고종은 대제학 김병학에게 이날을 기념하여 글을 쓰게 했는데, 김병학은 노락당과 하늘 사이가 1자 5치(약 50cm)밖에 안 된다고 칭송했다고 한다. 산이 높으면 골이 깊다는 그 평범한 진리를 대원군은 감지했을까?

　노락당은 운현궁의 중심 건물답게 현재 운현궁의 건물 중 제일 화려하다. 기둥 위에 풀 무늬를 살린 익공(기둥 위에 장식을 겸해 넣은 작은 부재)을 장식해 넣어 집을 화려하게 꾸몄다. 익공을 넣어 올라간 건물 높이와 곧고 굵은 기둥에서 풍기는 위세 때문에 건물이 훨씬 힘차게 다가온다. 건물 높이가 올라가면서 지붕을 겹처마로 늘였기 때문에 처마가 깊고 그윽하다. 겹처마는 작은 서까래인 부연을 둥근 서까래 위에 덧붙여 지붕을 길게 낸 처마인데, 서까래만 쓴 홑처마와 달리 민가에서 감히 쓰지 못했던 귀한 것이다. 쪽마루(기둥 밖 처마 밑에 달린 좁은 마루)를 받친 아기기둥들도 8각으로 된 돌기둥이어서 그 독특함이 시선을 잡는다.

　운현궁은 언뜻 보면 고급스러운 사대부의 한옥을 연상시키지만, 건물 내부에 만들어진 복도는 궁궐 내전의 그것과 같다. 이곳의 창과 문도 내전처럼 다양하고 화려해 단조로운 생활 공간에 생동감을 준다. 복도에 서면 밖에서 들어오는 햇살이 창호지에 걸려 우아한 빛깔로 살아나는데, 이 특별한 이미지가 발길을 쉽게 옮기지 못하게 한다. 궁궐 내전의 창과 문이 잦은 사건 사고로 제 모습을 잃은 것을 생각하면, 이곳은 궁궐 창호(창과 문을 한꺼번에 이르는 말)의 원형을 볼 수 있는 유일한 곳이기도 하다. 이런 문창살을 눈여겨 감상하는 것도 운현궁 나들이를 풍부하게 해 줄 것이다.

끝나지 않은 이야기, 대원군과 명성황후

운현궁에서 제일 깊은 곳에 위치하는 건물은 이로당 二老堂이다. 부대부인(대원군 부인) 민씨는 이로당이 지어진 후 내내 이곳에 머물렀다고 한다. 이로당은 노락당과 함께 안채 구실을 하던 건물로, 노락당과는 복도로 이어져 있다. 이것도 여느 한옥에서는 보기 힘든 운현궁만의 특징이다. 건물 중앙에 ㅁ자형 마당을 두고 그 한가운데 굴뚝을 세워 중심성을 강조했다. 우리에게 굴뚝이 여근을 의미한다고 보면, 안채의 중심에 굴뚝을 세워 집의 중심으로 삼은 것은 후손이 귀하던 당시 왕가의 처지를 애석히 여긴 때문이 아닐까? 지붕의 합각에 그려진 박쥐가 그런 생각에 확신을 더한다. 박쥐는 다산 多産 다복 多福을 뜻하는 동물이다. 대대손손 왕가의 번창을 기리는 마음이었을 것이다.

운현궁을 한 바퀴 다 돌아보고 다시 솟을대문 쪽으로 방향을 잡자 이로당 앞의 커다란 석지 石池(돌로 만든 작은 연못)가 눈에 들어온다. 아마도 부대부인은 돌을 깎아 만든 저 연못 안에 물을 가두고 연꽃을 띄웠을 것이다. 아무나 누릴 수 있는 사치가 아니었지만, 한편으로는 그 시대를 살던 여인이 누릴 수 있는 최고의 사치이기도 했다. 어쩌면 명성황후는 그 한계를 넘어서고 싶었을지 모른다. 명성황후의 간절함을 느껴서일까? 푸른 하늘을 보는 순간 머리로 떨어지는 햇볕이 몹시 뜨겁다는 것을 깨달았다. 흥선대

(위) 운현궁의 이로당과 노락당을 잇는 복도는 방문객에게 가장 인상적인 장소다. 통로 위의 솟을지붕이 이채롭다.
(아래) 노락당과 이로당을 잇는 복도 내부 모습. 일반 한옥에서는 볼 수 없는 궁궐 내전의 모습이 드러나는 곳이다.
복도 좌우로 스며드는 햇살이 은은해 한번 걸어 보고 싶은 충동이 인다.

원군의 파란 많은 생을 좇다 보니 놓쳤던 것들, 그러니까 지금껏 보이지 않던 건물 주변의 사소한 물건들이 그때서야 하나하나 눈길 속으로 들어온다. 바닥에 깔린 마사토, 누군가 흘리고 간 부채, 석지와 나란히 놓인 해시계 받침대, 건물을 가르고 선 담장, 그리고 담장 안에 하나씩 쌓아 올린 작은 사괴석(네모난 돌)들까지. 착시를 교정하기 위해 밑에서부터 돌의 크기를 줄여 가며 쌓은 담장의 고급스러움이 공연히 감탄사를 자아낸다. 모든 것이 정교하고 입체적으로 눈에 잡힌다. 어쩌면 석지보다도 명성황후가 먼저 의식 안으로 밀고 들어왔을지도 모른다. 도저히 참을 수 없이 뜨거워진 햇볕을 피해 뒷마당으로 급하게 걸음을 옮긴다. 그늘 속에서 나이가 지긋한 노부인 한 명이 무언가를 우물거리며 책을 읽고 있다. 다시 돌아온 21세기, 도시의 작은 공원 운현궁. 담장 밑 화단에 전시된 괴석들도 말을 걸기 시작한다. 생각 없이 보면 그저 돌조각이지만, 거기에 뜻을 담자면 우주를 담을 수도 있다. 괴석을 보고 있자니 상상력이 풍부했던 대원군의 예술가적인 면모가 새삼스럽다.

 이로당의 담장 너머에는 이로당과 함께 지어진 영로당永老堂이 남아 있다. 영로당은 '운니동 김승현가'라는 이름으로 서울시 민속문화재 제19호로 등재되어 있다. 기왕이면 같이 돌아보고 싶어서 문을 두드리고 한참을 기다렸지만 문은 끝내 열리지 않았다. 덕성여자대학교 교정에 있는 서양식 건물 양관洋館도 당시 운현궁에 속한 건물이었다. 현재 운현궁의 모습은 아주 제한적으로만 남아 있어 당시 역사를 촘촘히 읽어 내기가 쉽지 않고, 여러 건물들이 조화를 이루며 만들어 내는 건축의 아름다움을 감상하는 데에도 한계가 있다. 그럼에도 불구하고 서울 하늘 아래 제대로 지어진 전통

(위) 사람을 상념에 젖게 하는 괴석들, 왕손이 영원하기를 바라던 굴뚝,
시대를 읽지 못하던 운현궁의 해시계가 놓였던 받침대.
(아래) 이로당 앞에 서면 부대부인이 세월을 띄워 놀던 석지가 무상함을 일깨운다.

(위) 담장 안에 놓인 괴석. 혼란스러웠던 역사 속에서 노심초사한 대원군의 속이 저렇게 생겼을까?
(아래) 운현궁 벽을 타고 오르는 말줄임표 같은 담장……. 이 시대에 전하고 싶은 말이 있는 듯하다.

한옥이 이렇게 남아 있다는 것은 분명 큰 축복이다. 돌아가기 위해 매표소 마당으로 나가니 마당 한편에서 작은 소동을 벌이고 있다. 아마도 궁중 의상 패션쇼를 하려는 듯하다. 돌아갈 곳이 멀지 않다면, 한 자리를 차지하고 싶었지만 아쉬운 마음을 뒤로하고 운현궁을 나섰다. 운현궁을 방문할 때 시간을 맞춘다면 다양한 공연을 볼 수 있다는 것도 21세기 운현궁의 매력이다.

주소 | 서울특별시 종로구 운니동 114-10(삼일대로 464)
관람시간 | 하절기(4월 초~10월 말) 09:00 ~ 19:00,
　　　　　　동절기(11월 초~3월 말) 09:00 ~ 18:00, 매주 월요일 휴관
관람료 | 일반 700원, 청소년 300원
문의전화 | 운현궁 관리사무소 02-766-9090

창덕궁으로 이어지는 건축 이야기

운현궁에서 제일 가까운 창덕궁에서 시계 반대 방향으로 경복궁, 경희궁, 경운궁(덕수궁), 창경궁이 있다. 대원군이 국운을 걸고 다시 지은 경복궁도 중요하지만, 창덕궁은 대원군이 집권했을 당시 고종이 오랜 기간 머물던 곳이라는 점에서 운현궁과 좀 더 밀접한 곳이다. 창덕궁 안에는 조선 사대부들의 집을 본떠 지은 연경당이 원형대로 보존되어 있어서 한옥을 사랑하는 사람이라면 시간을 내어 꼭 볼만한 곳이다. 덕수궁과 창경궁도 근대사의 중심지였다는 점에서 함께 돌아볼 만하다.

또한 궁궐을 돌아보면서 빠뜨릴 수 없는 곳이 종묘와 사직이다. 사직은 경복궁 우측(전통 건축에서 좌측과 우측은 건물을 등지고 섰을 때를 기준으로 한다)에 있는데, 토지의 신과 곡식의 신에게 제사를 지내는 곳으로 농업을 나라의 기본으로 여기던 조선에서 없어서는 안 되는 곳이었다. 경복궁 좌측에 있는 종묘는 왕의 조상을 받드는 곳이니 역시 꼭 필요한 곳이었다. 종묘는 그 가치를 인정받아 창덕궁과 함께 유네스코가 지정하는 세계문화유산에 뽑히는 영광을 얻었다.

 운현궁 →10분→ 창덕궁 →5분→ 경복궁 →4분→ 경희궁 →8분→ 덕수궁 →17분→ 창경궁

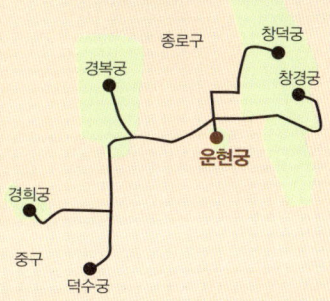

2

충청도

은유의 공간을 들여다보다

김기응
가옥

세월이 내려앉은 김기응가옥에는 무언가 특별한 것이 있다. 전시장을 연상시키는 다채로운 담벼락들과 200여 년의 시차를 두고 지어진 안채와 사랑채의 풍부한 공간의 변화들, 그리고 그 안에 숨은 옛사람들의 소망과 생각. 이 특별한 것들은 다양한 상징적 의미로 다가온다. 한옥에 숨은 상징의 세계를 들여다보자. 김기응가옥이 있는 괴산은 산이 깊어 계곡이 많은 곳이다. 아홉 개의 절경이 있어 화양구곡으로 불리는 화양계곡에는 송시열 유적이 함께 있어 절경을 구경하는 재미에 더하여 정신적인 만족감도 누릴 수 있다.

담벼락, 화장을 하고 사람을 맞다

세상이 온통 물컹물컹해진 듯하다. 길가의 집들이 모두 축 늘어져 있다. 심드렁하기는 김기응가옥도 다르지 않아 손님을 맞는 태도가 시큰둥하다. 모두 늦은 봄 탓이다. 가만히 있어도 몸이 액체처럼 자꾸 밑으로 쏟아지려 한다. 그나마 화장을 하듯 화방을 한 행랑채의 모습에서 서울 아낙의 활기 같은 것이 조금은 느껴진다. 작은 생동감이지만 이를 보고 있자니 기분이 한결 나아진다. 화방(벽)은 화재를 막기 위해 벽 위에 다시 쌓은 이중벽인데, 이곳의 화방은 돌과 기와로 장식을 하고 그 위에 붉은 벽돌까지 쌓아 올려 장식 효과가 제법이다. 늦봄의 노곤함까지 이겨 낸 이 멋스러운 가옥은 고종 때 공조참판을 지낸 김항묵(김기응의 조부)이 다른 사람의 건물을 매입하여 1910년 즈음 지은 건물이다. 행랑채, 사랑채, 중문채, 안채 그리고 곳간 두 채가 있는데, 건축 연대를 17세기까지 올려 보는 안채를 빼고는 모두 이때 지어진 것이다(안채가 지어진 시기를 17세기와 19세기로 보는 기록이 혼재한다. 가주의 의견에 따르면 17세기라고 보는 것이 맞을 듯하다). 한때는 그 화려함이 마을에서 단연 돋보였을 테지만, 이제는 세월이 훑고 지나간 여인의 얼굴처럼 고즈넉하다. 그러나 자신이 꿈꾸었던 소망이며 생각들이 엷은 화장기로 남아 방문객의 호기심을 자극한다.

우주는 커다란 집이다. 뭇 생명이 그의 품에서 안식을 얻는다. 우리가 곧잘 집을 우주에 비유하는 까닭이다. 우리 조상은 하늘은 검고 땅은 누렇다고 여기며 살아왔다. 천지현황 天地玄黃. 검은 기와를 쓰고 누런 황토를 도포처럼 두른 한옥의 이미지를 잘 표현해 준다. 한옥을 이야기할 때면 늘 같이 따라다니는 풍수며 풍경이며 잡다한 이야기들은 모두 옆으로 밀어 두

대문을 지나 중문 안쪽에서 찍은 안채의 전경이다. 중문에 내외벽이 있는 것을 보면, 외출이 자유롭지 못했던 여인들은 아늑한 이곳에서 적지 않은 시간을 보냈을 듯하다.

고, 이곳에서는 오롯이 한옥만을 살펴보기로 하자. 한옥을 짓기 위해 선택한 재료나 재료의 형태, 색깔 속에 우리 조상들이 어떤 소망과 마음을 숨겨두었는지 그 의미의 세계를 따라가 보자. 김기응가옥은 집만을 구경해도 좋을 만큼 특별하다.

   집을 등지고 서면, 사랑채가 약간 왼쪽으로, 안채는 약간 오른쪽으로 치우쳐 있다. 좌의정이 우의정보다 높은 것처럼, 조선 시대에는 왼쪽을 오른쪽보다 높게 여겼는데, 이를 건축에 반영한 것이다. 또 안채는 위치상 사랑채의 뒤쪽, 그러니까 북쪽에 위치하게 되는데, 북쪽은 2세를 낳는 생식과 관계되므로 여인이 머무는 안채에 알맞은 자리다. 이런 배치는 대부분의 전통 한옥에 적용되므로 알아 두면 요긴한 정보다. 이제 본격적으로 김기

웅가옥을 구경하기로 하자. 참, 북쪽은 검은색을 뜻한다는 것도 기억하고 집 구경을 시작하자.

　행랑채 위로 살짝 솟아오른 솟을대문이 거만하지 않아 좋다. 솟을대문이 사람을 압도하지 않아서인지 대문채 안의 소박한 대문이 정겹게 눈길을 받는다. 하나, 둘, 셋……. 대문을 만든 널을 헤아리니 대문 한 짝이 여섯 개의 널로 만들어졌다. 알고 보면 여섯은 우리에게 친근한 숫자다. 우리 주위에는 팔각정보다 육각정이 많다. 주역에서 '6'은 음陰의 큰 수로 무엇이든 낳을 수 있는 대지人地의 수다. 역사적으로는 신라와 가야가 모두 여섯 시조始祖로 그 역사를 시작한 것도 이와 무관하지 않을 것이다. 또 동양에서는 우주 공간을 '전후좌우상하'의 여섯으로 표현하므로 '6'은 세상을 포

(왼쪽) 우주로 들어가는 문을 상징하는 솟을대문. 대문을 구성하는 널이 좌우 각각 6개로, 6은 우주 공간을 의미한다.
(아래) 도시에서 시집온 새색시처럼 화려하게 단장한 담벼락. 수평선이 강조된 행랑채의 지붕 선이 강렬하다.

괄하는 가장 큰 수이기도 하다. 대문 양쪽의 널을 더하면 이번에는 시간을 나타내는 12지지가 된다. 그렇게 따지고 보니 마주하고 있는 이 소박한 솟을대문이 예사 문이 아니라는 것을 깨닫는다. 김기응가옥으로 들어가는 이 문은 시간과 공간을 이동하는 문이 된다. 우연일까? 행랑채의 바깥을 장식한 화방 역시 제일 밑에서부터 돌, 기와, 벽돌의 순서로 모두 열두 줄을 쌓아 올렸다. 이 집에서 여섯과 열둘이라는 숫자는 특별한 의미를 가질 수밖에 없다. 하여 솟을대문을 지난다는 것은 작은 우주로 들어서는 일이다.

흙을 지키려는 자, 흙을 가져가려는 자

행랑채 외곽을 두른 화방에 쓰인 돌은 성역을 나타낸다. 산에 오르다 돌탑 위에 돌을 얹으며 무언가를 기원해 본 사람이라면, 돌이 가지는 성스러운 기운을 느낄 수 있다. 돌을 쌓아 서낭당을 세우기도 한다. 그래서 돌을 쌓는다는 것은 경계를 짓는 일이기도 하다. 돌은 어떤 지역을 신성하게 하여 경계를 짓는 것이니 한옥에서 담장을 쌓는다는 것은 경계를 짓는 일이며 또 집을 신성하게 하는 조치다. 중국에서는 벽돌집이 발달했지만, 우리나라에서는 집요하게 흙과 돌을 이용하여 집을 지었다. 여기에는 집이 단순히 몸뚱이를 담아 두는 건물이 아니라는 믿음이 깔려 있다. 하지만 일본이 우리나라를 강제 점령하면서 이런 전통은 속절없이 무너졌다. 김기응가옥은 돌의 역사에서 벽돌의 역사로 넘어오는, 그러니까 집이 그 성스러움을 잃고 실용과 편의의 세계로 넘어오는 중간 지점에 자리한 셈이다.

솟을대문으로 들어서면 사랑채를 에두른 토담이 제일 먼저 시선을 잡는다. 흙은 많은 의미를 가진다. 흙의 노란색은 임금의 색이기도 하다. 세상

화방의 외부 모습.
토담.

(왼쪽 위) 안채와 사랑채 사이를 막은 샛담. 김기응가옥에는 곳곳에 샛담이 자리한다.
(왼쪽 가운데) 안채 영역과 사랑채 영역을 구분하는 돌담. 공간마다 적절한 재료를 써서 장소에 맞는 의미와 느낌을 창조해 낸다. 그 의미를 풀어 나가는 재미가 쏠쏠하다.

(왼쪽 아래) 때로 우리는 기와로 담장을 장식해 꽃담을 만들기도 한다. 기와를 같이 쌓아 올려 연속되는 토담의 지루함을 달랬다.
(오른쪽 아래) 곡식을 보관하던 곳간채에는 공기가 잘 통하도록 나무 판으로 벽을 세웠다.

무엇이 흙에서 나오지 않은 것이 있겠는가? 세상 만물을 키워 내니 생식의 뜻이 있고, 재물이나 벼슬을 의미하기도 한다. 물론 황제의 색이니 풍수적으로도 그 의미가 으뜸이다. 옛날에는 정월 대보름 밤이면 부잣집이나 잘 나가는 벼슬아치 집 대문을 건장한 하인들이 지키고는 했다. 집 안의 흙을 퍼 가는 도둑을 막기 위해서인데, 가난하고 힘없는 사람들이 부잣집이나 벼슬아치 집의 흙을 파다가 자기네 부엌 아궁이에 바르면 그 흙이 있던 집의 돈과 벼슬 복이 옮겨 온다고 믿었기 때문이다. 물론 흙을 빼앗기면 복도 빼앗기므로 부잣집에서는 한사코 이를 막았다고 한다. 사랑채를 토담으로 두른 것은 토담의 담백한 맛과 함께 흙이 가진 영험한 힘에 기대고 싶은 마음에서였을 것이다. 굳이 바깥담에 돌을 써서 화방을 쌓고 집 안의 채를 구분하는 담을 흙으로 쌓은 데에는 그만한 이유가 있었던 것이다.

김기응가옥의 벽과 담은 끊임없이 변신을 시도한다. 집에 들어서게 되면 화방벽이나 토담 말고도 여러 가지 모양의 담벼락이 곳곳을 지키고 있다. 건물과 건물 사이를 막아선 샛담, 돌과 흙을 함께 쌓은 죽담, 바깥 사내들의 시선을 막아선 내외담, 곳간을 빈틈없이 두른 나무 판 벽, 그리고 기와나 돌을 이용하여 쌓은 멋들어진 담장까지. 김항묵은 이 집을 지으며 공간과 공간을 나누는 경계에 많은 의미를 두었던 것 같다. 누구나 어린 시절 무심코 밟은 문지방 때문에 혼난 기억이 한 번쯤은 있을 것이다. 아직도 남은 일상의 터부 중 하나다. 그만큼 경계를 무너뜨리는 짓은 위험하다. 때로는 신의 영역을 무너뜨려 스스로 위험에 빠질 수도 있고, 때로는 신분의 영역을 넘어섰다고 경을 칠 수도 있다. 그렇기에 경계를 지켜 자신의 분수를 지키는 것은 동양의 가치인 예와 통한다. 김기응가옥은 경계의 여러 가지 의미를 생각하게 한다.

  이 집의 담벼락 중 으뜸은 사랑대청에 앉아서 보는 샛마당의 꽃담이다. 사랑채와 안채 사이를 막아서 작은 샛마당을 만들었는데, 이 마당이 없었다면 사랑대청은 운치 없는 마루방이 되고 말았을 것이다. 이 작은 마당은 사랑채를 건축적으로 살려 냈을 뿐만 아니라 집 전체의 상징성에도 생기를 불어넣는다. 집 전체의 상징적 의미가 샛마당에서 한 송이 꽃으로 피어나 꽃담과 굴뚝이 된 것이다.

  상징을 위해 건축 재료를 얼마나 능수능란하게 배치했는지, 범상치 않은 건축주의 눈썰미를 짚어 보자. 행랑채의 화방에서 부수적으로 쓰인 벽돌이 이곳에서는 주도적으로 쓰여 꽃담이 된다. 화려한 길상문은 운 좋은 사랑손님에게 훌륭한 볼거리였을 것이다. 부귀와 장수를 뜻하는 문자를 문양으로 그리고, 두 글자 사이에 연속무늬를 넣었다. 일정한 무늬가 반복되는 문양을 회 문양이라고 하는데, 이는 일이 결실을 맺기를 바라는 마음이고, 또 그 결실이 영원하기를 바라는 마음이다. 그리고 문양의 모서리에는 박쥐를 넣어 다산 다복을 빌었고, 그 옆으로 인동초를 그려 넣어 자손들이 성실하고 당차게 자라기를 기원했다. 다산을 기원하는 마음은 벽돌의 색으로도 표현되었다. 검은색은 기본적으로 지혜를 상징할 뿐 아니라 안채가 자리 잡은 북쪽의 색이어서 생식과 관계된다. 그러나 흑색은 죽음을 의미하기도 해서 위태롭고 위험할 수 있다. 흑색의 외곽을 붉은 벽돌로 감싼 이유다. 검은색이 긍정적인 의미로 쓰였음을 강조한 것이다.

(위) 작은 담벼락이지만 문양이 다채롭다. 왼쪽 아래는 박쥐 문양이고, 오른쪽 아래는 인동초 문양이다.
(아래) 집의 중심에 위치한 샛마당에는 가족의 은밀한 소망을 담은 화방벽이 있다. 꽃담을 닮은 벽이 아름답다.

(위) 애환과 소망이 함께 담긴 굴뚝 뒤로 여인들의 쉼터가 되었을 장독대가 보인다.

(왼쪽) 한옥은 작은 공간을 끊고 잇는 재주가 뛰어나다. 끊어진 공간에 만들어진 내밀한 문이 사랑채와 안채를 이어 준다.

샛마당의 꽃담과 굴뚝, 은유의 연쇄 고리

이 작은 마당 한가운데에는 커다란 굴뚝이 우뚝 솟아 있다. 사랑채에 있는 세 개의 아궁이가 쏟아 내는 연기를 이 굴뚝 혼자서 감당한다. 프로이트 Sigmund Freud 에게 굴뚝은 남근이겠지만, 우리 전통 속의 굴뚝은 오히려 여근에 가깝다. 산모가 아이를 낳다 어려움에 빠지면 아기가 빨리 나오기를 기도하며 키로 굴뚝에 부채질을 하기도 했고, 굴뚝에서 나오는 연기가 모유 빛이라고 해서 굴뚝을 유두에 비유하기도 했다. 세상을 바라보는 서양과 동양의 차이가 이런 곳에서도 드러난다. 형形을 중시하는 서양과 질質을 중시하는 동양의 차이다. 생식을 나타내는 검은색으로만 굴뚝을 쌓지 않은 것은 과유불급의 교훈을 일러 준다. 굴뚝을 모두 검은색으로 장식했다면, 이는 모자람만 못하다. 제아무리 필요한 물이라고 해도 많으면 홍수가 나는 이치와 같다. 역시 붉은색을 함께 써서 검은색이 좋은 의미로 쓰였음을 암시한다.

장식이 뛰어난 샛마당이지만 사방이 막혀 외부인이 출입할 수 없는 장소다. 아무나 접근하기 어려운 샛마당에 보물처럼 숨겨 둔 가족의 내밀한 소망이 얼마나 컸던가는 굴뚝의 높이와 크기를 보면 짐작할 수 있다. 사랑채와 안채를 잇는 은밀한 통로도 이곳에 있다. 사랑대청에 앉아 꽃담을 감상하는 손님이라도 이곳에 안채로 이어지는 쪽문이 있다는 사실을 눈치채기 어렵다. 작은 공간을 나누는 데 능숙한 한옥의 장점을 잘 살려 냈다. 샛마당에 담긴 상징과 은유의 연쇄 고리를 따라가다 보면, 이 집을 지은 이의 상상력이 예사롭지 않았음을 깨닫게 된다.

담이 많은 만큼이나 마당도 많고, 그래서 공간의 변화도 심심치 않다.

공간의 변화를 따라가다 보면 안채에 이른다. 사랑채보다 200여 년 앞서 지어진 안채는 분위기가 사랑채와 사뭇 다르다. 사랑채가 은유와 멋을 중요시한 반면 안채는 실용과 기능을 앞세웠다. 안마당과 뒷마당이 쉽게 연결되도록 부엌을 뒷마당까지 길게 빼서, 안방이 건물의 모서리를 부엌에게 내주고 대청 쪽으로 나앉았다. 보통 안방이 모서리를 차지하는 여느 한옥과 다른 모습이다. 안방이 가지는 중심성보다 안팎으로 오가며 일하는 부엌의 기능을 먼저 생각한 것이다. 안채로 들어와 느낀 공간의 변화감 때문인지 돌연 피로감이 몰려와 대청 끄트머리에 엉덩이를 걸친다. 굳이 피곤하지 않아도 대청에 잠깐 앉아 보는 것이 좋다. 한옥은 애초에 보는 집이 아니라 사는 집이어서 대청에 앉아서 보는 장면과 장면이 이어져 만드는 풍경이 훨씬 살갑다. 팍팍해진 다리를 쉬게 하면 마음도 그만큼 여유로워진다. 넉넉해진 마음으로 주변을 보자.

편하게 앉아서 돌아보면 안채에도 놓치기 아까운 은유의 고리들이 있다. 안채의 모든 방에는 용자살문을 쓰고 있는데, 用(용)자는 음양을 나타내는 月과 日이 합해진 글자다. 2세를 낳는 일이 무엇보다 중요한 안채에 그 의미가 크다. 용자살문을 쓰는 현실적인 이유는, 살이 적어 방 안으로 빛을 들이기 쉽기 때문이다. 이런 창을 영창이라고 한다. 이에 비해 사랑채에는 卍(만)자를 응용한 완자살문을 쓴다. 卍자는 영원을 나타낸다. 세상에 이름 석 자 남기는 것을 최고의 효로 알았던 조선 선비의 방에 적당하다. 한편 卍자가 가지는 종교적 의미를 생각하면 집은 성과 속을 아우르는 공간이 된다. 불과 100년 전만 해도 집을 대하는 마음이 지금과 달랐던 것이다.

자리를 털고 일어서려는 순간 눈에 잡힌 지붕의 용마루가 특별하다. 사

(위) 용자창의 用자는 月과 日이 합해진 글자다. 대를 잇는 일이 중요한 안채에 안성맞춤인 문살이다.
(아래) 영원을 나타내는 卍자와 화려한 亞(아)자 문양이 함께 느껴지는 사랑채 창호. 사내들이 꿈꾸던 소망을 상징적으로 담았다.

랑채를 중심으로 한 건물들이 화려한 몸체에 비해 지붕이 밋밋하다 싶었는데, 안채는 이와 대조적이다. 팔작지붕인 안채의 지붕은 용마루가 급경사를 이루며 힘 있게 하늘로 솟구친다. 김기응가옥 전체에서 가장 역동적이다. 커다란 새 한 마리가 힘차게 날갯짓을 하며 막 날아오를 기세다. 실제 사랑채와 안채를 잇는 중문채 지붕에는 새 그림을 그려 넣은 기와가 숨어 있다(찾아 보시길!). 새가 사람을 하늘과 이어 주는 영물임을 생각하면, 안채에서 꾸던 꿈은 속된 출세의 욕망과는 다른 것이었음을 암시한다.

　사내들은 자기 이상에 맞게 사랑채를 짓고 그 안에서 현실적인 출세를 갈망했지만, 적어도 이 집의 안주인은 그저 수수한 생활이 드러나는 안채에서 사내들은 꿈에도 생각하지 못하는 또 다른 이상을 좇고 있었을지도 모른다. 유학에 익숙한 사내들에게 세상 최고의 소망이라고 해야 고작 출세해서 이름을 남기는 것이었지만, 어디 여인에게 출세가 그런 것이겠는

지붕이 만나 다양한 모습을 만들며
단조로움을 덜어 낸다. 새는 막
하늘로 날아오를 참이다.

가? 당시 여인들이 어떤 이상을 마음속에 품고 살았을지 쉽게 짐작할 수는 없지만, 집을 지은 김항묵이 200년이나 먼저 지어진 안채의 꿈을 소중히 여겼던 것만큼은 틀림없어 보인다. 시기적으로는 나누어서 지어졌지만 건물 배치가 전체적으로 品(품)자 형태를 갖추고 있다는 데서 이러한 것을 알 수 있다. 이상과 현실 사이에서 중용의 품위를 소중히 간직한 집, 그것이 중요민속문화재 제136호로 지정된 김기응가옥이다. 그 위로 여전히 세월이 내려앉고 있다. 세월은 또 다른 상징을 낳을 것이다.

주소 | 충청북도 괴산군 칠성면 율원리 907-10(칠성로4길 20)
관람시간 | 10:00 ~ 17:00
관람료 | 무료
문의전화 | 괴산군청 문화관광과 043-830-3432

화양계곡의
풍광을 감상하다

김기응가옥에서 속리산 자락을 타고 삼십여 분 이동하면, 괴산의 자랑인 각연사에 다다른다. 각연사는 '연못 위에 세워진 절'이라는 창건 설화를 가지고 있다. 연못을 메운 자리에 세워진 건물이 충청북도 유형문화재 제125호로 지정된 비로전이다. 오래된 건물이지만, 1970년대 수리를 하면서 원형이 바뀌어 가치가 많이 훼손되었다. 비로전에는 보물로 지정된 돌부처가 있는데, 연못을 메우기 전 발견되었다는 전설의 주인공이다. 각연사도 좋지만, 각연사로 가면서 만나는 아름다운 풍경도 길을 나선 이에게 더없이 큰 기쁨을 준다. 괴산에는 중요민속문화재로 지정된 청천리고가靑川里古家도 있다.

사적 제417호로 지정된 송시열 유적은 맑은 물과 경치로 이름난 화양계곡에 자리한다. 3.7km에 이르는 계곡에 경천벽, 운영담, 읍궁암, 금사담, 첨성대, 능운대, 와룡암, 학소대, 파천으로 이어지는 아홉 개의 절경이 일 년 열두 달 사람을 기다린다.

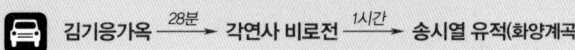
김기응가옥 —28분→ 각연사 비로전 —1시간→ 송시열 유적(화양계곡)

하늘과 맞닿은 한옥

최태하
가옥

이따금 건축 감상의 실마리를 내주지 않는 한옥이 있다. 이런 집은 사람을 미궁으로 밀어 넣고도 태연하다. 이때는 당황하지 말고 기다려야 한다. 속을 보이지 않는 한옥의 성품을 탓하지 말고, 그저 기다리며 물끄러미 바라보아야 한다. 충분한 기다림을 확인한 연후에야 내밀한 속내를 보여 주는 한옥이 있는 것이다. 언뜻 불친절해 보이는 이 한옥이 중요민속문화재 제139호로 지정된 최태하가옥이다. 최태하가옥은 법주사에서 멀지 않다. 보은의 자랑인 법주사 팔상전도 구경하고, 우리나라 8경에 이름을 올린 속리산도 올라 보자.

괴이한 홰나무는 수수께끼의 시작이다

건축적 상식을 뛰어넘는 한옥을 만나면 그 안에서 이루어졌던 삶의 흔적을 가늠하기가 쉽지 않다. 제자리가 아닌 엉뚱한 곳을 차지하고 앉은 건물, 모호하게 시작해서 느닷없이 끝나는 공간의 움직임, 스무고개라도 하듯 엉뚱한 곳에 자리 잡은 건축 재료들. 그러나 숱한 이야기를 품은 과거는 생각지도 못한 곳에서 불쑥 제 얼굴을 드러내기도 한다.

방문객을 혼란에 빠뜨리는 홰나무는
수수께끼의 시작이다.

국가가 지정한 건축 문화재의 정문이 철 대문이라니! 혹시 집을 잘못 찾은 것은 아닌가 하는 마음에 주위를 둘러보기까지 했다. 1970년대 도시에서 흔히 쓰이던 철문이 사랑채로 들어가는 정문 노릇을 하고 있다. 약간은 실망스럽고, 약간은 당혹스럽지만 이내 익숙해진다. 대문이야 시대에 따라 바꿔 달 수도 있는 것. 그렇게 느긋하게 마음먹은 것은 개인적 성품의 온화함 때문만은 아니다. 말하자면, 문짝처럼 사소한 일에 마음을 줄 겨를

솟을대문을 들어서면 위풍당당한 사랑채가 나타나기 십상이지만,
최태하가옥은 솟을대문에 들어서면 멀리 산이 보인다.

이 없었던 것이다. 수령이 200여 년은 훌쩍 넘어 보이는 홰나무가 대문 위로 머리를 풀어 헤치고 서 있었다. 오랜 세월이 덧입혀진 자연의 숭고함에 순간 압도당했지만, 이곳이 살림집이라는 사실을 기억해 내고는 이내 아연해졌다. 도대체 이처럼 크고 괴이한 나무가 살림집 마당을 차지하고 있다니! 자그마한 사랑채는 나무에 눌려 눈에 들어오지도 않는다. 하지만 이 낯섦은 수수께끼의 시작일 뿐이었다.

혼란스러운 마음을 추스르고 사랑채 옆으로 난 솟을대문을 들어서면 다시 문이 나온다. 순간 들어갔던 문에서 튀어나와 다시 문을 바라볼 수밖에 없다. 솟을대문을 들어서면 사랑채로 이어지는 게 당연하지만, 이 집은 특이하게도 솟을대문이 사랑채 옆에 붙어 있다. 한옥의 일반 상식을 무너뜨린다. 이 특별한 상황을 어떻게 이해해야 할까? 미궁으로 빠지고 만다. 길을 잃지 않으려는 아이처럼 철문, 나무, 사랑, 솟을대문을 하나하나 눈으로 되짚으며 다시 안으로 들어선다. 솟을대문에 이어 안채로 이어지는 중문이 나오고, 중문을 들어서면 이번에는 안채의 지붕이 생소하다. 사랑채에는 기와를 올리고 안채에는 왜 이엉을 얹었을까? 무슨 까닭이 있는 것일까? 이제는 그저 발길 닿는 대로 걷기로 한다. 담장으로 둘러쳐진 공터는 또 무엇인가? 집 구석구석을 돌아보지만 물음표가 꼬리를 물고 이어질 뿐, 궁금증을 풀 단서는 쉽사리 보이지 않는다. 한옥 감상은 때로 수수께끼를 푸는 일이기도 하다. 작은 실마리를 잡고 그 의미를 물어 나가야 한다. 그 실마리를 집의 구조에서 찾아낸다면 쉽겠지만, 때로는 단순한 생활의 흔적이 풀이의 열쇠가 되기도 한다. 사람이 살기 위해 지은 집이라면 생활의 흔적을 남기지 않을 수 없다. 생활이 불편하면 집의 구조는 자연스럽게 바

(위) 특이하게도 솟을대문이 사랑채 옆에 붙어 있다. 일반 한옥과는 다른 모습이다.
(아래) 집에 앉아 집 자체를 감상할 수 있는 것이 한옥의 매력이다. 이를 '자경自景'이라고 하는데 최태하가옥의 사랑채는 자경이 특히 빼어나다. 사랑채 툇마루에 앉으면 앞에 있는 홰나무나 뒷문을 통해 보이는 풍경이 볼만하다.

꾸게 된다. 그래서 그 흔적을 통해 집의 구조를 풀어 나갈 수 있다. 집의 구조와 생활의 자취는 기찻길처럼 늘 함께한다.

궁금증을 꾸러미로 꾸려 사랑으로 돌아와 툇마루에 앉는다. 다시 홰나무를 마주한다. 마당에 이렇게 큰 괴목槐木을 심은 살림집은 본 기억이 없다. 단정한 느낌이라도 든다면 그나마 이해할 수 있겠지만, '단정'하고는 도무지 거리가 멀다. 애초에 사랑채를 다른 목적으로 짓지 않았다면, 이런 광경을 연출할 수는 없다. 크게 자라는 나무를 마당에 심는 것이 풍수적으로도 좋지 않은 데다 형태를 존중하는 우리 정서상 제멋대로 가지를 뻗는 나무를 살림집 마당에 심을 까닭이 없기 때문이다. 사랑채가 안채보다 100년 이상 앞서 지어졌다는 집주인 최재덕의 의견이 그럴듯하게 들리는 까닭이다.

부재의 크기와 화려한 창호의 모습은 기와집과 다름없지만, 지붕에는 이엉을 얹은 안채. 민간 신앙의 한 면을 볼 수 있다.

하늘을 품은 집, 초가

안채와 사랑채 모두 19세기 말에 지어졌다고 보는 것이 학계의 의견이다. 그러나 당시에 지어진 여느 사대부의 집보다 안채의 공간 집중도가 지나치게 높다. 최재덕의 증조부가 사헌부 감찰을 지내 감찰 댁이라는 택호(집주인의 고향이나 관직을 붙여 부르는 집 이름)가 있었다는 사실을 고려하면, 소통의 중심 공간이 사랑채가 아니고 안채라는 점이 아무래도 낯설다. 시기적으로 성리학이 흔들리던 시기임을 감안해도 사랑채를 집의 한구석으로 밀어 두고, 솟을대문까지 안채로 이어지도록 집을 짓는다는 것이 도무지 현실적이지 않다. 사실 솟을대문이 아니라도 이 집의 모든 문은 안채로 통한다. 그래서 집안의 내력을 잠시 살펴볼 필요가 있다. 최태하가옥은 원래

둥지로서의 집은 하늘을 품는다. 그래서 하늘은 우리의 마음이 향한 곳이다. 둥지를 닮은 이 집 어디를 보아도 자연에서 오지 않은 것이 없다.

보아지에 새겨진 길상문. 둥지 속의 새가 소망을 품었다.
한 여인의 소망을 품었다. 그리고 먼 시간을 달려와
우리에게 그 이야기를 전해 주고 있다.

보은에 사는 화순 최씨 종가다. 종가의 며느리였던 김선묵은 남편과 자식을 먼저 보내고 홀로되자, 대를 잇기 위해 최태하를 양자로 들여 오늘에 이르고 있다. 말하자면, 이 집이 지금의 꼴을 이룰 당시 집의 중심인물이 김선묵이라는 여인임을 알아야 안채를 중심으로 짜여진 집 전체의 공간 구성이 이해된다.

안채가 집의 중심이라면 수수께끼를 풀 실마리도 안채에 있을 것이다. 그런데 안채가 중심 건물이라면 왜 굳이 안채에 이엉을 올려 초가로 지었을까? 이것은 어느 정도 풍수와 관련 있다는 것이 주변의 설명이다. 마을의 모습이 학을 품은 형상인데, 알을 품은 학에게 무거운 짐을 지울 수 없어 지붕을 가볍게 하려고 기와 대신 이엉을 올렸다는 이야기다. 풍수를 중히 여겨 지붕까지 바꿨다면, 저렇게 크고 무거운 홰나무를 보존한 까닭은 또 무엇이란 말인가? 안채 툇마루에 앉아 상념에 잠겨 있자니 집이 조용히 전해 준 실마리는 기둥 위에 있었다. 바로 안채의 보아지(기둥 위에서 보를 받친 작은 나무 부재)에 새겨진 길상문이다. 길상문은 장수나 행복 따위의 좋은 일을 상징하는 무늬인데, 보아지에 숨은 길상문은 壽福貴富(수복귀부)다. 네 개의 보아지에 수명을 뜻하는 壽자를 처음으로 하여 차례로 한 자씩 그려 넣었다. 다른 집에서라면 보기 힘든 장면이다. 생각이 거기에 미치자 많은 의문점이 풀렸다. 일단, 최태하가옥이 현재 모습으로 남아 있게 된 데에는 풍수가 매우 중요한 작용을 한 것만은 틀림없어 보인다. 그렇다면 사랑채 앞에 자리한 홰나무가 아무래도 현실적이지 않다. 그래서 사랑채가 먼저 이곳에 있었고, 이후 안채를 지었다고 보는 것이 맞다.

우리 민족은 늘 하늘을 동경하고, 하늘과 같이 호흡하려 노력했다. 그러나 그 하늘은 여느 민족의 하늘처럼 인간과 동떨어진 하느님의 세계가 아니다. 우리에게 하늘은 돈 달라고 복 달라고 빌기만 하는 대상이 아니다. 그것이 샤머니즘과 갈라지는 부분이다. 하늘은 우리가 직접 새가 되어 날아가고 싶은 곳이다. 그리하여 신성하지만 살가운 하늘이다. 한옥의 지붕은 특히 하늘과 밀접하게 관계를 맺고 있다. 그래서 지붕과 관계된 이름에는 '새'라는 말이 많이 들어간다. 지금은 쓰지 않는 말이지만 옛날에는 기와를 '디새'라고 부르기도 했다. 처마 끝 부분을 예쁘게 마무리해 주는 기와를 여전히 막새라고 부르고, 합각 쪽에 대는 서까래를 집우새라고 말한다. 그리고 추녀 옆으로 막 날아오를 듯 날렵하게 생긴 서까래를 드르새라고 부른다. '새'라는 이름은 기와집의 지붕 재료에만 해당하는 것이 아니어서 초가에 얹는 이엉, 예를 들어 띠나 억새 등 볏과 식물 모두를 새라고 한다. 이는 하늘이 신분의 귀천을 떠나 우리 민족 모두의 소통 대상이었음을 확인해 준다. 한옥에서 하늘은 늘 그렇게 우리에게 가까이 있었다.

솟대, 여인의 소망을 담다

하늘을 동경하는 문화는 어느 정도 솟대 문화와 관계있다. 솟대 문화는 원시 시대 농사에 새를 이용하던 조전(鳥田)에서 출발한 것으로 요즘 이를 이용한 것이 오리 농법이다. 이처럼 농경 문화를 기반으로 하는 솟대 문화는 우리 전통 문화 중 가장 오래되고 가장 최근까지 남아서 마을을 지키던 신앙이다. 나무는 땅에서 하늘을 향해 자라난다. 그래서 나무는 땅과 하늘을 잇는 신령한 생명이다. 거기에 앉은 새가 하늘의 전령이 되는 것은 어쩌면 당연한 일이다. '보아지'는 나무 위에 앉은 새이기도 하다. 거기에 길상문을 넣은 것이다. 그러니 안채의 기둥은 단순한 기둥이 아니라 하늘과 땅을 잇는 나무이고, 하늘의 전령인 새가 머무는 둥지인 셈이다. 집이 솟대인 한, 솟대와 가장 어울리는 집은 기와집이 아니라 둥지를 닮은 초가다. 초가는 기와집과 달리 집을 구성하는 어떤 것도 인공적이지 않다. 다듬지 않은 돌과 흙을 버무려 쌓은 기단, 그 위에 아무렇게나 놓은 주춧돌, 다시 그 위에 세워진 나무 기둥, 그리고 지붕을 덮은 이엉까지. 초가는 이 땅에 씨 뿌려져 자라난 자연이다. 김선묵은 집을 솟대로 만들어 하늘과 소통하고 싶었을 것이다. 솟대를 닮아 부정 탈 것이 없는 초가에는 가족을 모두 잃고 양자를 들인 한 여인의 안타깝고 간절한 마음이 남아 있는 것은 아닐까? 그리하여 이곳의 길상문은 산 자만을 위한 것이 아니다.

솟대 문화로 풀면 사랑채의 홰나무도 자연스럽게 설명된다. 집을 초가로 지을 정도로 풍수를 중시했다면, 풍수적으로 재앙이 될 홰나무를 그냥 남겨 둘 까닭이 없다. 그런데도 여전히 홰나무가 사랑마당을 지키고 있다는 것은 홰나무가 이제 단순한 정원수가 아니라 하늘과 땅을 잇는 신령한 나무가 되었다는 뜻이다. 사랑채의 기와를 굳이 걷어 내지 않은 까닭이다. 홰나무가 있었기에 사랑채는 사랑채로서의 위신을 지켜 올 수 있었다. 그것이 안채를 지어 집을 늘리면서도 나무를 베어 내지 않은 이유다.

최태하가옥은 땅에서 자연스럽게 솟아오른 신령스러운 집이다. 그렇게 솟아올라 나무가 되고 새가 되어 하늘과 하나가 되었다. 최태하가옥에서 인공이 가장 많이 가미된 담장과 사랑채도 인공적인 재료라고 해야 오로지 지붕을 덮은 기와뿐이다. 기단을 만든 돌들도 자연에서 가져와 최대한 자연스럽게 쌓아 올렸다. 주춧돌도 막돌을 쓰고 그 위에 그렝이질(기둥 밑동

(위) 신령한 나무를 마주한 때문일까? 마치 벽이 계단을 밟고 올라서는 듯하다. 막돌을 쌓아 만든 기단은 안채와 이어진다.
(아래) 찬광은 음식을 보관하는 곳이다. 음식 없는 생명은 있을 수 없는 것. 찬광을 흙과 돌로 쌓은 까닭이다.
전통 한옥의 찬광을 이렇게 만드는 경우는 매우 드물다. 대개는 나무 판으로 벽을 막는다.

을 주춧돌에 맞게 잘라 내는 일)을 한 기둥을 올렸다. 최근 보수를 하며 다시 쌓은 담장이지만, 역시 자연스럽게 흙과 돌이 땅인 양 뒤섞이며 솟아올라 기와를 받고 있다. 집에 대한 이런 태도는 안채 아래 지어진 찬광(반찬거리를 넣어 두는 광)에까지 이어진다. 보통 찬광은 청판(마루판 등 판재)을 깔고 벽체로 얇은 판재를 쓰지만, 이곳에는 사람 손이 많이 가는 청판 대신 바닥에 흙을 깔고 두툼한 흙벽을 쌓아 올렸다. 그리고 그 위에 이엉을 덮어 둥지를 지었다. 땅이 자연스럽게 솟아올라 찬광이 된 것이다.

　귀로에 오르는 시간, 신령한 나무가 그림자를 길게 늘여 배웅에 나선다. 나무로 집을 짓는 우리의 전통에서 집은 하늘과 하나 되는 곳이다. 최태하 가옥이, 집을 경제적 가치만으로 따지는 우리에게 오랜 시간을 거슬러 와 알려 주는 집의 가치다. 동양의 시간은 신의 심판을 기다리며 앞으로만 내달리는 서양의 시간과 달라서 늘 우리에게 회귀한다. 그래서 고택을 감상한다는 것은 그렇게 체온을 가지고 돌아온 옛 시간을 물끄러미 바라보는 것이다. 차창 밖으로 밑둥으로만 남은 한 해가 들판에 실려 뒤로 달려간다. 언젠가는 다시 돌아올 시간이다.

주소 | 충청북도 보은군 삼승면 선곡리 281
관람시간 | 10:00 ~ 17:00
관람료 | 무료
문의전화 | 보은군청 문화관광과 043-540-3374

하늘에 오르는 길

보은에는 우리나라 어디에 가도 보지 못할 건물이 하나 있다. 바로 법주사의 팔상전이다. 국보 제55호로 지정된 팔상전은 우리나라에서는 유일한 5층 목조탑이다. 부처의 일생을 그린 〈팔상도八相圖〉가 벽면을 두르고 있어 붙여진 이름이다. 팔상전 외에도 보물로 지정된 원통보전과 대웅보전이 줄지어 있어 건축 기행을 하는 이라면 황금 같은 곳이다.

건축 기행은 느긋해야 한다. 때문에 많이 움직이는 산행과 결합하여 일정을 잡는다면, 음양의 기운까지 맞출 수 있어 금상첨화다. 법주사 인근에서 하룻밤 쉰 후, 우리나라의 8경 중 하나인 속리산에 올라보자. 법주사에서 출발해 법주사로 돌아오는 등산로는 3개가 있는데, 법주사 → 세심정 → 복천암 → 문장대 → 신선대 → 경업대 → 금강골 → 법주사로 연결되는 12km 남짓의 등산로가 적당하다. 최태하가옥이 꿈꾸었던 하늘에 좀 더 가까이 올라가 볼 수 있다.

한옥의 여성성을 읽다

김기현
가옥

한옥은 사람을 닮는다. 함께한 이의 성품을 닮아 한옥은 여성이 되기도 하고 남성이 되기도 한다. 오밀조밀함이 느껴지는 김기현가옥에는 다감한 여성성이 숨어 있다. 김기현가옥이 국가 문화재로 지정된 데에는 아마도 이 여성성이 크게 작용했을 것이다. 한옥의 여성성은 한옥 역사의 숨은 흔적이 드러난 모습이기도 하다. 그 흔적을 따라가는 것도 결코 작지 않은 재미다. 남성적인 한옥, 정순왕후생가가 이웃해 있어 보는 재미가 두 배다. 해미읍성, 서산 마애여래삼존상, 개심사가 인근에 있어 1박 2일의 주말여행도 괜찮다. 창호지의 은은한 불빛을 맛볼 수 있는 한옥 민박도 가능하다.

솔 향 가득했던 마을

한옥은 자신과 세월을 함께한 사람의 성품을 닮아서 포근하기도 하고 무뚝뚝하기도 하다. 김기현가옥은 어떤 감성을 품고 있을까? 마을로 들어가기 위해 국도를 벗어나는 순간 마음이 철렁한다. 길모퉁이 어귀길이 백 도 이상 크게 꺾여 들어가면서 차가 심하게 출렁였기 때문이다. 하지만 이어지는 짧은 언덕길이 완만하게 돌아들며 놀란 가슴을 감싸 안는다. 포근한 어귀길이 일품이다. 오래전 마을을 떠나 상처투성이가 된 사람들도 이 길로 접어드는 순간 지난 세월의 설움을 깨끗이 위로받을 것만 같다. 아마도 사람들이 품고 있는 고향의 이미지에는 이런 어귀길이 하나씩 있지 않을까. 나지막한 언덕 위에 오르니 언덕 아래로 펼쳐진 마을도 그만큼 아늑하다.

김기현가옥의 코앞까지 왔지만, 김기현가옥은 쉬이 제 모습을 보여 주지 않는다. 처음 방문하는 이라면 지나치기 십상이다. 그러나 고택을 지나쳤다고 아쉬워할 필요는 없다. 아니, 오히려 슬쩍 지나치는 것도 좋다. 고택을 지나 백여 미터를 내려가면 마을의 젖줄 대교천이 흐른다(대교를 풀어 쓰면 '한다리'다. 이곳에 모여 살던 경주 김씨를 한다리 김씨라고 하는데, 추사 김정희와 정순왕후가 모두 이곳 한다리 김씨다). 흐르는 물이 있고, 갈대의 은빛 물결도 좋다. 멀리 가야산이 보이고, 마을의 당산이 눈앞에 잡힌다. 이렇게 마을 전체를 조망하는 것은 고택 감상에 즐거움을 더한다. 굳이 청룡과 백호를 불러내지 않아도 왜 집터가 좋은지 마음으로 느낄 수 있다.

방향을 돌려서 오던 길을 되돌아가면 오른쪽에 김기현가옥이 나타난다. 숨은 듯 도로 안쪽으로 난 대문과 김기현가옥임을 확인해 주는 작은 팻말이 보인다. 이렇듯 먼저 마을을 돌아보고 집 앞에 서야만 바람을 막자고

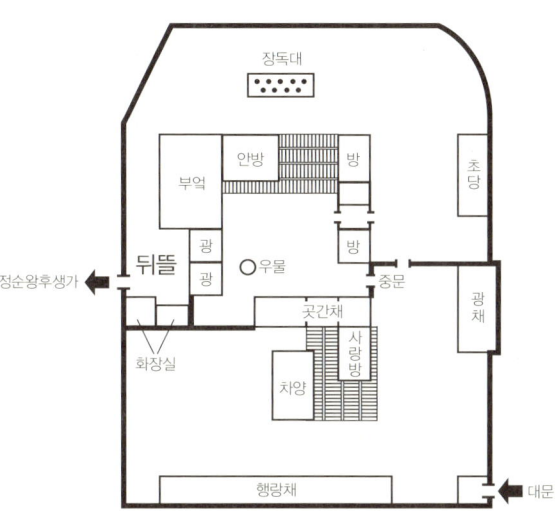

울창하던 숲이 황폐화되어 을씨년스럽다. 오른쪽을 차지한 우람한 건물이 정순왕후생가다.

조성한 숲에 가려 보이지 않던 마을의 이미지가 그려진다. 숲 너머에 있는 산이며 들이며 내까지, 그리고 허공을 서늘하게 내달리던 겨울바람까지. 자연 속의 집을 몸으로 느낄 수 있다. 김기현가옥의 얼굴인 대문은 보기에 따라서는 작고 허술해 보이지만, 이렇듯 아늑한 자리를 차지한 것을 보면 집을 지은 이의 당시 위세가 만만치 않았을 것 같다.

벌써 삼 년여가 지났지만 솔 향 가득했던 마을 이미지가 아직도 선명하다. 인근을 지나다 정순왕후생가라는 안내판에 이끌려 무심코 들른 적이 있는데, 당시 울창하던 소나무 숲이 인상적이었다. 그런데 지금 그 숲이 보이지 않는다. 나중에 확인하니 태풍이 이 마을을 관통해 지나가면서 적지 않은 소나무가 쓰러졌다고 한다. 물론 지금처럼 나무가 하나도 없지는 않았다. 부러진 나무를 처리한다고 트럭이 다닐 길을 내면서 남아 있던 소나무를 모두 베어 내고 말았던 것이다. 살다 보면 우화(寓話)처럼 어처구니없는 일이 실제 벌어지기도 하는 모양이다. 오솔길은 흔적 없이 사라지고 맨살을 드러낸 산 여기저기 바퀴 자국이 상처처럼 벌겋다. 벼룩 잡자고 초가삼간을 태운 꼴이다. 정작 산을 황폐화시킨 것은 태풍이 아니라 사람이었던 셈이다. 건축이 자연과 함께한다는 점을 생각했다면 이런 참극은 면했을 것이다. 안타까운 마음으로 아름다움의 절반을 잃은 가옥의 풍경 속으로 들어간다. 산이 제 모습을 찾기까지는 상당한 시간이 소요될 것이다.

대문에서 시작하는 여성성

김기현가옥의 작은 대문에 들어서면, 굉장히 낯설고 묘한 느낌에 사로잡힌다. 설명하기 힘든 이 복잡한 감정의 단초는 아무래도 대문을 등지고 앉

(위) 대문을 막아선 벽이 가옥에 들어서는 발길을 주춤거리게 한다.
(아래) 외면하듯 몸을 틀고 앉은 사랑채가 방문객을 잠시 혼란에 빠뜨린다. 서먹해하지 말고 안으로 들어서야 한다.

은 사랑채에 있는 듯하다. 외면당하는 느낌이라고나 할까? 지난번에 정순왕후생가만을 둘러보고 김기현가옥에는 들어오지도 못하고 발길을 돌린 데에는 분명 발길을 저어하게 하는 심리적 저항감이 있었다. 용기를 내서 대문에 들어서도 그런 느낌은 달라지지 않는다. 들고 나는 이에게 그다지 관심이 없다는 듯 사랑채는 시치미를 떼고 먼산바라기를 한다. 오히려 낯선 남자를 슬쩍 무시하는 여심이 느껴지기도 한다. 한옥의 중심 건물은 '정침正寢'이라고 불리는 안채지만, 조선 중기가 지나면서 한옥의 실질적인 중심은 사랑채가 되는 경우가 많았다. 그래서 사랑채에서는 대문으로 들고 나는 사람을 한눈에 살필 수 있었다. 당연한 말이지만, 안채로 드나드는 사람 역시 사랑채의 눈길을 피하기 어려웠다. 19세기 중엽으로 추정되는 건축 연대를 생각하면 이 집 사랑채 역시 집 전체를 관장할 만한 자리를 차지해야 맞다. 그러나 이 집의 사랑채는 대문을 등지고 있어 그럴 처지가 못 된다. 따라서 처음 집을 지었을 때에는 대문이 지금 자리에 있지 않았을 것이다. 어떤 이유에서인지 몰라도 대문을 이곳에 다시 들였을 가능성이 있다.

  이 집을 건축한 이의 후손이 대문을 옮겼든 옮기지 않았든 대문이 구석진 자리를 차지하면서 김기현가옥은 전체적으로 매우 창의적인 공간이 되었다. 대문이 이곳에 없었다면, 이 집은 국가지정문화재가 되지 못했을 것이다. 대문으로 인해 김기현가옥은 어떤 한옥보다 여성성이 도드라지게 되었다. 이웃한 정순왕후생가에서 느껴지는 남성성과 대비되어 훨씬 강렬하다. 정순왕후생가의 높고 큰 기둥이 근육질의 남성을 연상시킨다면, 김기현가옥은 전체적으로 오밀조밀한 모습이어서 다감한 여인을 떠올리게 한다. 김기현가옥의 특징을 좀 더 잘 느끼려면 이쯤에서 정순왕후생가를

(위) 정순왕후생가의 대청 모습. 대들보는 요즘은 구경조차 할 수 없는 적송이다. 구릿빛 사내를 연상시키는 대들보가 일품이다.
(아래) 정순왕후생가와 김기현가옥을 잇는 일각문. 정순왕후생가 쪽에서 바라본 모습이다. 일각문의 운치가 느껴진다.

돌아보는 것이 도움이 된다.

정순왕후생가는 최근 앞에 커다란 솟을대문을 세워 남성성을 더욱 강조했다. 중문을 통해 안채로 들어서면 건물에 둘러싸인 마당이 나오는데, 꽉 막힌 마당과 우물 때문에 비좁다는 느낌이 들어 여느 한옥과 큰 차이를 느끼지 못한다. 하지만 대청 쪽을 돌아보면, 건장한 사내를 마주한 느낌이 든다. 주눅이 들 정도는 아니지만, 상당한 크기의 기둥과 높이를 가진 안채가 순간적으로 당황스럽다. 이런 느낌은 대청으로도 이어지는데, 천장을 받친 대들보는 크기만 우람한 것이 아니라, 잘 다듬어진 사내의 가슴을 연상시킨다. 구릿빛 사내의 몸뚱이를 연상시키는 대들보는 현재는 구할 수조차 없는 적송赤松이어서 그것만으로도 볼거리가 된다. 하지만 정순왕후생가는

행랑채의 중앙을 차지하는 여느 대갓집의 대문과는 달리 김기현가옥의 대문은 집 모퉁이에 자리한다.

소소한 재미를 느낄 수 없고 대체로 무뚝뚝하다. 안채 이외에 크게 변화를 줄 만한 건물조차 없어서, 대청 뒤로 이어지는 장독대의 정감까지 없었다면 집은 그 자체로 무뚝뚝한 사내가 되고 말았을 것이다.

정순왕후생가의 솟을대문을 보고 온 뒤라면, 김기현가옥의 대문은 더욱 왜소해 보인다. 다소곳하기까지 한 대문채의 지붕은 모임지붕(정자처럼 중앙에 지붕면이 모이는 지붕)에 가까워 여인의 잘록한 허리에 걸쳐진 짧은 치마 같기도 하다. 일부러 비워 버린 듯한 대문채 천장의 허전함은 이 집의 여성성을 강조한다. 잔뜩 허리를 굽히고 지붕을 받는 종도리(용마루 밑에 있는 부재)에서 대문을 이곳에 앉힌 이의 겸허한 마음을 읽어 낼 수 있다. 대문은 집을 짓고 마지막에 설치하는 것이니, 그림으로 따지자면 용의 눈에 해당된다. 대문을 허투루 만들지 않는 까닭이다. 그래서 대문을 자세히 들여다보면 집주인이 집에 대해 가지는 태도를 엿볼 수 있다. 행랑채에 있어야 할 대문이 이곳에 앉은 것만으로도 이 집은 전혀 다른 집이 된 것이다.

대문의 여성성은 대문을 비스듬히 등지고 곁눈질하듯 앉은 사랑채로 자연스럽게 이어진다. 대문이 이곳에 없었다면 상상하기 힘든 풍경이다. 대문이 가지는 여성성은 사랑마루의 난간에서도 읽어 낼 수 있다. 난간을 높이 세우지 않고, 있는 듯 없는 듯 처리했다. 애초에는 용트림하는 형상의 자연목이었다고 하나, 지금은 보수하던 목수가 대충 깎은 나무를 걸쳐 놓아 조잡하기까지 하지만 말이다. 사랑채 앞마당에 덧대 지은 차양은 대문을 등지고 앉은 여인의 양산쯤이라고 해야 할까? 최근에 거의 모든 부분을 다시 만든 듯한데, 고택의 여성성을 살리는 데는 대체로 실패했다.

안채로 들어서다 이상하다 싶은 문 때문에 발을 멈춘다. 안채로 들어가

(위) 차양을 쓰고 앉은 사랑채에는 방문객이 머물 수 있는 방이 있다. 하루를 묵으며 오래된 한옥의 내밀함을 느껴 보자.
(왼쪽 아래) 위세를 떨어 대는 다른 사랑채 난간과 달리 있는 듯 없는 듯 처리한 난간에서
또 다른 여성성을 볼 수 있다. 여성성은 김기현가옥의 중요한 테마다.
(오른쪽 아래) 안채의 기단, 댓돌, 마루, 처마 선이 나란히 수평선을 이루고 있어 편안하다.
댓돌 위의 신발이 고택에 체온을 더한다. 오른쪽의 열린 문은 안채에서 가장 은밀한 초가로 통하는 길이다.

는 중대문 옆에 초가로 들어가는 작은 문이 있다. 자료를 살펴보니 이곳에는 문 대신 담장이 있었는데, 1948년에 문을 들였다고 한다. 이곳이 담장이라면 초가는 안채로 들어가 다시 부엌을 지나야 도달할 수 있는 여인들의 가장 은밀한 곳이다. 이 문 때문에 가장 깊은 곳으로 밀려나 있던 여성의 공간이 대문에 바투 붙고 말았다. 이제 여인도 언제든 대문을 나설 수 있게 되었다. 1948년이면 이미 시대가 변한 것이다. 집은 그렇게 사회를 담아낸다.

안채에서 초가로 이어지는 문.

진행 중인 김기현가옥의 여성성

문을 지나 안채로 들어서면 정면에서 사람을 맞이해야 할 안채가 보이지 않는다. 다른 고택과 달리 안채가 대문 옆으로 숨은 까닭인데, 대문을 완전히 들어서야만 나타나는 안채는 정숙한 여인처럼 수수하다. 높이가 강조된 정순왕후생가와 달리 상대적으로 낮은 건물 때문에 공간이 넉넉하게 느껴져 중문을 밀고 안채로 들어섰을 때의 정감이 정순왕후생가와 많이 다르다. 말하자면 공간적인 정서가 훨씬 따뜻하다. 숨은 듯 내색 없는 안채지만, 안채의 따뜻함은 다른 건물의 뿌리가 된다. 아기자기한 대문 역시 여기서 시작한 여성성을 이어받고 있다. 마치 뿌리에서 가지가 나오듯 안채에서 모든 건물이 가지가 되어 나오는 형상이다. 대문에서 시작한 김기현가옥의 여성성은 자궁처럼 큰 안채에서 완성되고 있다. 칼 구스타프 융Carl Gustav Jung은 남성의 성격에는 역사적으로 조금씩 쌓여 온 여성성이 있다고 주장하고, 이것을 '아니마anima'라고 불렀다. 간단히 말하면, '남성이 가진 여성성'을 아니마라고 정의했다. 한옥은 유학의 세례를 받아 강한 남성성을 가지고 있지만, 한옥이 지나온 역사는 다분히 여성적이다. 부뚜막에서 시작한 구들, 그리고 집안일의 중심인 마당으로 이어지는 한옥 구조의 발전 근저에는 여성성이 자리 잡고 있는 것이다. 그 여성성이 극적으로 나타난 한옥이 김기현가옥이다. 정순왕후생가의 강한 남성성이 한옥의 이념적 특성이라면, 강한 여성성이 드러난 김기현가옥은 한옥의 아니마, 그러니까 생활 역사의 흔적을 드러내는 것이다. 이는 한옥의 겉모습과도 밀접하게 관련된다.

대개 다른 나라는 건물을 일자형으로 짓는다. 시멘트가 아닌 나무로 집을 짓자면 아무래도 그것이 편하고 유리하다. ㅁ자집으로 알려진 중국의 전통 살림집 사합원도 일자집 4채가 중정을 중심으로 모여 있다. 단호하게 선을 강조한 사각형 사합원은 남성성이 강하다. 그러나 한옥은 ㄱ, ㄴ, ㄷ 등 꺾임집 형태로 건물이 한 몸을 이룬다. 선이 끊임없이 휘어지며 공간을 낳고, 공간이 또 다른 공간을 낳는 풍부한 여성성이 특징이다. 이는 부뚜막에서 발달한 구들과 밀접한 관계가 있다.

집집마다 차이가 나는 팔색조 한옥 지붕도 꺾임집 때문에 가능하다. 집이 꺾이며 집의 크기와 높이가 달라지는데, 지붕 모습도 그때그때 달라진다. 팔작지붕도 아니고 맞배지붕도 아닌 매우 복합적인 지붕 모습을 연출하기도 한다. 지붕이 겹쳐지는 곳에서는 건물의 밀도가 커지면서 특별한 공간 이미지를 만들어 내기도 하는데, 때로는 이것이 생각지도 못한 건축적 감동을 선사하기도 한다. 아름다운 한옥의 지붕 속에는 부뚜막에서 출발한 생활의 미, 즉 건강한 여성성이 숨어 있는 셈이다.

고택이지만 새롭게 꾸민 부엌이 마음에 든다. 부뚜막을 감싼 흙이 주는 질감이 좋다. 부뚜막의 가마솥은 그대로 장식이 되어 세월의 연속성을 유지하고 있다. 안쪽에 입식으로 식당을 꾸미며 현대 생활에도 불편함이 없도록 만들었는데, 어둡고 지저분하기 쉬운 부엌을 환하게 만들어 경쾌하다. 문화재에 이처럼 과감하게 현재의 생활을 담아낸 건물을 보기가 쉽지 않은데, 이렇게 고택 속에 오늘을 무리 없이 담아낸 모습이 보기 좋다. 김기현가옥의 여성성은 여전히 진행 중이다.

주소 | 충청남도 서산시 음암면 유계리 465(한다리길 45)
관람시간 | 10:00 ~ 17:00
관람료 | 무료
문의전화 | 서산시청 문화관광과 041-660-2499, 김기현 선생 041-688-1182

자연스러운 기둥의 멋

살림집 창호에서 흘러나오는 은은한 불빛. 마을에 어둠이 깔리면 한옥은 또 다른 아름다움으로 충만하다. 여기에 그윽한 독경 소리가 더해지면, 때로 평생의 추억거리가 되기도 한다. 김기현가옥에서 멀지 않은 곳에 개심사가 있다. 개심사로 오르는 운치 있는 길은 먼 길을 달려온 사람에게 안겨 주는 개심사의 보시다. 건축 기행을 하는 이에게 개심사가 유명한 이유는 범종루와 심검당 때문이다. 범종루는 기둥을 거의 다듬지 않은 자연목을 써서 자못 위태로워 보인다. 사찰의 살림집인 심검당에도 그런 기둥이 있다. 기둥으로 가져다 쓴 것이 아니라 원래부터 그곳에서 자란 나무는 아닐까 의심이 들 정도로 천연덕스럽다. 전통 건축이 추구한 자연스러움이 돋보인다. 독특한 화장실도 재미를 더한다.

서산에 내려온 이상 서산 마애여래삼존상을 비켜 갈 수는 없다. 은은한 미소가 일품인 여래상을 가운데에 두고 왼쪽과 오른쪽에 각각 반가사유상과 보살상이 조각되어 있다. 마애여래삼존상을 만나기 전 해미읍성에 잠깐 들르는 것도 좋다. 김기현가옥에서 십 분 거리에 있어 부담도 적다. 해미읍성은 조선 초기의 대표적인 석성石城으로, 조선 시대 관아 시설 여러 개가 복원되어 있다.

추사, 한옥과 통하다

추사고택

한옥을 바라보면 우리가 보인다. 우리가 어떤 생각을 하며 어떻게 살아왔는지 미루어 짐작할 수 있다. 집은 그 시대의 생활과 문화를 담아내는 그릇이기 때문이다. 따라서 한옥 기행은 단순한 여행 이상의 가치를 가진다. 추사김정희고택을 통해 옛사람들의 생활과 문화를 가늠해 보며 실리와 정도를 따르던 추사 김정희의 삶은 물론 그의 예술까지 돌아볼 수 있다. 1박 2일의 주말여행을 계획한다면, 추사고택, 수덕사 대웅전, 고건축박물관으로 이어지는 건축 기행과 봉수산 휴양림, 예당저수지, 덕산온천으로 이어지는 휴양 여행을 하나로 버무려 낼 수 있다.

〈세한도〉 속으로 들어가다

한옥은 자연의 변화를 담아내는 재주가 있다. 자연을 닮은 까닭이다. 계절이 바뀌면 한옥이 우리에게 쥐어 주는 감동에도 차이가 난다. 꽃이나 단풍으로 소란스러운 계절도 좋지만, 크게 춥지만 않다면 한옥을 감상하기에 겨울도 그리 나쁜 계절은 아니다. 더구나 〈세한도歲寒圖〉를 품어 낸 추사고택을 찾아 나선 길이라면 말할 나위도 없다. 아닌 게 아니라 차에서 내리니 아주 커다란 세한도 안으로 들어선 느낌이다. 얼음장 같은 질감의 하늘과 텅 빈 주차장이 화선지의 넉넉한 여백처럼 추사고택을 받치고 있기 때문일 것이다. 산발치에 자리 잡은 추사고택은 나지막한 산세에 포근하게 안긴 모양새다. 아늑한 산세가 편안한 안산과 어우러져 추운 날씨를 한결 누그러뜨렸다. 풍수가들은 담백한 산세에서 추사의 문자향文字香을 감지하기도 한다.

〈세한도〉 김정희, 1844년, 수묵화, 23x69.2cm, 국립중앙박물관 소장, 국보 제180호

추사고택은 추사 김정희秋史 金正喜,1786~1856가 여덟 살 무렵까지 머물던 곳이다. 추사 집안은 안동 김씨, 풍양 조씨 등과 어깨를 나란히 한 당대의 세도가다. 영조의 계비인 정순왕후가 추사의 11촌 대고모였다고 하니 그 위

세를 짐작할 만하다. 그러나 개인의 행복이 집안의 영광과 늘 같은 것은 아니어서, 그는 여덟 살 때 친부모와 헤어져 큰아버지에게 양자로 보내지는 아픔을 겪는다. 자기의 의지와 상관없는 삶의 불가피성은 그의 전 삶을 관통하는 운명 같은 것이었다. 어머니와 첫째 부인을 아직 어린 가슴에 묻어야 했고, 양아버지와 스승 박제가의 죽음도 어린 나이에 감내해야 했다. 이런 개인적인 아픔은 성인이 되어서까지 이어져, 입신한 뒤에는 정치적 핍박으로 유배지를 떠도는 파란 많은 인생을 꾸려야 했다. 〈세한도〉에는 그의 쓸쓸한 삶이 오롯이 그려져 있다. 추운 겨울, 한기 서린 한 그루 소나무로 그려진 그의 고독한 삶이 그토록 높은 평가를 받았다는 사실은 예술이 가지는 아이러니가 아닐 수 없다.

　추사는 장성해서도 이따금 이곳에 내려와 책을 읽고는 했다고 하니 고택 안팎으로 추사의 체취가 넉넉하다. 고택 옆에 자리 잡은 추사의 묘소에 눈인사를 드리고, 고택 쪽으로 발길을 옮긴다. 담장 위로 중첩된 고택의 지붕이 일품이다. 주위 경관과 어우러져 벅찬 기분까지 자아낸다. 조금 아쉬운 것은 솟을대문을 받치고 있는 계단이다. 가마를 타고 드나드는 솟을대문에 계단은 아무래도 어울리지 않는다. 가마고 말이고 탈 일이 없는 시대이고 보면, 높은 솟을대문은 어쩌면 건물을 복원한 이들이 추사에게 보내는 존경의 염이라는 생각도 든다. 어쨌든 강진의 다산초당에서 느낀 황망함에 비길 바는 아니었다. 초가를 뜻하는 초당이라는 이름을 붙여 놓고 기와를 얹은 문화재 복원의 어처구니없음이라니. 최근까지도 복원된 많은 건축물들이 전문적인 지식의 부족과 주먹구구식 복원으로 많은 허점을 드러내고 있다. 1930년대 추사고택을 찍은 사진을 보면 솟을대문에 딸린 문간채가 지금보다 커서 좌우로 꽤 긴 행랑채가 있었던 것으로 보이지만 지금은 그저 단출한 문간채뿐이다.

멋보다는 실리를 살리고 정도를 지키다

이런저런 생각을 하다 짐짓 헛기침을 하고 솟을대문을 들어섰다. 계단까지 받쳐 격을 높인 대문에 비해 턱없이 낮은 사랑채의 기단은 보는 사람을 잠시 어리둥절하게 한다. 그러나 ㄱ자로 몸을 틀고 앉은 사랑채는 짐짓 별일 아니라는 기색이다. 사랑채 여기저기에서 세월의 향기를 맡을 수 있으니 그만하면 만족한다는 표정이다. 백발의 선비처럼 하얗게 바랜 기둥에서는 고택 냄새가 물씬 풍긴다. 슬며시 지붕을 올려다보니 한쪽은 추녀를 살짝 올린 팔작지붕이고, 다른 한쪽은 주변의 산세를 반영한 듯 평평한 맞배지붕이다. 아담한 산과 어우러진 논밭이 지붕에서 만나는 모양새다. 자칫 단조로울 수 있는 맞배지붕 끝에는 눈썹처럼 가늘고 긴 눈썹지붕으로 변화를 주어 팔작지붕과 균형을 맞추고 있다. 그런데 다른 세도가들의 사랑채에서 볼 수 있는 누마루가 이곳에는 보이지 않는다. 대신 적지 않은 객이 들락거렸을 사랑채 중심에 커다란 마루방을 두었다. 멋보다 실리를 따른 모습이다. 이런 태도는 이 집의 다른 곳에서도 엿볼 수 있다. 건물을 지은 추사의 증조부 김한신金漢蓋, 1720-1758은 영조의 부마(임금의 사위)였지만 다른 지방의 세력가와 달리 사랑채에 두리기둥을 쓰지 않고 조촐한 네모기둥을 써서 자신을 낮추었다. 권력을 가졌지만 정도를 따르려 했던 추사 집안의 내력을 보여 준다.

남쪽을 보고 앉은 사랑채 앞에는 지나치기 쉬운 볼거리가 하나 있다. '石

솟을대문의 높은 계단은 추사고택을 복원한 이들이 추사에게 바치는 존경의 마음일 것이다. 언뜻 추사가 머물던 사랑채가 보인다.

年(석년)'이라고 쓰여 있는 돌기둥이다. 돌과 시간이 합쳐지며 묘한 힘을 느끼게 한다. '石年'이 추사의 글씨로 알려져 있지만, 돌기둥의 아래쪽에 그의 서자인 김상우의 이름이 적혀 있는 것으로 보아 이 돌기둥은 그의 아들 때에 세워졌을 가능성이 많다. 그러니 글씨도 아들 김상우의 것이 아닐까 한다. 부전자전의 실력을 보여 준다. 아무튼 여기에 해시계를 올려놓고 하루의 시간을 가늠했을 것이다. 실사구시實事求是를 내걸었던 추사의 고택답다.

해시계를 받치던 돌. 받침대로 사용된 것이다.

그런데 사랑마당에서 안채가 훤히 들여다보이는 것이 뭔가 낯설다. 사랑채 앞의 큰 공터에는 물론 건물이 있었겠지만, 안채로 향하는 호기심 어린 사내들의 눈길을 차단하기에는 역부족이다. 아무래도 1970년대 복원공사를 하며 적지 않은 변화가 있었지 싶다. 53칸의 건물 중 34칸만이 복원된 현재 추사고택의 모습은, 전통 건축을 '집합 건축의 아름다움'으로 보는 시각에서는 이미 절반의 아름다움을 상실한 모습이다(칸은 두 기둥 사이의 길이 혹은 네 기둥 사이의 면적을 뜻하는데, 한 칸은 보통 2m 전후의 크기다. 한옥에서 기준이 되는 단위이므로 알아 두면 요긴한 개념이다). 집합 건축의 아름다움이란 전통 건축을 감상할 때 하나하나의 건물을 떨어뜨려 보기보다 여러 개의 건물이 주변과 어우러지는 모습을 통일성 있게 보아야 한다는 생각이다. 물론 그렇다고 추사고택의 가치가 떨어지는 것은 아니다. 여전히 그 시대의 삶과 건축을 우리에게 담담하게 전해 주고 있다.

 망설이다가 안채로 가는 길을 포기하고 사랑채 뒷마당으로 향한다. 아침마다 사당에 인사를 드리러 가던 사랑주인의 발길을 따르는 것이 좀 더 실감 나는 고택 감상이 될 듯해서다. 고향 집으로 내려온 추사도 이 길을 걸어 사당으로 향했을 것이다. 사랑채에서 사당까지는 동선이 길어 자칫

사랑채에서 사당으로 가는 길. 담장은 언덕을 따라 차분하게 올라서고, 사랑채와 안채의 벽과 창호가 변화무쌍한 모습을 보여 준다.

(위) 사당은 현재 김정희의 영정을 모시는 영당으로 쓰이고 있다.
(아래) 사당 입구. 사당으로 들어서다 뒤를 돌아보면 탁 트인 풍경이 좋다.

지루할 수 있지만, 이곳이 현재 추사고택에서 가장 아름다운 공간이다. 담장이 언덕을 따라 차분하게 올라서면서 사당으로 이어지고, 뒷마당에 나란히 선 사랑채와 안채의 벽과 창호가 만들어 내는 변화무쌍한 그림이 담장과 함께 부조화의 아름다움을 구현해 낸다. 제법 넓은 뒷마당이지만 사당으로 오르는 언덕길은 좁다. 마음가짐이 방만해지지 않도록 하는 배려일 것이다. 일단 사당으로 들어와 뒤를 돌아보면, 답답하게 지나온 공간이 확 트인 공간으로 전환되면서 고택을 감상하는 기쁨을 배가시킨다. 사당 안에는 추사의 영정을 모셔 놓아, 추사를 찾는 이들이 사당에서 그를 추억하게 배려하고 있다.

추사체로 쓴 노년의 꿈, 가족

추사고택이 현재 자리에 있게 된 데에는 두 가지 설이 있다. 하나는 추사의 증조부로 영조의 사위였던 김한신이 주변 신료의 질시를 받아 서울에 있던 집을 옮겨 올 수밖에 없었다는 이야기고, 두 번째는 영조가 직접 용궁리 일대의 땅을 하사하고 충청도의 53개 군현에서 한 칸씩의 건립 비용을 염출해 53칸의 집을 지어 주었다는 주장이다. 뒤의 의견이 일반적으로 받아들여지고 있다. 아무튼 건물이 지어진 영조 연간은 성리학의 위세가 그래도 아직 쟁쟁할 때였다. 그래서인지 안채에서는 성리학자의 고집이 느껴진다. ㅁ자 형태의 집 평면만이 아니라 지붕, 벽체가 거의 완벽한 대칭을 이룬다. 그러나 여러 가지 방법으로 대칭이 주는 긴장감을 해소하고 있어서 부분적으로 살펴보면 집 어디에서도 쉽게 대칭을 찾을 수 없다. 중정을 중심으로 대청이 있지만, 좌우로 방을 엇갈리게 배치하고 광창光窓(빛을 들이는 창)이나 문의 위치에 변화를 주고 있다. 성리학을 수용하여 ㅁ자집을 채택했지만, 생활을 포기하지 않은 것이다.

화순옹주가 살았다는 방의 툇마루에 가만히 엉덩이를 내려놓는다. 이 자리는 안채에서 시야의 터짐이 가장 좋은 곳이기도 하다. 화순옹주는 김한신이 죽자 10여 일을 곡기를 끊고 슬퍼하다 그의 낭군을 따라 숨을 끊었다고 한다. 영조는 딸이 죽는 것을 막기 위해 노심초사했지만 남편을 향한 그의 애절함을 막을 수는 없었다. 열녀문을 내린 것은 영조가 아니라 정조였다. 영조는 옹주를 아꼈지만, 그의 말을 듣지 않고 죽음을 선택한 옹주에게 열녀문을 내릴 수 없었다. 화순옹주의 뜨거운 사랑 이야기가 사람을 잠시 감상적으로 만든다. 무심코 바라보던 주련의 화려한 서체가 감상에 빠졌던 의식을 끌어낸다. 기둥마다 온통 주련이 걸려 있어 과하다는 생각이 들기도 하지만, 주련을 돌아보며 급변하는 시대를 살다 간 한 예술가의 굴곡진 삶을 추억하기에는 더없이 좋은 곳이다. 많은 주련 중 오랜 유배 생활의 적적함을 느낄 수 있는 소박한 글을 하나 소개한다. 기름기가 쪽 빠진 추사체다.

大烹豆腐瓜薑菜	가장 좋은 반찬은 두부, 오이, 생강, 나물이고
대 팽 두 부 과 강 채	
高會夫妻兒女孫	가장 좋은 모임은 부부, 아들딸, 손자 손녀와의 모임이다
고 회 부 처 아 녀 손	

글귀에서 고독한 노학자의 말년이 느껴져 안타깝다. 노학자의 사상이 품어 낸 글이라기보다는 거스를 수 없던 운명의 각박한 삶이 꿈꿔 온 범상한 생활이고, 그에 대한 애틋함일 것이다. 추사의 글씨를 책 밖에서 처음

(위) 사랑채 모습. 아기자기한 주변의 산세를 담아낸 지붕 선이 어우러져 정겹다.
(아래) 안채 기둥에 붙어 있는 주련. 추사의 글과 서체를 볼 수 있다. 오른쪽 방이 화순옹주가 지내던 방이다.

만난 것은 오래전 다산초당에서였다. '보배로운 산방' 정도로 해석할 수 있는 '寶丁山房(보정산방)'이라는 현판이었는데, 사람들의 발길을 멈추게 할 만큼 힘 있는 서체였다. 굳이 비교하는 것은 아니지만, 추사와 다산의 이미지가 자꾸 머릿속에서 겹친다. 물론 엉성한 문화재 복원이라는 공통점도 있지만, 두 거인의 삶이 그만큼 닮아 있기 때문이 아닐까? 다산과 추사 모두 오랜 기간 유배 생활을 했고, 다방면에 걸쳐서 재능을 드러냈다. 우리가 익히 아는 다산은 말할 것도 없지만, 추사 역시 단지 금석학의 대가라거나 서예가라는 호칭만으로는 그의 삶을 다 담아내지 못한다. 그는 당대의 사상가였고, 실학자였으며, 종합예술가였다. 또 중국학자들과 적극적으로 교류하여 이름을 떨친 국제적인 학자이기도 했다. 추사체라는 독보적인 서체 역시 중국과의 오랜 교류 끝에 태어난 것으로, 중국의 금석문과 오래된 서법을 익히고 망라한 결정체다. 이런 추사의 모습이 한옥과 닮아 있다면 과장일까?

화암사의 누마루에 앉다

한옥은 우리 역사와 문화를 거의 모두 담아낸 문화의 결정체다. 앉아서 생활하는 좌식 문화, 마당에서 판을 벌이는 마당놀이, 대칭을 거부하는 비대칭 문화, 다양한 문화를 하나로 녹여내는 보자기 문화, 지지고 볶아 무엇이든 소화하는 부뚜막 문화, 기타 우리에게 익숙한 많은 문화가 어느 정도 한옥에 빚지고 있다. 우리가 전통 한옥이라고 부르는 이 독특한 살림집은 추사 예술의 결정인 추사체와 비슷한 시기에 완성됐다. 그래서 한옥도 추사의 작품처럼 종합예술품으로 우리 곁에 남아 있다. 인물과 한옥의 뫼비우스 따라고 할 수 있을까? 한옥에서 추사를 느끼고 추사에서 다시 한옥을 느끼는 독특한 체험 장소가 추사고택이다. 그러나 추사고택에 대한 감상은 여기가 끝이 아니다.

추사고택 뒤편의 작은 산등성을 따라 십여 분을 가다 보면 화암사華嚴寺라는 절을 만난다. 온화하게 이어지던 흙길이 화암사 주변에 이르면 연듯없이 거친 바위산으로 변하면서, 기괴한 암석이 눈길을 사로잡는 반전이 일어난다. 절 뒷마당을 에워싼 병풍바위는 작은 울산바위라고 해도 좋을 만큼 화려해서 그 자체만으로도 볼만하다. 사람들은 기암괴석으로 이루어진 이곳의 산세로부터 추사의 내면에서 요동치던 예술혼을 읽어 내기도 한다.

이 절은 추사 집안의 개인 사찰로 추사고택과 비슷한 시기에 지어져, 추사고택과 화암사가 하나의 건축 프로젝트로 진행되었음을 짐작하게 한다. 때문에 화암사의 누마루에 앉아 산 밑으로 펼쳐지는 전경을 보지 않고는 추사고택을 보았다고 말하기 어렵다. 추사고택의 사랑채에 누마루가 없던 까닭을 이곳에 오면 알 수 있다. 지대가 낮은 추사고택에서는 이만큼 좋은 전망을 확보하기 어렵다. 정자가 사랑채에 흡수되어 누마루로 발전되는 과정을 보여 준다. 따라서 살림집 형태로 지은 사찰의 누마루는 추사고택 사랑채의 연장이다. 그런 생각을 뒷받침하는 것은 사찰 뒤 병풍바위에 음각된 글씨다. 추사의 글씨로 알려진 '天竺古先生宅(천축고선생댁)'이라는 글에서 천축은 인도를, 고선생은 부처를 나타내니 곧 절집이라는 뜻이 된다. 자기가 믿는 교주를 무슨 무슨 선생이라 부를 리 없고 보면, 그에게 불교는 단지 학문의 대상이었지 싶다. 이런 정황으로 보면 이 사찰은 추사고택의 누마루 구실을 하였을 것이다. 그래서 뒤쪽에 새로 지어진 사찰의 울

(위) 화암사는 추사 집안의 원찰이지만, 건축적으로는 추사고택의 연장선에 있다.
(왼쪽) 추사는 화암사에서 풍류를 즐기기도 하고 사색에 들기도 했을 것이다. 이곳의 풍광을 보고 있으면, 추사고택에 누마루가 없던 까닭을 짐작할 수 있다.
(왼쪽 아래) 어떤 이는 화암사의 뒷마당을 막아선 이 바위벽에서 추사의 예술혼을 찾기도 한다. 바위에 음각된 글씨는 '천축고선생댁'이다. 이는 '절집'이라는 의미다.
(오른쪽 아래) 사진에서 글씨 부분을 확대해서 볼 수 있다.

굿불굿한 단청은 안타까운 마음을 불러일으킨다. 건축의 맥을 놓친 것이다. 어쨌든 두 개의 한옥을 하나로 볼 때만이 오롯이 추사의 모습을 만날 수 있다. 마루에 앉아서 탁 트인 전망을 보며 잠시 추사의 삶을 생각하는 사이 어느새 짧은 겨울 해가 지고 있다.

추사고택 주변에는 추사와 관련된 볼거리가 많다. 추사고택의 건축주였던 김한신의 묘가 추사의 묘 옆에 있다. 추사의 고조할아버지 김흥경의 묘소도 주위에 있는데, 추사가 스물두 살에 중국에서 가져다 심었다는 백송도 이곳에 있다. 백송 옆에는 화순옹주의 정려문이 있어 여인의 애절한 사랑을 시대를 넘어 공감할 수 있다. 최근에 지어진 추사기념관에는 다양한 유물이 전시되어 있어 짧은 시간에 추사의 일생을 짚어 볼 수 있다.

주소 | 충청남도 예산군 신암면 용궁리 798(추사고택로 261)
관람시간 | 하절기(3월~10월) 09:00~18:00, 동절기(11월~2월) 09:00~17:00
관람료 | 500원
문의전화 | 추사고택 안내소 041-339-8241

면 분할의 백미,
수덕사로 이어지는 기행

추사고택에서 20여 킬로미터를 달려가면, 옛 노래 〈수덕사의 여승〉의 무대가 된 수덕사가 나타난다. 수덕사가 건축 기행에 자주 이름을 올리게 된 데에는 대웅전이 큰 몫을 했다. 특히 건물 양옆의 기둥과 보가 만들어 내는 면 분할의 아름다움은 전통 건축의 백미로 꼽힌다. 수덕사에서 4km 정도 떨어진 한국고건축박물관에는 전국의 이름난 전통 건축물이 실물에 가깝게 재현되어 있다. 이곳은 전통 건축을 사랑하는 사람들이 일부러 시간을 내서 찾아가는 곳이다. 1박 2일의 주말 나들이를 계획했다면, 예당저수지 → 봉수산 휴양림 → 광시로 이어지는 또 하루의 여행길이 인상적이다. 물속에 만든 분수와 조각 공원이 볼만하고 물가를 따라 이어지는 산책로는 마음에 여유를 준다. 여행의 중심점이 되는 덕산에는 온천이 여럿 있어 여행길 잠자리로 모자람이 없다. 한우로 소문난 광시에 들러 별미 한우를 맛보는 재미도 여행의 흥을 돋울 만하다.

추사고택 —34분→ 수덕사 —7분→ 한국고건축박물관 —18분→ 덕산온천 —29분→ 예당저수지(봉수산 휴양림) —22분→ 광시한우마을

173

동헌, 스캔들이 터지다

결성동헌

지금은 찾는 이가 드물지만, 동헌은 지금의 관공서처럼 민초들이 늘 드나들던 곳이다. 그래서 아무도 없는 동헌의 뜰에 들어서면, 조선 시대 민초들의 치열했던 삶의 모습이 바람 소리를 타고 웅성거린다. 동헌 기행은 건물만을 구경하기보다 거기에 남은 역사의 흔적을 따라가 보고, 그 안에서 벌어졌던 민초들의 삶을 추려 내는 데에 방점을 찍는 것을 권한다. 결성동헌은 고려 시대까지 그 기원이 올라가는 유서 깊은 관아 건물이다. 억새풀로 유명한 오서산이 결성동헌 가까이에 있고, 여름 휴가지로 각광받는 안면도도 가까워서 계절 여행의 경유지로도 손색이 없다.

『춘향전』의 무대가 된 동헌과 책방

관아(官衙)에 들어서면, 조선 시대를 살다 간 민초들의 삶이 생생하게 살아난다. 우리가 익히 들어 아는 『춘향전』의 무대도 바로 관아다. 특히 동헌과 책방이 중심 무대다. 동헌(東軒)은 우리에게 사또로 알려진 지방관이 사무를 보던 건물이고, 책방(冊房)은 그 자제가 글을 읽던 곳이다. 책방에 앉아 책을 읽던 이 도령이 봄기운을 이기지 못하고 방자를 불러내어 광한루로 술추렴을 나가면서 『춘향전』은 시작된다. 결성동헌에는 『춘향전』의 중심 무대가 되었던 동헌과 책방이 옛 모습 그대로 남아 있다.

어쩌면 관아는 우리에게 낯선 전통 건축이다. 그러나 오늘날 우리에게 지구대나 주민센터가 그렇듯, 조선 시대 민초에게 관아는 일상에서 그리 멀지 않은 곳에 있었다. 관아 건축에 대한 낯섦은 일본의 강제 점령이라는 아픈 역사와 관계있다. 다행히 최근 지방 자치가 자리를 잡으면서 관아 건축이 새롭게 관심을 받기 시작했다. 그래서 여기저기 관아를 복원하는 시도가 계속되고 있다. 그런데 관아에는 어떤 건물이 있었을까? 번거롭지만, 잠깐 살펴보자. 가장 권위적인 건물로는 객사(客舍)가 있다. 서울 등지에서 출장 오는 관원이 여기에 묵기도 했지만, 조선 후기가 되면 이곳에 왕의 위패를 모셔 왕의 권위를 상징하는 건물이 되었다. 조선 후기로 가면서 객사의 위상이 커진 것이다. 신임 지방관이 관아에 도착해 제일 먼저 예를 표하는 곳도 이곳이다. 그래서 건물이 크고 웅장했다. 그러나 조선 왕실의 권위를 상징하는 객사를 일본인이 그대로 두었을 리 없다. 때문에 객사는 일본이 이 땅을 강제 점령하면서 가장 먼저 권위를 훼손당했다. 많은 경우 학교로 이용되거나 일본인의 필요에 따라 달리 활용되면서 점차 우리의 시야에

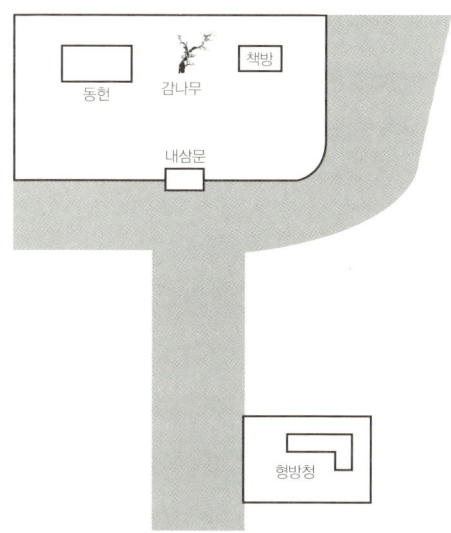

임시로 복원한 내삼문인 걸성아문. 최근 동헌을 고쳐 지으며 새로 만든 것이다. 원래는 동헌 쪽으로 치우쳐 있었으나, 길가로 내어 지었다고 한다.

서 사라지고 말았다. 그 밖에 관아의 다른 건물로는 아전들이 일을 보던 질청作廳(작청이라고 읽기도 하나, 아전들이 쓰는 용어로는 질청이라고 했다), 양반들이 모이던 향청鄕廳 등이 있다. 시절에 따라서 동헌·객사·질청·향청의 권위에 변화가 있었지만, 어찌 되었든 관아에서 가장 중심이 되는 건물들이다. 물론 그 밖에도 춘향 어미인 기생 월매가 근무(?)하던 교방이나 무기를 보관하던 군기고, 양곡을 관리하던 사창 등 여러 용도의 건물이 동헌 주위에 배치됐다.

책방의 기둥과 서까래가 세월을 드러낸다.

차에서 내려 주변을 기웃거리다 동헌 앞에 설치된 안내문을 읽고 있자니 임시로 복원한 내삼문 안에서 먼산바라기를 하고 있는 동헌과 눈이 맞는다. 추녀가 좌우로 유난히 길어 보여 콧수염을 양옆으로 길게 늘인 얄팍한 아전의 얼굴이라도 마주한 느낌이다. 내친김에 눈길을 좇아 내삼문을 들어서니 잔디가 덮인 넓은 마당이 나오고, 마당 제일 깊숙한 자리를 차지하고 앉은 동헌과 책방이 영 심심한 표정으로 낯선 길손의 눈길을 받는다.

(위) 높은 기단 위에 앉은 동헌은 마을에서 가장 큰 권위를 가지고 있었다.
(아래) 몇 번을 고쳐 지어 상처 난 동헌 내부의 기둥들이 건물의 연륜을 드러낸다. 한옥에서는 여백이 유난히 강조된다. 텅 빈 마당을 지나면 텅 빈 대청이다. 비어 있기 때문에 역사 속에 숨은 민초의 울림이 이곳에서 더 강하게 들리는 게 아닐까.

시절을 조금만 당겨 올라가도 숱한 사건들이 소용돌이치던 곳이고 보면 아무도 찾지 않는 지금에야 심심할 만도 하다. 『춘향전』만 해도 동헌에서 벌어진 뜨거운 애정 사건이 아니던가? 이 도령은 오수에 빠진 아버지의 눈을 피하기 위해 까치발로 마당을 지나 광한루로 갔을 것이다. 이몽룡이야 아비가 사또니 까치발을 한다고 해서 동헌이 그리 위협적으로 느껴질 리 없었겠지만, 일반인에게 동헌의 위세는 대단했다. 그래서 건물 역시 기단이 높고, 섬돌(기단으로 오르기 위한 돌)이 층을 이루어 보는 사람을 압도한다. 요즘과 달리 큰 건물이 없던 조선 시대였기에, 가난한 민초가 더구나 안 좋은 일로 그곳에서 문초를 받는 상황이면 동헌을 마주하는 마음이 위축되는 것은 어쩔 수 없었을 것이다. 동헌의 대청은 살림집과 달리 매우 크다. 관아 전체의 중심이 되는 공간이기 때문이다. 결성동헌은 1665년에 지어졌고, 이후 여러 번 고쳐 지금에 이르렀다. 결성은 이제 작은 면이 되어 사람들의 관심에서 멀어졌지만, 지방관을 제대로 파견하지 못했던 고려 시대에도 지방관이 파견되어 주위의 현들을 다스리던 유서 깊은 마을이다. 하여 관아의 역사는 1392년까지 올라간다. 그러나 일본이 이 땅을 강제 점령하면서 홍주와 합해져 홍성의 일부가 되었다(홍성은 홍주와 결성의 첫 글자와 끝 글자가 합해진 지명이다). 그 후 동헌은 제 기능을 상실한 채 면사무소와 지서 등으로 이용되다 1989년 충남 문화재자료 제306호로 지정되었다.

역사의 악역, 아전의 숨결이 느껴지는 형방청

동헌과 책방 사이에 위태롭게 선 감나무 한 그루가 눈길을 잡는다. 감나무지만 나이가 백 살은 훌쩍 넘어 보인다. 감나무를 가까이 보기 위해 다가서

다 발길을 멈춘다. 정면에서는 멀쩡해 보이던 동헌 건물이 좀 기이했다. 앞쪽 툇간(본래의 집채에 다른 기둥을 세워 붙여 놓은 칸으로 툇마루로 많이 쓰인다)이 두 개여서 동헌은 챙이 큰 모자처럼 생긴 지붕을 쓰고 있다. 그러고 보니 처마의 서까래도 이상하다. 우리는 하늘과 가까운 지붕에 각진 서까래를 쓰지 않는다. 하늘은 둥글고 땅은 네모나다는 생각 때문이다. 둥근 서까래 위에 얹는 작은 서까래, 즉 부연도 밑을 쳐서 원을 만든다. 그런데 이곳에는 네모난 서까래가 덧붙여져 있다. 일본인이 지서로 쓰면서 일본식 처마를 덧대어 단 까닭이다. 동헌이 아전의 수염처럼 긴 추녀를 갖게 된 연유가 거기에 있었다. 제 몸 가운데 구멍을 내고, 검은 속을 다 드러낸 채 겨우 몇 개의 새순을 틔운 감나무가 동헌의 지나온 역사처럼 안쓰럽다.

　결성동헌은 지은 지가 오래된 건물이어서 기단의 위세와 달리 건물 자체는 그저 평범해 보인다. 그래서 권위적인 건물에 흔히 쓰이는 익공조차 눈에 띄지 않지만, 안으로 들어서면 예사 건물이 아님을 알게 된다. 화려한 꽃대공(보 위에서 부재를 받쳐 주는 부재)과 보아지, 그리고 둥글고 커다란 기둥들이 기단의 위세가 허세가 아님을 확인해 준다. 몇 번에 걸쳐 수리한 흔적이 거칠게 남아 있어 세월을 지켜 온 과정이 순탄치 않았음을 짐작하게 한다. 동헌의 뼈대가 주는 세월의 유장함에 빠져 있다 문득 뒤를 돌아보니 결성 읍내가 한눈에 내려다보이는 탁 트인 풍경이 좋다. 당시 최고의 권력 기관에 들어와 있음이 실감 난다. 나라에서 가장 좋은 풍수 자리가 경복궁이라면, 마을에서 가장 좋은 집터는 관아, 그중에서도 동헌이다. 힘센 세도가는 그래서 동헌 자리를 묏자리로 탐내기도 했다. 그나저나 잠시 대청에 앉아 읍내를 내려다보고 있으려니 수령이라도 된 기분이다.

"수청을 들라 하지 않느냐!"

변 사또는 다른 기생을 다 마다하고, 이 도령과 백년해로를 약속한 춘향을 동헌 마당에 끌어내 회유와 협박을 가한다. 변 사또와 춘향은 밀고 당기기를 계속했지만 애가 단 이는 변 사또일 뿐, 춘향은 일편단심 요지부동이다. 지금이야 판사가 다르고 군수가 다르고 또 세무서장이 다르지만, 그때는 사또가 모든 것을 관장하던 시대다. 사또가 어질지 못하면, 민초는 참혹한 고통의 세월을 견뎌 내야 했다. 그러나 변 사또 같은 지방관만 있지는 않았을 터, 동헌 앞마당은 보통 사또가 민과 소통하는 공적인 장소였다. 아마 섬돌에는 아전들이 늘어서고 심부름하는 아이들은 그 옆 어디쯤에서 자기에게 떨어질 명령을 받들 준비를 하고 있었으리라. 대청 옆에 딸린 상방(사또의 집무실)을 잠깐 돌아보고 밖으로 나왔다.

동헌 뒤에는 관아에 딸린 살림집이 있기 마련이다. 이곳에도 사또와 함께 가족들이 살림을 하던 내아內衙가 있었는데, 지금은 밭뙈기로 변해 누군가의 생업 터전이 되었다. 두 칸짜리 책방 앞으로는 방자처럼 심부름하는 아이들이 대기하는 급창방及唱房이 있었다고 하나 지금은 빈터만이 무상한 세월을 봄볕 아래 풀어 내고 있는 중이다.

동헌을 빠져나오면 10여 미터 아래 형방청刑房廳이 있다. 사또에게 죄를 청하기에 앞서 조사를 하던 곳이기에 아전들이 꽤나 위세를 떨치던 곳이다. 아전들에게는 공식적인 급여가 없었다고 하니 여기서 아전들과 잡혀온 사람들 간에 형벌을 두고 숱한 뒷거래가 있었을 것이다. 이 때문에 누군가 억울한 누명을 쓰거나 아전의 비위를 잘못 건드려 더 큰 죄를 받기도 했을 것이다.『예기禮記』「곡례편曲禮篇」의 '형벌은 대부大夫에게 올라가지 않는

(위) 결성 읍내를 안고 있는 동헌. 그 옆에 서 있는 감나무는 동헌과 세월을 함께했을 것이다.
(아래) 화려한 꽃대공과 보아지가 한때 마을을 지배하던 동헌의 위세를 확인해 준다.

(위) 양민이 이곳 형방청에 들어설 때면 깊은 심호흡을 해야 했을 것이다. 대청과 툇간을 두른 난간을 눈여겨 보자.
(아래) 관공서가 살림집과 비슷한 것도 한국 전통 건축의 특징이다.
그만큼 살림집의 역할이 컸다는 의미일 것이다. 아전들이 권위를 세웠을 난간이 보인다.

다'는 말이 생각나 공연히 마음이 아프다. 그 순간 눈으로 들어온 것은 대청과 툇간을 두른 난간이다. 난간의 살 모양이 언뜻 한자 '輿(여)'를 연상시킨다. 아전들은 이 난간 뒤에서 잡혀 온 이들을 추궁했을 것이다. 실제 의도야 알 수 없지만, 맹자의 '여민동락與民同樂(백성과 함께 즐김)'이라는 상징적인 의미를 담은 공간임은 분명해 보인다. 이 형방청 역시 동헌만큼이나 유서 깊은 건물이다. 1665년에 지어져 여러 차례 고쳐 지어 오늘에 이르렀는데, 형방청 건물로는 유일하게 남은 건물이어서 국가 문화재로 관리해야 할 만큼 중요하다. 한때 질청으로 쓰이기도 했다는 기록을 생각하면, 이 건물 곳곳에는 아전들의 역사가 차곡차곡 쌓여 있다고 할 수 있다. 아전은 조선 통치에서 굉장히 중요한 구실을 했지만, 역사가들이 관심을 갖지 않아 그저 민초의 등골을 휘게 하던 기생계급 정도로 인식되는 불우한 계층이기도 하다. 한옥 뼈대에 관심을 갖는 이라면, 형방청의 결구(못을 쓰지 않고 나무를 맞추어 얼개를 만드는 것) 모습에서 이 지역의 독특한 한옥 모습을 살펴볼 수 있을 것이다.

『춘향전』과 함께하면 더 좋은 동헌 여행

『춘향전』은 관아를 배경으로 한 소설이어서 관아에서 일하던 사람들이 많이 등장한다. 실제 관아에는 중인 계급을 형성한 아전들 이외에도 적지 않은 노비들이 나졸 등의 공무를 맡고 있었다. 이 노비들도 때로는 꽤나 큰 힘을 행사해서 양인들의 오금을 저리게 했다. 동헌은 지난 시절 민초들의 슬픔과 기쁨을 씨실과 날실로 엮어 만든 비단 같은 유물이다. 이 오래된 건축물 감상에 감동의 크기를 더하는 것도 그런 민중의 애환이다.

동헌 주변에는 관아의 흔적들이 흐릿하게 남아 있다. 동헌이 결국 마을을 꾸리는 곳이라면, 이 흔적을 추적하며 그 시대를 추억하는 것이 좋은 감상법이 될 것이다. 가깝게는 형방청 바로 앞에 읍성의 동문을 막고 있던 옹성(성문을 보호하기 위해 성문 앞에 이중으로 쌓은 벽)과 성벽의 흔적이 남아 있다. 지금은 그 위로 살림집이 들어서 있고, 변형도 많이 되어 자세히 보지 않으면 그 형태를 파악하기가 쉽지 않다. 조금 더 관심을 갖는다면, 객사가 있던 결성초등학교 쪽을 살피는 것도 좋을 듯하다. 초등학교로 쓰이던 객사는 이미 다 사라지고 없지만, 묵묵히 관아의 역사를 기록해 온 은행나무 한 그루를 만날 수 있다. 운동장 한구석을 차지한 채 그 벅찬 추억의 이야기를 풀기 위해 오늘도 누군가를 기다리고 있는 중이다.
　좀 더 실감 나는 동헌 감상을 위해서는 『춘향전』을 흘끔거리는 것이 좋

형방청 아래 골목으로 들어가면 만날 수 있는 성벽과 옹성의 흔적. 이곳에 서면 시조라도 한 수 읊고 싶은 심정이 되고 만다.

다. 관아를 중심으로 움직이던 수많은 군상들이 주마등처럼 지나가는 고전이지만, 『춘향전』을 제대로 읽어 본 사람은 그리 많지 않다. 누구나 아는 이야기여서 굳이 책으로 읽을 필요성을 느끼지 못하기 때문이다. 그러나 낯설기만 한 동헌을 돌아보는 이에게 『춘향전』은 좋은 동반자다. 『춘향전』에는 당시 관아의 모습이 상세하게 나와 있어, 낯설고 막연한 동헌의 이미지가 생생하고 구체적으로 다가온다. 시간을 내서 차분히 읽는다면, 해학 속에 녹여낸 조선 백성의 모습을 상상해 볼 수 있다. 『춘향전』에서 한 구절을 인용해 본다. 동헌을 빠져나온 이 도령은 난생처음 춘향의 집으로 향한다. 춘향의 집을 아는 방자는 춘향의 집을 몰라 애태우는 이 도령에게 자신을 방자라고 부르지 말고 이름을 불러 달라고 제법 거만을 떨며 청한다. 그러니 이 도령이 묻는다.

"그래, 네 이름이 뭐냐?"

"'버지'요."

"거 이름 한번 이상하다. 그럼 성은 뭐냐?"

"성도 좀 특이하지요. '아'요."

사랑에 빠져 속이 단 이 도령은 결국 방자를 '아버지'라 부르며 춘향의 집을 찾아간다. 동헌 여행을 생각하는 이라면 해학이 넘쳐 나는 『춘향전』과 동행하는 것은 어떨지.

주소 | 충청남도 홍성군 결성면 읍내리 279-3
관람시간 | 제한 없음
관람료 | 무료
문의전화 | 홍성군청 문화관광과 041-630-1362

마당 가득한
꽃나무를 즐기다

중요민속문화재 제198호인 조응식가옥은 다른 전통 한옥과 달리 집 안에 꽃나무가 가득해서 대문을 밀고 들어서는 순간 벌써 어깨가 들썩거린다. 집을 지은 이의 후손들이 여전히 한옥을 지키고 가꾸기 때문에 가능한 일이다. 조응식가옥에 가기 전 결성동헌 옆의 고산사에 들러 보물 제399호인 대웅전을 잠깐 둘러보면, 관아-사찰-한옥으로 이어지는 풍부한 건축 기행을 만들어 볼 수 있다.

조응식가옥까지 왔다면, 바다보다는 산이 좋다. 오서산은 800미터가 채 되지 않는 높이지만 충청남도에서는 이 높이만으로도 내세울 만하다. 키만 큰 것이 아니라 산의 생김새도 우람해서 나라가 어려울 때면 지사가 많이 등장하고는 했던 충남의 기상을 느낄 수 있다. 하루에 올라갔다 오기에 적당한데, 억새가 유명하여 가을 산행으로 더없이 좋다. 바다가 가까워서 산행 후에는 남당항을 찾아 식도락을 즐기고 귀로에 오를 수 있다. 여름이라면, 궁리포구-안면도로 이어지는 코스도 좋다.

결성동헌 →9분→ 고산사 대웅전 →41분→ 조응식가옥 →35분→ 오서산

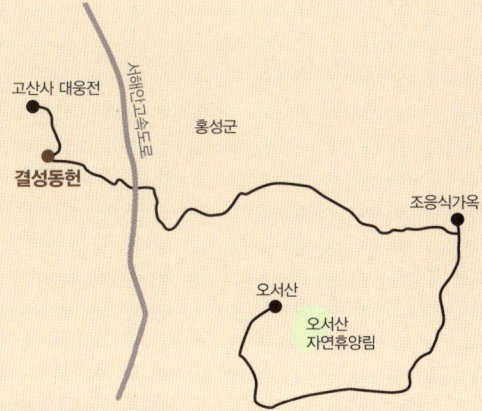

3

전라도

한옥 정원, 신선을 꿈꾸다

몽심재

전통 한옥에서 잘 꾸며진 정원을 만나기가 쉽지는 않지만, 한옥에 정원이 없었던 것은 아니다. 집을 지은 사람의 취향에 따라 마당과 구분되는 정원을 꾸미고 자신만의 정신적인 풍요를 추구하기도 했다. 몽심재는 집 안에 정원을 들인 몇 안 되는 한옥으로 도가의 기풍이 서린 곳이다. 건물 주변에는 화계, 연못, 석지, 바위, 괴석, 물길, 그리고 정원수까지 있어 살림집 정원의 모든 것을 만나 볼 수 있다. 그리고 광한루로 이어지는 건축 기행은 유람처럼 흥겹다. 그곳에서 춘향이 들려주는 이야기를 들으며 하룻밤을 보내고, 지리산 아랫마을의 인심을 마음에 담아 보자.

태초부터 자리를 지켜 온 바위

처음으로 중국을 통일한 진시황은 그 영광을 영원히 누리고 싶어 했다. 불로불사 不老不死, 늙지도 죽지도 않는 영생의 꿈. 그는 자신의 꿈을 실현시켜 줄 불로초를 찾기 위해 어린 남녀 수천 명을 선발하여 당시 진나라 동쪽에 있다고 알려진 삼신산으로 보냈는데, 삼신산으로 짐작되는 곳 중 하나가 지리산이라는 이야기가 있다. 몽심재 夢心齋는 그 전설의 땅 지리산 자락 어디쯤에 숨어 있다. '어디쯤'이라고 이야기할 수밖에 없는 것은 몽심재를 찾아 나선 길이 꿈길처럼 아득했기 때문이다. 지도상으로는 분명 몽심재 근처에 도착해 있었지만 승용차는 그 주변을 맴돌고 있을 뿐 좀처럼 그곳에 닿을 수 없었다. 이웃 마을에서 만난 노파와 사내는 몽심재가 어디냐는 물음에 도대체 그런 세상이 있기는 하느냐는 표정까지 지어 보였다. 문화재 주변에서 흔히 볼 수 있는 고동색 안내판 하나 발견하기 어려웠다. 몽심재로 가는 길은 그래서 홀린 듯했다.

겨우 찾아 들어선 골목, 그제야 고택을 둘러싼 담장이 나타난다. 그 무심한 담장이 얼마나 반가웠던지. 하지만 그것도 잠시, 담장 너머의 예사롭지 않은 풍경이 눈을 잡는다. 솟을대문을 통해 보이는 마당 모습도 여느 집과 달라 호기심을 자극한다. 눈길이 먼저 조심스럽게 대문을 들어서서 나지막한 경사지를 오르자 문지기처럼 늘어선 나무가 시선을 호위하며 발길을 이끈다. 한옥 마당으로는 아주 특이하다. 발길이 대문으로 들어서서 5~6미터 정도의 짧은 경사지 정점에 이르자 높은 기단 위의 사랑채가 성큼 시야로 들어선다. 성인 키만큼이나 높은 기단이지만 위압감이 심하지 않다. 그 까닭은 아마도 시선을 나눠 받는 마당의 커다란 바위 때문일 듯하

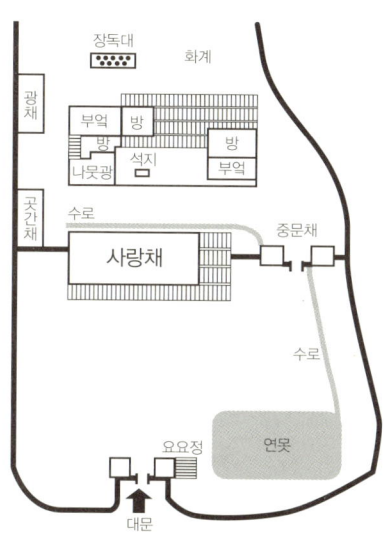

안도감을 준 몽심재의 담장은 둥글게 몸을 감아 골목 끝으로 숨는다.

(위) 성인 키만큼이나 높은 기단의 사랑채. 하늘 쪽으로 바짝 당겨 놓은 듯한 높은 기단과 팔각기둥은 현실을 뛰어넘을 분위기다.
(아래) 사랑채 쪽에서 내려와 바라본 연못. 연못 중앙에는 작은 섬을 만들어 천원지방天圓地方의 전통을 담아내고 있다.
하늘은 둥글고 땅은 네모지다는 생각이 네모난 연못 안의 둥근 섬으로 나타난 것이다.

다. 그처럼 큰 바위가 집 안에 있으리라고는 차마 상량商量하지 못했다. 그것도 마당 한가운데를 차지하고 있다니. 놀라서 바위로 향한 눈길은 잠시 그 위에 머물다 바위를 타고 정원수로 옮겨 가고 이내 연못으로 날아가 물수제비를 뜬다. 살림집인 한옥에서는 좀처럼 만나기 힘든 정원이다. 마당에 높낮이 차를 두어 연못을 만들고 둘레에 정원수를 심었다. 문간채에 들인 정자 요요정樂樂亭은, 연못이 단지 불을 끄거나 허드렛일을 하기 위한 용도가 아니라 세상을 관조하는 선인仙人의 자리임을 확인시켜 준다.

 마당 한가운데를 차지한 바위는 '낙수장Falling water'을 떠올리게 한다. 미국의 건축가 프랭크 로이드 라이트Frank Lloyd Wright, 1867~1959가 1936년 미국 펜실베이니아의 한 계곡에 지은 낙수장은 집터에 있던 바위를 보존하여 그대로 집 안 거실에 들인 꽤나 유명한 건축물이다. 서양 건축에서 이런 시도는 그 자체로 파격이었다. 그가 도쿄의 제국호텔을 짓고 우리 구들의 우수함에 감탄을 쏟아 낸 사람임을 생각한다면, 이런 시도가 어디에서 왔는지를 짐작할 수 있다. 자연과 친화적인 동양 건축에서 아이디어를 얻어 집 안으로 자연을 들인 것이다. 똑같이 자연을 집 안으로 들이는 시도였지만, 몽심재와 낙수장의 자연석에는 차이가 있다. 낙수장의 바위가 단순히 물리적 건축 요소로 쓰였다면, 몽심재의 바위는 물리적 요소를 훌쩍 뛰어넘어 정신의 중심으로 자리한다. 바위 위에 조심스럽게 음각된 '存心臺(존심대)'라는 글귀는 바위가 단순한 정원석이 아니라 마음이 터 잡은 곳이었음을 알려 준다. 집이 지어지기 전부터, 아니 어쩌면 이 땅이 만들어지던 태초부터 지금까지 제자리를 지켜 온 부동의 군자君子다. '存心臺'와 나란히 음각된 '淸窩(청와, 직역하면 맑은 집)'라는 글귀는 그리하여 군자가 사는 집을 뜻할 것이다.

한옥이 성취한 비움의 아름다움

존심대는 마당의 중심을 차지하고 앉아 마당과 정원을 정확하게 가르고 있다. 한옥은 자연과 조화를 만드는 데 능숙하다. 귀에 딱지가 앉도록 듣는 이 진부한 이야기는 한옥에만 고유한 마당이 있기 때문에 가능하다. 한옥을 제외한 다른 나라의 건축 문화에는 건물 외부에 이처럼 빈 공간을 만드는 마당 문화가 없다. 따라서 우리는 건물을 지을 때 건물만 보지 않고, 마당을 건물에 포함시켜 전체 그림을 그린다. 그래서 건물만 눈에 들이는 것이 아니라 주변의 지형을 하나로 시야에 담는다. 한옥의 지붕 선이 주변 산세를 담아내는 것은 이런 까닭이다. 이는 건물에만 집착하는 여느 나라와 다른 건축 개념이다. 때문에 집 주변에 널린 자연을 굳이 집 안에 인공적으로 재생하려 하지 않았다. 중국이나 일본의 살림집에서 볼 수 있는 정교한 분경盆景(자연 풍경을 분재처럼 꾸민 집 안의 정원)이 한옥에는 없는 까닭이다. 이것이 한옥을 중국이나 일본의 살림집과 명확하게 구분하는 비움의 아름다움을 만들어 낸다. 그러나 때때로 넓은 마당을 나누어 집 안에 정원을 들이기도 했다.

이런저런 생각을 하다 연못 주변을 산책하던 시선을 거두고 높다란 기단 쪽으로 향한다. 경상도와 달리 전라도 한옥의 기단은 나지막해서 위압감을 주지 않는 것이 보통인데, 몽심재의 사랑채 기단은 꽤나 높다. 그리하여 집을 지은 사람이 권위적이라고 생각할 수도 있겠지만 이는 어느 정도 불가피한 면이 있다. 집터가 좁은 계곡 아래 위치하기 때문에 이 정도의 높이를 확보하지 못했다면 안산의 답답함을 견디기 힘들었을 것이다. 그 집에 사는 사람을 배려해야 한다는 한옥의 단순한 진리가 이곳에서도 확인된

(위) 오랜 세월 자리를 지켜 온 마당 중앙의 바위.
'存心臺'와 '淸窩'라는 글귀가 선명하다.
세월을 지켜 온 집안의 내력을 느낄 수 있다.
(아래) '夢心齋'라는 당호가 걸린 사랑채.

다. 이는 사람 중심의 건축 철학이다. 사는 사람의 마음이 편해야 집의 가치를 오롯이 달성할 수 있기 때문이다. 잠시 사랑의 툇마루에 앉아 먼산바라기를 하는 조선 선비의 모습을 그리다 일어선다. '夢心齋(몽심재)'는 이곳 사랑채의 당호다. 처마 아래 조촐하게 걸린 현판 아래 기둥에는 꽤나 오랜 세월이 느껴지는 주련이 나란히 걸려 있다.

隔洞柳眠元亮夢 마을을 등지고 잠든 수양버들은 도연명을 꿈꾸는 듯하고
격동류면원량몽
登山薇吐伯夷心 산속의 고사리는 백이의 마음을 토하는 듯하다
등산미토백이심

몽심이라는 당호는 이 시구의 맨 끝 두 자가 합쳐진 것이다. 죽산 박씨가 이곳 수지면 호곡리로 들어온 시기는 대략 18세기 초다. 이들은 고려 말

세월의 흔적이 느껴지는 주련에서는
세파에 흔들리지 않던
선비의 고고한 기개가 느껴진다.

조선을 반대하고 숨어든 두문동 72현 중 한 명인 박문수의 후손인데, 위의 글귀는 박문수가 지은 시詩다. 몽환적인 어감과 달리 당호에는 두 왕을 섬길 수 없던 선비의 비장함이 서려 있다. 주나라 무왕이 은나라 주왕을 토벌하자 무왕의 행위가 인의仁義에 맞지 않는다고 하여 수양산에 몸을 숨기고, 주나라의 곡식을 거부하고 고사리만 캐 먹다 굶어 죽은 백이숙제의 결연함을 담은 시니 그 비장한 결기야 말해 무엇하겠는가? 바위를 집의 중심으로 삼은 것은 박문수의 견고한 존심存心을 기리는 후손의 다짐이리라.

   죽산 박씨가 남원에 들어온 것은 박문수의 손자인 박자량朴子良 때다. 한성 판윤으로 있던 박자량은 이방원이 2차 왕자의 난을 일으켰을 때 전라 관찰사로 좌천되어 내려왔다가, 처가(남원 양씨)가 있던 지금의 전라북도 남원시 수지면 초리에 눌러앉았다. 이후 어떤 이유에서인지 죽산 박씨는 현재의 수지면 호곡리로 집단 이주하여 죽산 박씨 씨족 마을을 이루어 지금에 이르렀다. 하여 죽산 박씨 종가도 몽심재 바로 옆에 있다. 이곳에는 박문수의 불천위(큰 공이 있어 영원히 사당에 모시기를 나라에서 허락한 신위)가 모셔진 사당이 있지만, 대대적인 공사가 진행 중이어서 확인하지 못하고 돌아 나왔다. 몽심재를 세운 이는 박문수의 16대손인 연당 박동식蓮堂 朴東式, 1763-1830이다.

도가의 풍류가 집 전체에 흐르다

예부터 우리는 하늘은 둥글고 땅은 네모라고 생각해 왔다. 그래서 하늘과 가까운 지붕에는 둥근 서까래를 썼고, 땅에 속한 기단과 초석에는 네모난 것을 선호했다. 그래서 이도 저도 아닌 팔각은 땅과 하늘을 잇는 모양으로

사랑채 처마의 기와가
팔각기둥을 타고 내려와
툇마루 끝에 그림자로 걸렸다.
마루 위를 지나는 커다란
툇보가 예사롭지 않다.

제단에나 어울린다. 때로 신선처럼 어우러지는 팔각정에는 그 모양에 맞추어 팔각기둥을 쓰기도 했지만, 살림집에 팔각기둥을 이처럼 적극적으로 쓰는 것은 매우 드문 일이다. 사랑채 전면 기둥이 모두 팔각이다. 그래서인지 세상 너머 신선을 그리는 도가적 분위기가 집 전체에 흐른다. 집 안에 적극적으로 정원을 들인 까닭도 이와 무관하지 않아 보인다. 그리하여 몽심이라는 이름에서 장자의 나비 꿈(몽접夢蝶)을 떠올린 것은 아마 자연스러운 일일 것이다.

집에 들인 정원은 사랑채에서 안채로 이어진다. 안채는 ㄷ자 모양인데, 안마당이 있어야 할 자리까지 기단이 차지하고 있다. 그리고 넓은 기단 한가운데 석지를 만들었다. 석지에 물을 가두고 수련을 띄우면, 사랑마당의 이미지 전체가 상징적으로 그 안에 자리 잡는다. 그러니 안마당에도 사랑마당처럼 바위와 연못을 둔 셈이다. 한옥에서 부엌은 안마당과 뒷마당을 연결하는 통로 구실을 하지만, 이 집의 부엌은 안채 뒤쪽에 만들어져 부엌이 가지는 소통의 구실을 제대로 해내지 못하고 있다. 물론 부엌에는 안방

석지

과 통하는 문을 만들어 생활의 불편을 최소화했지만, 안마당에서 부엌으로 통하는 문이 없다. 많은 한옥을 돌아다녀 보았지만, 이런 경우는 처음이어서 조금 당황스럽기까지 하다. 하지만 마루에 앉아 석지를 보고 있으려니 이런 독특한 구조로 안채를 지은 까닭을 알 듯도 하다. 아마도 안채 주인은 마당을 정원 삼아 누구에게도 방해받지 않고 석지를 감상하려 하지 않았을까? 안마당은 큰 기단에 반쯤 자리를 내주어 좁고 길다. 마당으로서는 영 쓸모없는 모양새다. 실생활의 불편을 감수하면서까지 도가적인 세계를 구축하려던 의지가 엿보인다. 마루에 앉아 기단에 바위처럼 깊게 뿌리내린 석지를 바라본다. 오랜 세월 석지로 흘러든 햇살이 석지를 타고 밖으로 넘쳐흐른다. 다시 한번 이 집안의 정신적 풍요를 깨닫는다. 석지에서

안마당을 가르고 차지한 넓은 기단. 돌을 파서 만든 작은 연못이 보인다. 사랑마당의 축소판이다.

흘러내려 넘실대는 햇살에 휩쓸려 돌아든 뒷마당, 계단식으로 만든 꽃밭인 화계가 사람을 맞는다. 지금은 비록 흔적으로만 남은 화계지만, 분명 뒷마당은 사랑마당만큼 풍성한 사유의 공간이었을 듯하다. 사랑마당에서 막 시작된 행랑채 신축 공사의 소음이 마음을 깨운다. 바닥에 떨어져 터진 홍시 위에서 놀던 나비도 함께 날아오른다.

안채에서 시작되는 작은 물길을 눈으로 짚어 따르며 중문을 나선다. 중문에서 사랑마당으로 난 계단을 내려서면, 발길은 물길을 따라 자연스럽게 연못 쪽으로 흐른다. 연못가에 내려서자 처음 솟을대문을 들어서서 마당을 가로지르며 바라보던 연못과는 사뭇 다른 분위기다. 아늑함이 제법 깊은 산중만 하다. 대문채에 딸린 대청에 앉으니 우리나라 정원 중 제일이

사랑채 옆으로 나란히 선 중문채의 당당함은 이 집안의 여인들이 소외받지 않음을 암시한다.

좁은 안마당을 피해 뒷마당에 자리 잡은 장독대. 그 옆으로는
화계가 조성되어 있어 안채 여인들의 쉼터가 되었을 것이다.

라는 소쇄원(기묘사화가 일어나자 양산보가 낙향하여 담양에 조성한 정원)이 부럽지 않다. 정자가 문간채에 붙어 있다고 해서 집주인이 하인들을 위해 만들어 준 정자라는 주장도 하지만, 실제 그랬을 것 같지는 않다. 하인들이 쓰는 건물에 당호를 붙여 줄 까닭도 없을 듯하고, 요요정은 집에서 가장 아늑한 공간인 데다가 동선이 사랑채와 자연스럽게 연결된다. 게다가 안채에 사랑채 정원을 상징적으로 축소해 놓기까지 하지 않았던가? 짐작건대 집주인은 이곳에서 가장 많은 시간을 보냈을 것이다. 이곳에 앉아 손님과 풍류를 누리고 때로는 세상을 관조했을 것이다. 석지가 안마당에 속한 세계고 연못이 사랑마당에 속한 세상이었다면, 이는 사랑채의 팔각기둥에서 하나가 된다. 세상 선인의 중심이 되고자 했던 죽산 박씨의 소망이 사랑채의 팔각기둥 속에 담긴 것이다.

　몽심재는 박씨 집안의 마지막 소유자 박인기 씨가 원불교에 희사하여 현재는 원불교 소유다. 박씨가 원불교에 기꺼이 집을 내준 데에는 집안의 내력이 있다. 박씨 문중은 원불교의 사제인 교무를 수십 명 배출했다고 한다. 진시황이 신선이 되기 위해 불로초를 찾았다면, 박씨 집안사람들은 신선이라는 것이 결국 제 마음 닦는 일임을 일찍이 깨달았지 싶다. 그렇다고 사제가 된 이들이 제 마음 닦기에만 몰두한 것은 아니다. 어려운 세상일에도 무심하지 않아 오지에 학교를 세우고, 나환자를 돕는 등 국내외를 가리지 않고 세상에 덕을 쌓고 있다. 집이 가진 분위기가 그대로 집안의 내력이 되었다. 윈스턴 처칠은 사람이 집을 만들면 집은 사람을 만든다고 했다. 어쩌면 집과 사람은 하나가 아닐지. 그것이 한옥의 기본을 무너뜨리면서까지 이 땅에 그들만의 세계를 구현한 까닭이 아닐까?

주소 | 전라북도 남원시 수지면 호곡리 796-3(내호곡 2길 19)
관람시간 | 09:00~18:00
관람료 | 무료
문의전화 | 원불교 수지교당 063-626-4042

자연과 문화가
어우러지는 남원

남원에 발을 디딘 이상 광한루를 피해 갈 수는 없다. 사방의 벽을 없애고, 자연과 사람이 하나로 어우러지게 2층으로 짓는 건물을 대개 누(樓)라고 한다. 남원의 광한루는 『춘향전』의 무대이지만, 보물 제281호로 지정된 전통 건축물이기도 하다.

『춘향전』과 광한루라는 보물 같은 문화유산을 상속받은 남원에는 이에 못지않은 풍요로운 자연유산도 있다. 남원을 보살펴 오늘에 이르게 한 것이 우리나라 제일의 명산 지리산이기 때문이다. 지리산을 느끼기 위해 굳이 산 정상으로 향할 필요는 없다. 남원에서 접근성이 좋은 주천~운봉 구간의 둘레길을 걸어 보자. 거리는 16km 정도로 하루 걷기에 적당하다. 주천면의 치안센터에서 둘레길 여행을 시작하자. 비교적 옛 모습을 간직한 내송마을을 지나면 나무꾼이 땀을 식혔다는 솔정자가 나온다. 여기에서 이어지는 길이 구룡치다. 걷는 것이 행복한 숲길이다. 이어지는 회덕마을에서도 잠깐 발길을 멈추어야 한다. 억새를 덮은 덕치리 초가가 기다리기 때문이다. 이 초가는 전라북도에서 문화재로 지정한 소중한 전통 건축물이다. 이제 조금만 더 가면 물과 어우러진 자연, 덕산저수지가 나온다.

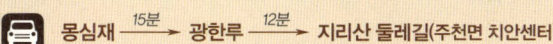

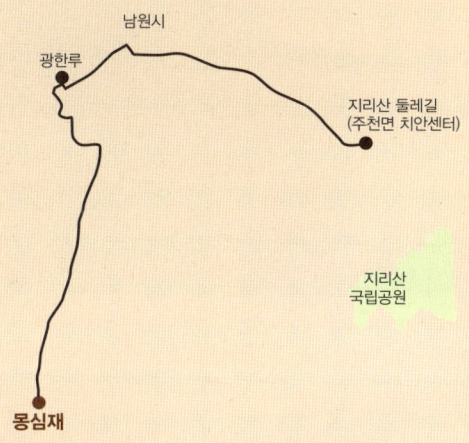

공간의 향연에 빠지다

김동수
가옥

겉모습을 중시하는 다른 나라 건물과 달리 한옥은 사는 사람을 중시한다. 때문에 한옥을 제대로 보려면 그 집에 사는 사람의 시선을 가져야 한다. 그 집에 사는 사람처럼 대청에 올라 먼산바라기도 하고, 방에 앉아 머름(문턱보다 높은 창턱)에 팔을 얹고 마당도 내다봐야 한다. 일반인이 문화재로 지정된 전통 한옥을 이처럼 스스럼없이 감상하기는 쉽지 않지만, 아직까지 이런 호사를 누릴 수 있는 곳이 있다. 김동수가옥은 호남의 대표적인 전통 한옥으로, 정읍 9경으로 꼽힐 만큼 건축적으로 빼어나다. 고창 선운사로 이어지는 건축 기행과 세계문화유산인 고인돌 유적을 돌아 판소리의 흥을 따라가는 역사 기행이 만족할 만하다.

절대로 집을 팔지 말라!

부안의 해변을 따라 걷는 것만으로도 추억이 된다. 점점이 박힌 드라마 촬영지를 들르는 재미도 있다. 〈다모〉, 〈대장금〉, 〈불멸의 이순신〉, 〈프라하의 연인〉……. 아름다운 해변을 따라가다 문득 정신을 차리고 보니 부안 IC에 내려 정읍으로 들어가는 30번 국도를 놓치고 말았다. 『나의 문화유산답사기』를 쓴 유홍준은 남도 답사 일 번지로 강진을 꼽으면서 부안도 염두에 두고 고민했다고 고백한다. 어디 답사 유적지뿐이겠는가? 당장 부안의 아름다운 절경을 감상하다 길을 놓치지 않았는가. 길을 찾기 위해 잠깐 주변을 도는 동안 동학혁명 기념비가 자주 눈에 띈다. 국도를 찾아 길을 잡으며 새삼 동학혁명의 중심지에 와 있음을 깨닫는다. 조선 양민의 피가 논두렁을 따라 흐르던 곳, 이곳의 아흔아홉 칸 한옥은 어떤 모습을 하고 있을까? 여러 결의 생각 끝에 도착한 곳은 전라북도 정읍시 산외면 오공리 814번지 김동수가옥이다.

김동수가옥은 산자락에 숨은 듯 앉아 있다. 그래서 김동수가옥을 코앞에 두고 또 엉뚱한 곳으로 차를 모는 실수를 저지르고 말았다. 길눈이 어두운 탓이기도 하지만, 어느 정도는 집을 건축한 이의 의도에 말려든 꼴이다. 이 집에는 유난히 지네에 얽힌 이야기가 많다. 집이 앉은 오공리의 '오공蜈蚣'이 바로 지네를 뜻한다. 집의 그루터기 구실을 하는 창하산 역시 모양이 지네를 닮았다고 해서 지네산이라고 불린다. 지금은 다 베이고 기록 속에만 남은 숲이지만, 집 앞에 나무를 심어 숲을 만든 것도 사람들 눈에 띄기 싫어하는 지네의 습성을 배려한 것이다. 게다가 집 앞으로 동진강이 흐르니 습한 곳을 좋아하는 지네에게는 더없이 맞춤인 안식처다. 평야 지대에 지은

산 밑에 낮게 가라앉은 김동수가옥은 사람에게 보이는 집이 아니라 사람이 사는 집으로 지어졌다. 그리하여 집의 어느 부분도 사람을 제압하려 하지 않는다. 그래서 이 집에 들어가 앉아 있으면 마음까지 안온해진다.

(위) 솟을대문 안으로 들어서면 담장이 막아서지만, 시선이 이동할 공간이 많아 답답하지 않고 아늑하게 느껴진다.
(아래) 김동수가옥의 사랑채. 벽으로 집을 칭칭 동여맨 여느 나라의 집과 달리 김동수가옥에서는 벽 찾기가 힘들다. 오히려 벽을 뻥뻥 뚫어서 햇살이며 바람이며 자유롭게 드나들게 했다. 한옥과 자연이 어우러지는 모습이 뿌듯하다.

집임에도 눈에 잘 띄지 않는 까닭이다. 집 자체가 커다란 은유가 되어 세인의 눈에 띄지 않게 숨어 버린 것이다. 지네가 다산 다복을 뜻하는 것을 보면, 자자손손 집이 복덩어리가 되기를 바라는 마음이 숨어 있다. 이 집을 지은 김명관은 이곳이 12대가 복을 누릴 만한 곳이니 어떤 일이 있어도 집을 팔지 말라는 뜻을 후손에게 남겼다고 한다. 그런 까닭일까? 이 집의 관리는 정부에서 하고 있지만 주인은 여전히 그의 7대손인 김용선이다. 1784년에 지어져 현재 중요민속문화재 제26호로 지정된 이 집은 안채, 사랑채, 안사랑채, 행랑채, 안행랑채 등 아흔아홉 칸 규모의 집이 거의 그대로 남아 있어 호남 지역의 한옥을 연구하는 학자들에게 빼놓을 수 없는 순례지다.

집을 지은 김명관의 뛰어난 건축적 재능은 대문간에서부터 보인다. 탁 트인 마을을 지나 솟을대문을 들어서면 작은 담장이 시야를 가로막아 선다. 한 평 남짓한 대문마당이어서 답답할 만도 하지만, 실제 집에 들어서면 전혀 답답하지 않다. 넓은 곳에서 막다른 곳으로 들어서며 느끼는 극적인 공간 변화를 대문마당의 아늑함이 잘 흡수하기 때문이다. 시선을 막아선 담장은 안채로 가는 눈길을 차단하는 내외담 구실도 한다. 애초에 내외담과 대문마당을 하나로 기획했다는 것을 알 수 있다. 대문마당에서 일각문(문기둥이 좌우에 하나인 작은 문)을 지나 사랑마당에 들어서면, 홑처마에 네모기둥으로 지은 단출한 사랑채가 나타난다. 그저 평범해 보이는 건물이어서 실망할 수 있겠지만, 사랑대청에 올라 보면 생각은 달라진다. 이곳 대청은 여느 집의 그저 평범한 대청마루가 아니다. 외관상 대청마루라고는 하지만, 주변의 창호를 열어젖히면 대청은 어느새 탁 트인 누마루로 변신하여 주변의 경치를 집 안으로 끌어들인다.

기둥과 창호틀이 만드는 풍경화

"한옥은 다 비슷비슷해." 대청마루에 올라 독특한 공간 활용에 적잖이 감동하는 동안 누군가 사랑채를 기웃거리다 툭 말을 던지고 사라진다. 그를 대청으로 불러올려 이 특별한 한옥의 아름다움을 보여 주고 싶었지만, 청하지도 않은 일에 나서기가 쉽지 않았다. 대청의 두 면에는 들어열개문(분합문, 여름에 문을 통째로 들어서 천장이나 처마에 걸어 놓게 만든 문)을 설치하여 개방감을 극대화시키고, 다른 두 면에는 벽을 세우고 벽 사이사이에 창호를 달았다. 이런 배치는 공간에 변화를 주어 사랑대청에 앉은 이에게 지루할 틈을 주지 않는다. 변화 많은 지붕 선과 지붕을 덮은 하얀 구름 떼, 담장과 어우러진 화초, 세월을 담아내는 정원수, 다른 채의 다채로운 벽과 창호가 문틀이라는 액자에 담겨 그림이 된다. 어떤 누마루 못지않은 장면을 연출한다.

  사방이 모두 들어열개문이었다면, 오히려 개방감이 지나쳐 단조롭지 않았을까? 들어열개문과 함께 벽을 세워 개방감을 조절하고, 공간에 변화를 주어 이것으로 마음에 선율을 들인다. 자연을 빌려 와 마당을 채우는 차경借景, 집 스스로 풍경이 되는 자경自景, 집 자체가 무대가 되어 버리는 장경場景. 이곳에서는 한옥의 많은 것들을 경험할 수 있다. 풍경은 때로 기둥 사이로 들어오고, 때로 문틀 안에 채워진다. 때로는 문과 기둥이 겹쳐지며 만든 프레임 속에 걸린다. 대청 툇마루에는 보잘것없는 나무 막대기를 걸어 난간을 대신했지만, 그마저도 율동감에 녹아들어 남루해 보이지 않는다. 난간은 아마도 이곳이 누마루라는 암시이기도 할 것이다. 대충 건너지른 난간이지만, 여기에도 계산된 의도가 숨어 있음을 기단석이 보여 준다. 납

(위) 개방감과 폐쇄감을 적절하게 사용한 사랑대청.
오른쪽의 개방감은 기둥이, 왼쪽의 폐쇄감은 창호가 완화시켜 조화를 만들어 낸다.
(아래) 천연덕스럽게 대청을 두른 난간은 이곳이 풍류를 즐기는 누마루임을 암시한다.

김명관은 세상에 결코 나설 생각이 없었는지
밖에서 쉽게 찾을 수 없도록 낮은 집을 지었다.
하지만 정성스럽게 만든 기단에서는 삶에 대한
진지한 태도가 묻어난다.

작한 기단이어서 신경 쓰지 않았을 듯하지만, 모퉁이의 작은 기단석을 ㄱ자로 정성껏 깎아 마무리했다. 굳이 그런 부분을 살펴보지 않는다고 해도 이 집을 짓기 위해 10년을 공을 들였다고 하니 그 정성을 짐작하고도 남는다.

호남 지방의 민가民家는 대청을 마루방으로 만들어 건물 끝에 두는 경우가 적지 않다. 이를 '마리'라고 부른다. 곡창 지대인 호남에서 이 마루방은 안채에 딸려 있는데, 보통 곡식 등을 보관하는 장소로 쓰인다. 알곡이 생명인 농경 지대이므로 이곳은 의식儀式적으로도 중요한 공간이다. 김동수가옥의 사랑대청은 바로 민가의 마리를 닮았다. 건축적으로 시선의 중심점이라는 점에서 사랑대청 역시 중요한 공간이다. 양반가이지만, 민가 안채의 구조를 빌려 사랑채를 짓는 열린 태도가 이런 창의적인 공간 구성을 가능하게 했을 것이다. 동학혁명의 중심지답다는 생각이 든다. 대청뿐 아니라 기단도 민가의 그것처럼 아주 낮다. 기단이 낮은 이유는 밖에서 건물이 눈에 띄지 않게 노력한 흔적이기도 하다. 부잣집임에도 불구하고 높은 누마루를 짓는 대신 대청을 누마루로 활용한 태도는 집을 낮추려는 일관된 노력의 일환이다. 이 집을 지은 김명관은 굳이 세상에 나서기를 애쓰지 않던 인물임을 추측할 수 있다. 이런 자신의 삶의 태도를 집에 구현한 것이다. 이런 태도가 아랫사람에게는 너그러움으로 나타났을까? 사랑채 앞 행랑채에도 꽤 넓은 대청이 마련되어 있다. 보를 두 개나 받쳐 댄 특별한 모습이다. 하인들도 그들만의 누마루에 앉아 주변에서 다가서는 풍경을 즐겼으리라.

의외의 공간에 숨은 유년의 추억

안채는 대문마당을 거쳐 사랑마당을 지나 다시 안채의 중문채를 지나야 들어설 수 있다. 가장 깊은 자리에 앉은 안채는 고립감이 커질 수밖에 없다. 세상이 어떻게 돌아가는지는 고사하고 사랑에 누가 들고 나는지조차 짐작하지 못한다. 그래서 한옥은 안채의 답답함을 해소하려고 노력하게 되는

행랑채에까지 대청을 만들고 사랑마당을
아랫사람과 함께 나누어 쓰던 김명관은
아마도 마음이 따뜻한 사람이었을 것 같다.

데, 김동수가옥은 안채의 고립감을 해소하는 방법이 독특하다. ㄇ모양으로 엄격하게 좌우 대칭으로 지어진 안채를 안채보다 더 큰 ㄴ모양의 안행랑채가 감싸고 있어 안채에서 느끼는 마당의 확장감이 굉장히 크다. 따라서 안채 대청에 앉았을 때 그다지 답답하지 않다. 솟을대문에서 대문마당에 들어설 때의 답답함을 해소한 건축적 재능이 이곳에서도 빛을 발한다. 건물 뒤로는 넓은 채마밭과 마당이 창하산으로 시원하게 내달리고 있어 안채의 확장감이 오히려 사랑채보다 낫다. 한여름에 문들이 이어지면서 만들어내는 소실점 효과와 액자 효과는 확장감을 변화무쌍하게 만든다. 또 솟을

건물의 좌우가 정확하게 대칭인 안채.
한옥에서는 좀처럼 만나기 힘든 모습이다.
엄격하게 좌우 대칭으로 지어진 안채를
안채보다 더 큰 안행랑채가 감싸고 있다.
낮은 기단도 이채롭다.

대문 쪽에서는 담장이 가리고 있어 안채를 들여다보지 못하지만, 안채의 대청에서는 솟을대문으로 들고 나는 사람들을 볼 수 있다. 솟을대문과 대청의 시선 높이를 이용한 공간 관리 방법이 기발하다. 성리학의 영향으로 안채를 엄격한 좌우 대칭으로 지었지만, 안채에 머무는 사람들이 답답하지 않게 고민한 흔적이 여기저기 남아 있다.

   창과 문이 만드는 무수한 장면 전환은 김동수가옥의 돋보이는 장점 중 하나다. 문이 문으로 연결되고 문 속에 문이 나오는가 싶으면 어느새 다락으로 연결된다. 툇마루, 벽장, 보꾹(서까래와 천장 사이의 공간)이 공간을 풍성하게 하면서 추억을 만들어 낸다. 나이가 지긋한 사람이라면, 어린 시절 한옥에 얽힌 추억 하나쯤은 있기 마련이다. 그리고 그 추억을 들추다 보면 으레 작은 공간이 하나씩 등장한다. 그것이 다락방이 되었든, 장독대가 되었든, 아니면 작은 부엌간이 되었든, 마음만 먹으면 언제든지 혼자만의 공간을 독차지할 수 있었다. 효율을 중시하는 현대 건축이라면 만나기 힘든 이런 공간이 김동수가옥에는 널려 있다. 아파트 생활이라면 어머니에게 혼난 아이가 마땅히 혼자 숨을 곳이 없다. 그래서 삭지 않은 감정을 털어내지도 못한 채 아이와 엄마가 서로 어색한 감정으로 마주하기 십상이지만, 옛날 한옥이라면 슬며시 자리를 피해 자신만의 공간으로 숨어들 수 있었다. 아이는 그곳에서 못다 운 울음을 토해 내고, 그러다 눈에 잡히는 물건들을 살피기도 하고, 그러면서 차츰 자기를 돌아볼 시간도 가진다. 하지만 이제는 모두 옛날이야기일 뿐이다. 요즘은 자기 방이 있지 않느냐고 반문도 하겠지만, 일상생활 공간인 방은 기분을 바꾸는 임시 공간이 될 수 없다. 오히려 제 방에 들어가 있으면 틀어박혀 있다고 혼나기 십상이다. 집이

(위) 앉아서 생활하는 한옥에는
이처럼 낮은 벽장이 많다.
(왼쪽·아래) 안채와 사랑채에는
천장의 공간을 살린 보꾹 다락이 있다.
유년의 기억이 공존하는 곳이다.

바뀌면서 감정을 처리하는 방법도 많이 바뀌었다.

  김동수가옥을 돌아보며 정말 좋았던 것은 다른 문화재들과 달리, 방문객 위주로 고택을 관리하고 있다는 점이다. 사랑대청과 안대청에 누구나 올라가 한옥의 아름다움을 직접 느끼도록 배려한다. 집 자체도 안채와 사랑채가 답답하게 모인 여느 한옥과 달리 넓은 대지에 개성 있는 건물들이 충분한 공간을 확보하고 있어 한옥을 감상하는 이들이 넉넉한 공간감을 가지고 고택을 감상할 수 있다. 오랜만에 관리자의 눈치를 보지 않고, 함께한 일행과 대청에 앉아 도란거리는 사이에 벌써 하루해가 제 갈 길을 서두른다.

주소 | 전라북도 정읍시 산외면 오공리 814(공동길 72-10)
관람시간 | 09:00~18:00
관람료 | 무료
문의전화 | 정읍시청 문화예술과 063-539-5182~4

선운사에 가 본 적이 있나요?

보물 제289호인 피향정이 정읍에 있다. 호남 제일이라는 자부심이 서린 정자다. 이곳에서 잠깐 해를 피했다가 서둘러 갈 곳이 있다. 서정주가 쓴 시에 송창식이 곡을 붙인 노래 <선운사>의 주인공인 '선운사'가 멀지 않다. 사찰이 가진 고유한 분위기도 더할 나위 없이 좋지만, 보물로 지정된 대웅보전과 참당암의 대웅전을 돌아보는 건축 기행도 빼놓을 수 없다. 선운사로 떠나기 전 정읍의 동학농민혁명기념관에 들러 이튿날 고창으로 이어질 역사 기행을 준비하는 것도 좋다.

고창의 고인돌군은 세계문화유산으로 등재되었다. 고인돌 유적지의 규모가 상당하다. 고인돌박물관까지 함께 있어 고인돌에 관한 모든 것을 보고 배울 수 있다. 고인돌군을 돌아보며 역사의 숨결을 느꼈다면, 그 흐름을 판소리로 이어가자. 판소리의 고장답게 고창에서는 판소리 문화만으로 하루 여행이 가능하다. 판소리에 관심이 있다면, 신재효고택과 김소희생가 등을 찾아보자. 물론 역사를 찾아 고창으로 가는 대신 변산반도의 아름다운 해변으로 방향을 잡아도 결코 밑지지 않는 여정이다.

김동수가옥 —20분→ 피향정 —24분→ 동학농민혁명기념관 —46분→
선운사 —23분→ 고창고인돌박물관 —11분→ 고창판소리박물관

비대칭 한옥, 디자인의 진수를 보다

강골마을
이용욱가옥

비대칭은 한옥의 가장 원초적인 디자인이다. 이는 민초들의 생활 속에서 태어나고 자란 심미안으로 우리 모두가 쉽게 다가갈 수 있는 전통미다. 중요민속문화재 제159호로 지정된 보성 이용욱가옥은 부재의 사용에서 사유 방식에 이르기까지 비대칭 디자인이 가질 수 있는 모든 미덕과 함께한다. 근대의 숨결이 남은 강골마을과 하나가 된 이용욱가옥을 돌아보자. 보성은 풍성한 볼거리와 다채로운 체험 행사가 기다리는 녹차밭과 소설 『태백산맥』의 주 무대인 벌교까지 거느리고 있어서 건축 체험과 문학 기행을 함께 누릴 수 있는 곳이다.

한옥과 시멘트 건물이 차별 없는 강골마을

유년의 길목에 들어선 느낌이다. 대숲이 드리운 그림자와 세월이 그려 낸 담장의 흔적이 골목 끝으로 쏟아지는 햇살과 함께 만든 환영 때문일 것이다. 아득한 느낌을 더욱 고양시킨 것은 대숲의 웅얼거림이다. 바람이 모여 앉아 대숲에서 향피리를 부는 것인지 대숲이 바람을 불러들여 그네를 띄운 것인지 알 수 없는 웅성거림. 그 아득한 소란 어디쯤 그려진 듯 서 있던 오래된 사람 하나. 인기척 때문인지 아주 천천히 움직이기 시작한다.

대숲을 다 지나도록 마음은 여전히 대숲으로 난 유년의 길목을 벗어나지 못한다. 골목의 담장 주변에 심긴 나뭇가지 사이로 언뜻언뜻 내비치는 낡은 집들이 유년의 조각난 기억처럼 흔들린다. 모래로 찍어 낸 벽돌 사이로 난 상처, 거친 막돌을 쌓아 만든 벽을 타고 오르는 싱그러운 풀, 흰색 페인트 위로 번지는 잿빛 얼룩, 그리고 싸리나무를 베어다 만든 울타리인 바자울까지. 오래된 기억처럼 세월의 흔적을 담은 시멘트 건물과 한옥들이 시선을 잡았다 놓기를 반복한다. 입은 옷은 다 다르지만 한옥과 시멘트 건물이 차별 없이 마음에 다가선다. 한옥과 어깨를 나란히 한 시멘트 건물조차 정겹다. 아마도 강골마을만의 특별한 풍경일 것이다. 완만하게 돌아가며 푸근한 곡선을 만드는 안길은 이곳을 처음 찾은 이방인에게 묘한 안도감을 준다. 그것은 앨범 속 오래된 사진이 주는 그런 감정과 유사하다. 아니, 앨범 자체가 추억이 되어 버린 지금 그 시대에 대한 그리움일지도 모른다. 안도감은 강골마을의 독특한 분위기에 조금씩 적응하며 이내 마을에 대한 익숙함으로 바뀐다. 강골마을의 안길은 안길이 가져야 하는 미덕을 온전히 갖추어 안길로서의 구실을 톡톡히 해내고 있다.

마을 안길을 벗어나면 이번에는 탁 트인 평야가 나타난다. 좁은 골목길을 지나온 뒤라 그 느낌이 매우 강렬하다. 이제부터는 안길의 느낌과 구실도 바뀐다. 마을 가운데를 관통해 온 안길은 이제 마을을 보호하듯 감싸 안고 마을 밖으로 흐른다. 안길은 이제 마을과 논을 나누는 경계가 되고 외부와 소통하는 끈이 된다. 눈앞에 펼쳐진 평야는 한때 파도가 일렁이던 바다였다. 바다는 아마도 수많은 민초들의 말 못할 고민을 들어 주던 속 깊은 말벗이었을 것이다. 1937년, 간척지가 완성되어 농토로 바뀌고, 이제 바다의 흔적은 멀리 보이는 고흥반도로만 남아 있을 뿐이다. 마을을 감싸고 이어진 길을 따라가다 길이 끝나는 지점에서 잠깐 발을 멈춘다. 평야와 마을 사이, 선을 긋듯 곧게 그어진 철길은 시간의 금지선처럼 느껴진다. 결코 이

대숲을 타는 바람, 바람을 타는 대숲. 강골마을 어디서든 만날 수 있는 풍경이다. 바람과 대숲이 어우러진 자리에 슬며시 끼어들고 싶어진다.

곳의 시간이 밖으로 흘러 나가는 일은 생기지 않을 듯하다. 완강하게 위태롭고 변화무쌍했던 20세기에 속해 있기를 고집한다. 철길을 건너오는 길은 강골마을로 들어오는 또 다른 진입로다. 간척 사업은 이 마을에 커다란 변화를 몰고 왔다. 집들이 여느 시골보다 촘촘하게 들어선 까닭도 바다를 메우고 만든 넓은 평야가 주는 풍요로움 때문이다. 간척지가 완성되면서 현재의 마을 모습이 만들어진 것으로 보이는데, 이 작은 마을에는 한때 백여 가구가 밀집해 있었다고 한다.

낯선 대문채를 달고 마을 한가운데 앉은 집

바다에 바투 붙은 마을이지만, 세 면이 산으로 둘러싸여 매우 아늑하다. 바람이 많은 해안 마을에서 느끼는 의외의 아늑함은 주변의 산세에 힘입은 바가 커 보인다. 마을이 기대고 선 뒷산은 원래 이름이 없지만, 마을 사람들은 '채양산'이라고 부르기도 한다. 천막을 칠 때 양쪽에 세우는 나무 막대에 걸려 위로 솟구친 천막처럼 산에 두 개의 봉우리가 있기 때문이다. 차양을 뜻하는 '채양'은 이 지역의 풍수적인 특징을 잘 나타낸 말이기도 하지만, 지난 세기 마을이 지나온 지난한 세월을 좀 더 구체적으로 느끼게 하는 상징이기도 하다. 바닷가에서 뜨거운 햇볕을 피하기 위해 손바닥만 한 파라솔을 그리워해 본 사람이라면 공감하는 그런 느낌이다. 사상적으로 혼란스러웠던 구한말, 순식간에 이루어진 일본의 강제 점령과 치욕, 그리고 팍팍한 근대화의 길. 쉽지 않은 세월을 견뎌 온 마을 주민은 아마도 그런 그늘을 고대했을 것이다. 채양이라는 평범한 단어에는 아늑한 마을의 풍수와 견뎌 내기 쉽지 않았을 시대상이 함께 숨어 있다.

마을 초입 대숲 속에는 몇 기의 고인돌이 숨어 있다. '고인돌 공원'이라는 이름표는 강골마을이 까마득한 옛날부터 사람이 터 잡았던 곳임을 일러주고 싶은 주민의 자부심일 것이다. 경기도에 뿌리를 둔 광주 이씨가 이 유서 깊은 곳에 들어와 마을을 이룬 것은 16세기 말쯤이다. 지방 수령으로 전라도 지역을 옮겨 다니던 이수완 李秀莞, 1500~1572은 말년에 현재의 보성군 조성면 대곡리에 자리를 잡았다. 말하자면 이수완은 호남 지역의 광주 이씨 입향조(어떤 마을에 처음 들어와 자리를 잡은 사람)인 셈이다. 그의 셋째 아들 유번 惟蕃, 1545~?은 순흥 안씨順興 安氏에게 장가를 들어 이곳에 들어와 지금의 강골마을 일대를 상속받았다. 그러니까 강골마을의 입향조는 유번이다. 당시까지만 해도 여전히 남자가 여자에게 장가를 가는 데릴사위제가 있었기 때문에 가능했다. 이후 성리학이 완전히 뿌리를 내리자 광주 이씨는 마을을 동족 마을로 만들어 마을 중앙을 차지했다. 현재도 광주 이씨가 마을의 주류를 이루어 타성바지는 몇 명 되지 않는다.

이용욱가옥은 마을의 한가운데를 차지하여 초당교차로 쪽에서 대숲 골목길을 이용해 들어오든, 대보둑로를 따라와 철길을 넘어 들어오든 쉽게 찾을 수 있다. 집 앞에는 인공미가 물씬 풍기는 연못이 조성되어 이물감이 없는 것은 아니지만, 연못이 있어서 더욱 근사해 보인다. 위치상으로 마을의 중심에 있는 이용욱가옥은 중심이라는 이름에 값하는 꽤 넓은 대지를 차지하고 있다. 주변 풍경을 눈으로 짚으며 무심히 가옥으로 들어서던 발걸음이 흠칫 멈추어 선다. 대문채 위치가 호기심을 불러일으켰기 때문이다. 담장에 비스듬하게 앉은 대문채가 여느 집과 다르다. 마을 중심 건물의 대문채 모습으로는 아무래도 낯설다.

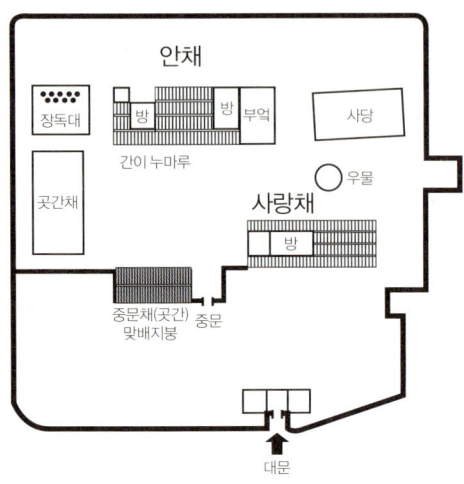

담장과 비뚜름하게 앉은 문간채가 이색적이다. 한옥이 가진 비대칭의 매력이 대문에서부터 나타난다.

건축 디자인의 기본은 대칭이다. 원시 시대 움집에서 지금의 고층 빌딩까지. 건물을 밖에서 보면 색종이를 반으로 접듯 정확하게 반으로 접히는 모양이라는 뜻이다. 이는 서양 건축물에만 해당되는 이야기는 아니다. 동양의 중심이라고 하는 일본과 중국의 건물도 크게 다르지 않다. 건축물만이 아니라 사람이 만드는 거의 모든 물건은 대칭을 기본으로 한다. 책상이 그렇고, 침대가 그렇고, 자동차가 그렇다. 그뿐이 아니다. 자연이 보여 주는 디자인 역시 대칭이다. 해도 달도 사람도 달걀도 모두 대칭이다. 아마도 우리가 상상하는 귀신의 이미지도 이 범주를 넘어서지 않을 것이다. 때문에 디자인에서 대칭은 매우 오래된 전통이며 중요한 가치다. 그래서 쉽게 버릴 수 없는 유혹이다. 이 유혹을 과감하게 뿌리친 건축이 바로 한옥이다. 한옥에는 대칭이 거의 없다. 대웅전이나 근정전같이 의식을 행하기 위한 권위건물이라면 대칭으로 짓지만, 사람이 머무는 공간이라면 대칭에 미련을 두지 않는다. 비대칭은 살림집인 한옥 디자인의 핵심이다. 그런데 이용욱가옥은 여기서 한발 더 나아갔다. 들어가는 대문채부터 대칭을 포기하고 있는 모양새다. 대갓집의 권위를 버린 것일까?

몬드리안의 비례와 구분되는 한옥의 벽면

이런 느낌은 대문채를 지나 마당에 들어서면 묘한 어긋남으로 변한다. 지나치게 넓은 마당에 네 칸짜리 작은 사랑채의 왜소함이라니. 마당을 호령하듯 지은 이 시기의 다른 사랑채에서 보이는 위압감이 없다. 팔작지붕을 올렸다고는 하지만 곳간채의 단정한 맞배지붕이 사랑채보다 오히려 더 진중해 보인다. 비뚜로 앉은 대문채의 자세가 묘한 어긋남으로 사랑채에 이어진 것이다. 이런 어긋남은 한옥이 가지는 실용 정신 때문이다. 안채의 사생활을 보호하면서, 추수 뒤 탈곡 등을 위한 작업 공간으로 넓은 마당이 필요했을 것이다. 사랑채는 이들을 관리하기에 좋은 위치에 과장 없이 지어졌다. 중문채를 지나 안마당으로 들어서면 한옥이 가지는 비대칭의 아름다움은 이제 확연해진다. 우리에게 익숙한 커다란 기와집에는 대개 우리가 중정이라고 부르는 네모반듯한 안마당이 있다. 그러나 이 집 마당은 삐딱하게 앉아 사방에 건물을 거느리고 있다. 안채 앞의 넓은 마당이 사당 쪽으로 가면서 좁아진다. 한옥은 시선이 멀리 닿는 곳을 좁게 하여 시선이 가지는 원근감을 적극적으로 끌어안는다. 위로 올라갈수록 좁아지는 민흘림기둥이 일반적으로 알려진 대표적인 예다. 사당 앞에는 우물까지 있어 좁아진 마당이 답답하게 느껴질 만하지만 전혀 그렇지 않다. 이는 시선이 갖는 자연스러움을 건축에 반영했기 때문이다. 그래서 마당이 사다리꼴에 가깝다는 것을 처음에는 느끼기 힘들다.

　오히려 중문채를 지나 안마당에 들어섰을 때 제일 먼저 눈길을 잡는 것은 하얀 도화지를 연상시키는 곳간의 벽체다. 도화지 위의 디자인이 대칭인 듯해서 살펴보니 이도 대칭이 아니다. 단순해서 지루할 듯한 벽면을 아주 능수능란하게 처리해 묘한 여운까지 남긴다. 단순하되 지루하지 않다. 구도 분할에서 매우 뛰어난 재주를 보여 준다. 한옥의 벽체는 몬드리안의 그림에 많이 비교된다. 그러나 한옥과 몬드리안의 디자인 분할은 접근 방법이 전혀 다르다. 몬드리안이 분할의 비례에 초점을 맞춘 반면, 한옥은 살림집이어서 생활에 맞는 기능을 먼저 생각했다. 그래서 아무리 특별한 한옥이라고 해도, 한옥 벽면의 세로선은 기둥이고 가로선은 기둥을 잡아 주

(위) 두리기둥을 써 권위를 세웠지만, 사랑채 역시 비대칭을 완강하게 고집한다.

(오른쪽) 네모반듯하지 않고 사다리꼴에 가까운 모양의 안마당. 마당이 거느린 건물들도 조금씩 다른 방향을 보고 있어 독특한 느낌을 준다.

(아래) 권위적인 사당조차 이곳에서는 대칭을 벗어던지고 자유롭다. 좌우 문도 다르고 공간 활용에도 차이가 난다. 툇마루를 만들어 죽은 조상도 방에서 나와 햇볕바라기를 할 수 있게 했다.

고 벽체를 받쳐 주는 부재다. 그래서 기둥이 길어지면 가로 부재가 들어간다. 몬드리안식의 분할이 자연스럽게 한옥의 벽면에 나타나는 까닭이다. 그런데 이 집의 분할에는 단순한 기능을 넘어서는 의도적인 목적이 보인다. 말하자면 집을 지으면서 벽면이 주는 아름다움에 꽤나 신경을 쓴 모습이다. 특히 안채는 철저하게 비대칭 디자인을 고집한다. 안채는 대청을 사이에 두고 방이 있는데, 한쪽에는 문기둥을 잡기 위한 가로재를 댔지만 다른 쪽에는 대지 않았다. 같은 크기의 문이지만, 비대칭을 하나의 디자인으로 적극 활용했다. 때문에 일견 단순해 보이는 일자 형태의 안채가 스스로 다양한 변화를 만들어 내어 보는 사람에게 풍부한 이미지를 제공한다. 한쪽 끝에는 부엌을, 다른 한쪽 끝에는 반쪽 누마루를 만든 것 역시 이런 디자인 본능이 발휘된 장면이다. 더욱 놀라운 것은 이용욱가옥의 비대칭은 물리적인 건축에서 끝나지 않는다는 점이다. 이런 추측을 가능하게 하는 것은 당시 시대정신과 비대칭적인 사고가 엿보이기 때문이다.

 안채는 사랑채보다 훨씬 높은 자리를 차지했다. 생각하기에 따라서는

사랑채는 좁은 안마당 한쪽에 겨우 엉덩이를 걸친 꼴이다. 크기도 난쟁이만 하다. 사랑채의 기단 높이는 안마당과 같아서 그 위에 다시 기단을 올리고 지은 안채가 사랑채보다 훨씬 높고 크기도 크다. 사랑채에는 그저 둥근 두리기둥을 써서 체면을 세워 주는 정도다. 건물만으로 판단하자면 당시 여전히 보편적 가치였던 남존여비라는 시대정신에 견주어 비대칭이다. 디자인의 비대칭이 사고의 비대칭에까지 나아간 것이다. 실제 안채에서는 문간채의 솟을대문이 훤하게 내다보여 누가 들고 나는지를 다 알 수 있는 구조다. 이용욱가옥이 안대眼帶(바라다 보이는 곳)로 삼은 오봉산 역시 안채에서 보는 모습이 훨씬 그윽하다. 가옥의 건축 연도를 보면 건물 배치는 불가피한 면이 있다. 안채는 1902년에 지어졌으나 사랑채는 이보다 앞선 시기에 지어진 것으로 알려져 있다. 사랑채를 먼저 짓고, 다른 건물이 들어선 셈이니 처음부터 계획성 있게 모두를 배치한 것이 아닐 수도 있다. 그러나 안채에 간이 누마루를 만들어 솟을대문을 훤히 내다보게 한 것을 보면, 이용욱가옥의 비대칭은 다분히 의도적이다.

(왼쪽) 안마당에서 바라본 곳간의 벽면. 단순하지만 심심하지 않은 벽면의 분할이 몬드리안의 그림을 연상시킨다. 좌우의 모습이 다른 비대칭 분할이 의도적임을 알 수 있다.
(아래) 피에트 몬드리안 Pieter Mondrian, 〈빨강, 노랑, 파랑, 검정의 구성 Composition with red yellow blue and black〉, 1921, 캔버스에 유채, 59.5x59.5cm

안채에서는 기둥 사이 칸의 모습이
다양한 이미지를 만들어
지루할 틈을 주지 않는다.

한옥의 비대칭이 신분의 비대칭으로 이어지다

비대칭 디자인은 사당 건축에까지 관철되었다. 여기까지 오면 대문채가 대칭을 포기하고 비뚜로 앉은 까닭, 사랑채를 마당 한쪽에 다소곳이 지은 까닭을 짐작할 만하다. 가장 권위적이어야 할 사당에서조차 대칭을 포기하고 있다. 칸마다 문의 크기가 다르고 칸살 모양도 다르다. 모든 건물이 사당에 삐딱하게 앉아 있다. 단지 기단을 조금 더 높여 그곳이 가장 격이 높은 사당임을 알려 준다. 그러니 대문채가 비대칭인 것은 어쩌면 당연한 일이다. 이용욱가옥 건축에 있어서 비대칭은 핵심적인 건축 아이디어였다. 사랑채 역시 비대칭이라는 디자인 정신을 넘어서지 않는다. 주춧돌도 네모와 둥근 것을 같이 썼고, 칸살도 좌우가 다르다. 안채고 사랑채고 가옥의 모든 건물이 뻔한 일자 건물이지만, 건물마다 독특한 특성이 묻어나는 것은 바로 대칭을 꾸준히 무너뜨리고 있기 때문이다. 그리고 이것이 신분을 넘어서는 사고의 비대칭에까지 이른 것이다.

어쩌면 신분의 비대칭은 한옥만이 가지는 또 다른 특징 중 하나다. 건축의 역사는 어느 나라에서나 지배 계층의 역사다. 어느 건축사 책을 들추어 보아도 민초들이 건축사의 주역으로 등장하는 경우는 없다. 그리스·로마의 신전, 이집트의 피라미드, 중세의 고딕 성당 같은 대규모 건축물은 물론이고 중세의 호화로운 살림집과 가난한 이들이 살던 고층 건물까지 모두 지배 계층에 의해 발전되고 유지되었다. 그러나 한옥은 좀 다른 궤적을 밟으며 진화해 왔다. 한옥은 구들을 장착하면서 독특한 형태로 발전을 시작했는데, 구들을 개발하고 발전시켜 온 주역이 바로 민초다. 그래서 한옥 역사의 주역은 지난 시대 이 땅을 일구어 온 민초일 수밖에 없다. 구들이 안

(위) 기단을 높이고 팔작지붕으로 격을 높였지만, 사당도 비대칭 디자인을 피해 가지 못했다.
(아래) 안채에 안긴 듯한 사랑채에서 권위라고는 찾아보기 힘들다. 기단의 높이감과 주춧돌 모양이 어우러져 편안하다.

채 옆으로 붙으면서 한옥의 외형은 매우 독특해지는데, 일단 부엌을 건물에 붙여 짓게 되면 건물은 '부엌-방'의 형태가 된다. 이 형태를 기본으로 하는 한 건물은 도무지 대칭이 될 수 없다. 이런 공간 활용이 우리의 모든 전통 건축에 영향을 주었음은 물론이다. 전통 건축물을 통칭하여 한옥이라고 부르는 우리 건축계의 특별한 상황도 살림집이 전통 건축에서 가지는 위력을 보여 주는 것이다. 때문에 비대칭은 우리 모두가 쉽게 공감할 수 있는 살아 있는 전통미다.

비대칭은 강골마을 전체에 살아 있다. 처음 마을에 들어섰을 때의 기시감에는 그만한 이유가 있었던 것이다. 한옥과 양옥이 섞여 있지만 전혀 거부감을 주지 않는 모습은 비대칭 정신이 마을 전체에 흐르고 있기 때문은 아닐까? 때문에 이 마을의 건물은 한옥이냐 아니냐로 구분하기보다 비대칭이라는 하나의 이름으로 묶고, 한옥이든 양옥이든 모두 근대라는 이름으로 받아들일 수 있을 듯하다.

1970년 전후까지의 세월 100여 년이 강골마을 안에서 도란거리고 있는 셈이다. 돌아오기 위해 마을의 또 다른 진입로인 철길을 넘어서며, 오랜 기억의 터널을 빠져나오는 느낌이 강하게 든 것도 그런 까닭이다.

주소 | 전라남도 보성군 득량면 오봉리 243
관람시간 | 10:00~18:00
관람료 | 무료
문의전화 | 보성군청 문화관광과 061-850-5204

문학적 상상 속으로 빠지다

강골마을에는 이용욱가옥 말고도 19세기 말과 20세기 초에 지어진 한옥이 아직 여럿 남아 있다. 국가에서 지정한 문화재만도 네 개나 된다. 중요민속문화재 제157호로 지정된 이금재가옥과 제160호로 지정된 이식래가옥이 서로 이웃하고 있다. 집집마다 모두 독특한 특징이 있어 텔레비전 프로그램 〈1박 2일〉의 무대가 되기도 했다. 특히 중요민속문화재 제162호로 지정된 열화정은 19세기 중엽에 지어진 것으로 이곳에서 제일 오래된 건물이다. 열화정은 강골마을에서 가장 화려한 건물이기도 한데, 열화정으로 가는 길은 대숲이 길게 이어져 서늘한 운치가 그만이다. 『태백산맥』의 무대가 되었던 벌교도 방문해 보는 것이 어떨까. 『태백산맥』의 공간적인 무대는 만주까지 이어지지만, 소설의 중심 무대는 전라도 벌교라는 작은 공간이다. 특히 작가는 자신이 생활했던 벌교를 소설의 무대로 삼았기에, 소설 속 사건의 중심이 된 장소와 건물이 벌교에 그대로 남아 있다. 이것이 세트장이 아니라 원래 있던 건물이라는 점에서 『태백산맥』의 감동에 현장감을 더해 준다. 강골마을에서 넉넉한 건축 기행을 끝내고, 골망태다원 등의 녹차밭으로 이동하여 남은 하루를 즐긴 후, 이튿날 태백산맥문학관이 있는 벌교로 숨어들어 문학적 상상력을 키워 보자.

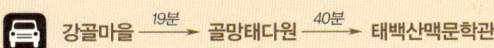

강골마을 —19분→ 골망태다원 —40분→ 태백산맥문학관

한옥, 리듬을 타다

도래마을
홍기응가옥

한옥에는 음악처럼 높낮이가 있어 끊임없이 리듬을 만들어 낸다. 지붕 선이 리듬을 타고 추녀 끝에 걸리면, 벽면을 채운 재료들이 질감의 변화를 이끌며 흥을 돋운다. 한옥에서 시작한 율동감은 자연스럽게 마을로 이어진다. 가을이 봄처럼 화사한 도래마을이라면 율동감이 당연 도드라진다. 마을에 들어서는 순간 강한 율동감이 몸을 자극해 저도 모르게 발걸음이 흥겹다. 아이들의 발걸음을 유쾌하게 하는 나주영상테마파크가 멀지 않다. 흥이 붙은 여행은 하루고 이틀이고 가족들을 행복하게 할 것이다.

봄 같은 가을이 흥을 돋우다

도래마을은 봄이었다. 들녘의 노란 물감과 어우러진 코스모스가 그만큼 유쾌했다. 골목 끝 담장 위로 점점이 피어오른 벚꽃도 착각에 동참한다. 여름도 물러가기를 마다하고 여전히 짙은 녹음으로 마을을 감싸고 있어 마치 봄, 여름, 가을이 한자리에 모여 앉아 도란거리는 듯하다. 도래마을에 첫발을 내디뎠을 때의 정체를 알 수 없던 율동감은 아마도 이 때문이었는지 모른다. 율동감이 발끝에서 노닌다. 그러나 안길을 지나오며 이따금 멈칫거리던 율동감이 조금씩 잦아든다. 고즈넉하기를 기대했던 마을 안길에는 도랑을 단장하느라 어디선가 옮겨 온 큰 돌들이 늘어서 있고, 마을 어귀의 양벽정(陽碧亭) 앞에 자연스럽게 제자리를 지키던 연못은 사라지고, 훨씬 크게 몸집을 키운 연못이 공사 중이다. 보전이라는 이름으로 마을이 파괴되고 있다는 생각이 흥을 깼다.

발길이 시큰둥해진 나를 이끌어 간 곳은 뒷산 중턱에 자리 잡은 계은정(溪隱亭)이다. 십여 분 올라왔을 뿐이지만, 제법 깊은 산중의 원시림에라도 온 듯하다. 물이끼를 잔뜩 뒤집어쓴 물웅덩이가 숲에 깊이를 더한다. 정자를 위한 연못이겠지만, 사람 손이 닿지 않는 지금 자연으로 돌아갈 차비를 마친 듯하다. 지난 태풍에 부러진 듯, 물웅덩이를 가로지른 나무가 길을 가로막고 누워 있다. 나무를 건너뛰어 계은정에 오른다. 한 칸짜리 방을 감싼 마루가 인상적이다. 정자에 앉아 거친 숨을 걷어 내니 가을이 비로소 제 체취를 풍기며 시원하다. 나주평야가 성큼 눈앞으로 다가온다. 산속에 숨은 듯 앉은 정자는, 제아무리 큰 변화를 꿈꾼다 해도 도래마을 역시 자연의 일부라는 사실을 새삼 일깨워 준다. 따지고 보면 도래라는 마을 이름도 주변의 자연에서 왔다. 마을 뒷산인 감태봉에서 내려온 물이 셋으로 나뉘어 川(천) 자 형태로 마을을 지나가 도천道川이라는 한자어가 생기고, 이것이 우리말로 순화되어 도래가 되었다. 도래마을은 세 개의 안길을 따라 동네가 나뉘는데, 홍기응가옥은 가운데 동네인 동녘의 제일 안쪽에 자리 잡았다. 풍산 홍씨豊山 洪氏는 조선 단종 때 수양대군이 단종을 폐하고 왕위에 오르자 화가 미칠 것을 대비해 나주로 옮겨 온 후, 도래마을의 강화 최씨와 혼인 관계를 맺으면서 지금의 풍산 홍씨 동성 마을을 이루었다. 풍산 홍씨로 우리에게 잘 알려진 사람으로는 『임꺽정』을 쓴 벽초 홍명희가 있다. 그의 할아버지 홍승목이 바로 도래마을 출신이다.

올라왔던 오솔길을 되돌아 내려오니 마을 뒤 너른 밭에서는 아낙들의 손길이 바쁘다. 예전에 이곳에는 산에서 내려오는 찬 바람을 막기 위한 방

가을이 봄처럼 화려한 도래마을. 코스모스와 어우러진 가을 들녘이 유쾌하다.

풍림이 있었다고 하나, 지금은 밭으로 변해 마을 사람들의 생활 터전이 되었다. 밭을 일구기 위해 산발치의 방풍림을 풀어 헤친 것을 탓하는 사람들이 있지만, 이것은 보전이라는 이름으로 온통 마을을 뒤바꾸는 작업보다 훨씬 자연스럽다. 그런 생각 끝에 도착한 산발치 첫 집이 홍기응가옥이다. 예전에는 산발치에서 제일 가까이 홍씨 종가가 있었다고 하나, 그 자리는 이제 사람들의 이야기만으로 남아 있을 뿐이다. 홍씨 가문의 건물 중 온전히 남은 곳은 홍기응가옥뿐이어서 마을 밖 사람들에게는 이 집이 종가 노릇을 한다.

집과 마을 어디에나 너울지는 리듬

커다란 대문을 밀고 들어서니 작은 문간마당이 눈에 가득 찬다. 담장이 사랑채를 둥글게 감아 돌며 생겨난 아늑함이 마을 어귀에서 느꼈던 율동감을 다시 불러일으킨다. 옛날, 마을을 지나던 나그네는 이 문간마당에서 하룻밤 지내기를 청하고, 문간채에서 하루를 묵어 길을 떠났을 것이다. 집안의 자세한 내력이야 알 수 없지만, 작은 문간마당에서는 그만큼 넉넉한 인정이 묻어난다. 대문에 문턱이 없어서 생긴 상상일지도 모르겠다. 눈길이 담장을 탄다. 사랑마당과 문간마당을 나누는 담장을 타고 난 길은 안채로 연결되어 자연스럽게 시선을 끌고 앞서 나간다. 안채로 이어진 입구에는 철 대문을 달았던 흔적이 있지만, 문이 없는 지금 오히려 좁은 문간마당에 개방감을 더해 준다. 문이 있었다면, 지금의 아늑함과는 다른 느낌의 공간이 되었을 것이다. 옛날 나그네라면 사랑채로 통하는 일각문을 기웃거렸겠지만, 발은 어느새 안채 쪽을 찾아든다. 현실적으로 사랑채로 이어지는 일각

솟을대문을 들어서면
다시 문과 담장이 나타난다.

(위) 산 쪽으로 난 일각문. 일각문은 비공식적인 문이다. 아마도 생활 속의 숱한 소문들이 문지방을 넘나들었을 것이다.
(아래) 중문으로 쓰이던 철 대문이 사라졌다. 이제는 안채의 누구라도 세상과 격의 없이 어울리게 되었다.

문이 잠겨 있기도 하지만, 안채로 통하는 길은 그만큼 정감이 있다. 사랑채와 안채를 나눈 담장이 사랑채를 둥글게 싸고돌아 담장 끝이 보이지 않는다. 발걸음을 내디딜 때마다 포개졌던 지붕이 풀어져 나뉘고 담장에 가려 있던 안채가 조금씩 제 모습을 드러낸다. 오랜만에 느껴 보는 한옥의 율동감이다. 여인의 공간이라는 안채의 내밀성 때문인지 호기심도 율동감을 타고 앞서 나간다. 이내 안채가 한쪽 어깨를 드러내며 시야로 들어오는가 싶더니 담장을 두른 채 쉼표를 물고 선 사당이 먼저 시선을 가로챈다. 그러한 잠시, 다시 리듬을 탄 눈길이 사당을 떠나 안마당으로 향하자 기단 아래 심긴 실란이 꽃을 피워 안마당 역시 봄처럼 싱그럽다. 어쩌면 봄 같은 가을은 이 마을의 특징인지도 모른다. 왔던 길을 다시 돌아 밖으로 나가고 들어오기를 반복해 본다. 담장이 주는 리듬 때문이다. 그것은 어린 시절 몸에 익은 고향의 장단이기도 하다.

정작 담장 속에 숨어 사람을 맞는 안채는 무표정한 시어머니처럼 덤덤하다. 늘 남의 집을 기웃거리는 고택 감상의 부담감이 안채로 옮겨 간 때문일 것이다. 홍기응가옥의 안채는 1892년에 지어져 이 마을에서 안채로는 가장 오래된 건물이다. 안채의 대청은 다른 지방의 대청과 차이가 있다. 대청에 머름을 두고 문을 달아 마루방으로 쓰고 있다. 아마도 따뜻한 남쪽이어서 화로 하나면 찬 바람이 부는 계절에도 거뜬했지 싶다.

안채의 툇마루에 앉아 본다. 산 쪽에 자리한 안채 기단이 사랑채 기단보다 높다. 굳이 안채보다 기단을 높이지 않은 사랑채가 자연스럽다. 이것이 또 집에 색다른 율동감을 선사한다. 안채 옆으로 찬광이 있던 자리에 새로 생긴 건물은 마치 시어머니가 못마땅한 며느리처럼 앉은 모습이 안채에 빼

뚜렷하다. 사랑채와 안채의 기단이 나란한 것에 비교해 보면 눈에 띄는 차이다. 아마도 겨울에는 북서풍을 막고, 여름에는 찬광에 바람길을 내기 위한 것이리라. 해가 지나는 길을 열어 부엌과 찬광이 습해지는 것을 막기 위한 묘책이기도 할 것이다. 한옥은 필요에 따라서 이렇게 원칙을 변화시키는 재주가 있다. 이것이 또 고택에 율동감을 더한다. 율동감을 생각하면 안타까운 것이 안채 뒤란의 장독대다. 최근 복원한 장독대의 담장이 사랑채 담장과 너무나 흡사하다. 옛날부터 장독대가 그렇게 좋은 담장을 두르고 있었을까? 획일적인 복원이 고택의 율동성을 무너뜨리고 있다. 재료에 변화를 주는 것만으로도 리듬을 만들어 내는 것이 한옥임을 생각하면 안타깝기 그지없다. 개성이 강한 한옥을 복원이라는 이름으로 아파트처럼 획일화하는 것은 아닌지. 마을에 들어서면서 눈에 밟히던 연못 확장 공사가 다시 떠오르고 공연히 부아가 치민다. 시대가 변했으니 마을이 변하는 것도 당연하지, 그리 위로한다.

자신감을 드러낸 천장의 구조미

안채에서 사랑채로 들어가는 문이 있었다고 하지만, 문이 없는 지금도 나쁘지 않다. 막히지 않고 흐르는 율동감이 좋아 이 집이 가진 매력을 잘 살려 낸다. 사랑마당은 안마당보다 많이 낮아서 높이가 다르고 규모에서도 차이가 난다. 문간마당, 안마당, 사랑마당의 울림이 다 다르다. 사랑마당에 깔린 징검돌은 문간채로 통하는 일각문까지 이어진다. 징검돌 역시 사랑채에 리듬을 살리는 소품이다. 어느새 들어왔는지 아이 한 명이 징검돌 위로 날아다니며 밟기 놀이를 하는 중이다. 아이가 주는 율동감이 또 특별

(위) 덤덤하게 사람을 맞는 안채지만, 기단을 장식한 실란이 유쾌하다. 실란의 유쾌함은 방문객에게 쉽게 전염된다.
(아래) 장독대를 두른 담장은 복원이라는 이름으로 고급스러워졌지만, 이로 인해 오히려 집의 율동감이 줄어들었다.

사랑채 지붕과 기단.
징검돌이 깔린 마당에서 율동감이 느껴진다.

하다. 아이를 따라 징검돌을 걷기 위해 사랑마당에 내려서니 사랑채의 기단이 의외로 높다. 안채보다 사랑채 기단을 낮게 할 정도로 자연을 거스르지 않는 건축 태도라면, 굳이 권위를 내세우려 기단을 올리지는 않았을 것이니 다른 건축적 연유가 있을 것이다. 기단이 높아지면서 대청은 자연스럽게 누마루가 되고, 시원한 여름을 즐길 수 있었을 것이다. 사랑채는 1918년에 지어졌다. 누마루처럼 쓰는 대청을 제일 바깥에 두고, 안쪽에 작은 대청을 따로 두어 방이 작은 대청을 중심으로 둘러앉은 모습이다. 대체로 아파트처럼 방을 두 줄로 놓는 겹집 형식이 이 마을 한옥의 특징이다.

전통 건축의 아름다움인 구조미(건물 뼈대가 노출되어 만드는 아름다움)가 모서리 천장에 그대로 드러나 눈길을 잡는다. 추녀 쪽의 서까래가 중앙으로 모이며 대들보와 어우러지는 모습은 대청이 가운데 있었다면 볼 수 없는 활달한 장면이다. 전통 건축이 가지는 구조미를 보자면 아무래도 마

사랑채의 대청은 둘이나 된다. 하나는 생활의 중심이 되고, 다른 하나는 누마루가 되어 풍류를 불러들인다.

(위) 마을 어귀에 있는 양벽정. 왜색을 띠는 대문은 한때 철거 논란이 있었다고 한다.
(아래) 뼈대가 그대로 드러나는 구조미는 한옥의 원초적 본능이다. 양벽정의 빼어난 구조미를 감상해 보자.

을 입구의 양벽정이 으뜸이다. 자신감을 드러낸 양벽정의 천장에서는 한옥이 가지는 구조미를 좀 더 섬세하게 느낄 수 있다. 양벽정의 대문채는 일본 냄새가 물씬 풍기는 2층 건물이어서 사람에 따라서는 이물감이 생길 수도 있다. 마을에서도 이 때문에 꽤 깊은 고민을 했지만, 결국 보존을 하는 쪽으로 결정이 났다고 한다. 대문채를 그대로 둔 데에는 아마도 마을이 가지는 흥, 즉 변화를 수용해서 율동으로 되살리는 마을의 전통이 있지 않았을까? 여기까지 생각이 미치면 대문채에 대한 거부감이 사라진다.

  도래마을에는 홍기응가옥 외에도 전통 한옥이 여럿 남아 있다. 일본이 강제 점령했던 시절에 지은 홍기창가옥은 마당에 정원을 꾸며 특별하다. 대문에는 호박과 수세미가 달려 있어 생활 속의 운치가 돋보인다. 가을의 화려함이 만족스럽다. 비록 안채만 남아 있지만, 두리기둥을 써서 지은 고

(왼쪽) 일본 건축의 영향으로 집에 정원을 꾸민 홍기창가옥은 도래마을에서 제일 화려하다. 다양한 분위기의 한옥을 만날 수 있는 곳이 도래마을이다.

(오른쪽) 홍기헌가옥은 도래마을에서 가장 오래된 건물이다. 지역적으로 특성을 갖는 전통 한옥의 구조에 관심이 있다면 둘러볼 만하다.

(위) 시민문화유산 제2호인 도래마을 '옛집'. 칸살이가 자유로운 도래마을의 한옥 특징을 잘 보여 준다.
(아래) 한옥의 목구조를 이용한 방앗간은 요즘은 만나기 힘든 것이어서 꼭 둘러보기를 권한다.

급스러운 한옥이다. 홍기응가옥이 주는 느낌과는 또 달라서 돌아볼 만하다. 홍기헌가옥은 이 마을에서 가장 오래된 한옥이다. 뼈대의 노출이 많아 집을 어떻게 짜 맞추었는지 궁금한 사람이라면 꼭 들러 보아야 한다. 내셔널트러스트 재단이 매입하여 관리하는 '옛집'도 이 마을의 볼거리다. 마지막으로 빠뜨리기 쉬운 곳이 마을 어귀의 방앗간이다. 기본적으로 한옥의 뼈대를 이용해 만든 방앗간에는 조선 목수의 숨결이 고스란히 남아 있다. 어디서도 만나기 힘든 방앗간이라는 점에서 이곳을 기웃거려 보는 것도 도래마을을 찾는 재미를 더할 것이다.

　봄 같은 가을이 특징인 도래마을에는 독특한 리듬이 살아 있다. 그 리듬을 놓치지 말고 한 집 한 집 돌아보는 재미는 다른 곳에서 만나기 힘든 기쁨이 될 것이다.

주소 | 전라남도 나주시 다도면 풍산리 155
관람시간 | 10:00～17:00
관람료 | 무료
문의전화 | 나주시청 문화체육관광과 061-339-8611～5,
　　　　　　내셔널트러스트 '옛집' 061-336-3675

황토 돛배를 탄 추억이 유쾌하다

도래마을에는 19세기 말과 20세기 초에 지어진 여러 채의 정자가 남아 있다. 계은정과 양벽정 말고도, 마을과 역사를 같이하며 용도가 변화해 온 영호정 永護亭이 있다. 영호정은 시절에 따라서 학교로, 마을 회의장으로 그 용도를 바꾸며 고단한 시대를 넘어와 이제는 마을 입구에서 그저 평화로운 정자 구실을 하고 있다. 가족이 함께 1박 2일의 여유로움을 즐기기 충분한 곳이지만, 주변 건축물을 함께 보고 싶다면 불회사 대웅전(보물 제1310호)과 김효병가옥(전라남도 민속문화재 제11호)이 도래마을 가까이에 있으니 한달음에 다녀올 수 있다.

도래마을에서 묵는다면, 김효병가옥은 이튿날 보는 것이 일정상 유리하다. 가족이 함께 갈 만한 나주영상테마파크에서 가깝기 때문이다. 〈주몽〉 촬영지로 잘 알려진 나주영상테마파크는 나주시에서 직접 관리하고 있어 규모도 크고 즐길 거리도 많다. 영산강가로 내려가면 황토 돛배를 탈 수 있는데, 운이 좋으면 운전까지 해 볼 수 있다. 나주호 주변의 경치도 빼놓을 수 없다.

🚗 도래마을 —23분→ 불회사 대웅전 —53분→ 김효병가옥 —11분→ 나주영상테마파크(황토 돛배 체험)

조선 선비의 로망을 만나다

운조루

전통 한옥 중 몇몇은 풍수만으로도 이름이 높다. 운조루도 여기에 이름을 올려놓고 있다. 그러나 독창적인 공간 구조를 가진 운조루는 전통 한옥만으로도 이름을 얻을 만하다. 지역적으로 영호남의 경계에 위치하여 영호남 건축의 장점이 모두 살아 있고, 집 안 곳곳 운조루를 지은 이의 건축가로서의 재능도 돋보인다. 봄기운이 가득한 사랑마당을 거닐며 남도의 고택을 감상해 보자. 노고단의 일몰, 섬진강의 풍광, 화개장터의 왁자지껄함. 구례는 여행지가 가져야 할 진수를 모두 가지고 있다.

조상에 대한 자부심, 솟을대문의 호랑이 뼈

한발 앞서 봄을 맞은 남녘 들판. 섬진강을 사이에 두고 오봉산과 어우러진 들녘에 봄기운이 완연하다. 봄기운에 취해 생명을 키운 들판에는 간간이 여인들이 모여 앉아 자연이 키워 낸 봄나물을 훔치고 있다. 지난 세월 저 들판은 끊임없이 곡식을 내서 마을을 길러 왔을 것이다. 풍수가들이 이곳을 생리生利의 명당으로 꼽는 까닭이다. '생리'는 경제적인 이로움을 뜻한다. 사람들은 이 땅이 그들을 부유하게 할 것이라 믿으며 살아왔다. 『택리지擇里志』를 쓴 이중환李重煥, 1690~1752도 이곳을 우리나라에서 몇 안 되는 살기 좋은 곳으로 꼽아 마을 사람들에게 믿음을 더해 주었다. 운조루雲鳥樓의 집터를 '금가락지가 떨어진 모양'으로 보는 것은 이런 까닭이다. 들판에서 발을 빼 운조루로 가는 걸음이 가볍다.

기차 몇 량은 족히 되어 보이는 긴 행랑채는 운조루가 한때 거대한 장원의 중심지였음을 짐작하게 한다. 집 앞을 차지한 연못이 운조루의 분위기를 활달하고 풍요롭게 만들어 행랑채와 연못 사이로 난 고샅을 걸어 솟을대문으로 향하는 기분도 유쾌하다. 운조루 솟을대문에는 호랑이 뼈가 걸려 있다. 이에 관한 재미있는 이야기가 있다. 운조루를 지은 유이주柳爾胄, 1726~1797는 맨손으로 호랑이를 잡을 정도로 힘이 넘치는 무신이었다고 한다. 그래서 이 집 솟을대문에 그가 잡은 호랑이 뼈를 줄줄이 걸어 놓았다. 그런데 호랑이 뼈가 워낙 귀하다 보니 누군가 하나둘 집어 가고 이제는 엉뚱한 짐승의 뼈를 대신 걸어 두었다. 이 부분에서 호랑이 뼈다 아니다라며 종부인 할머니와 그 아들의 이야기가 엇갈린다. 하지만 그 뼈가 무엇이든 무슨 상관이랴? 그것이 조상의 용맹을 자랑스럽게 여기는 후손들이 바친

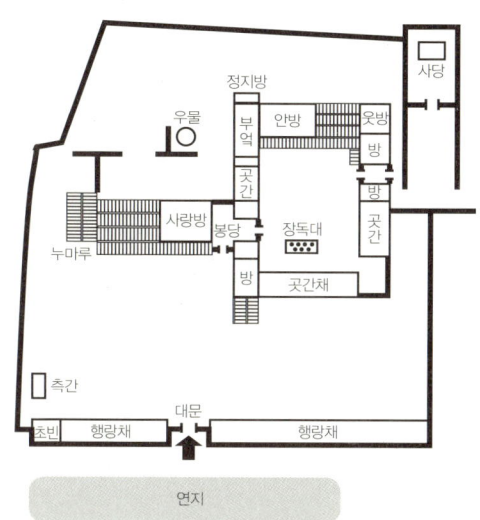

세상을 다 안기라도 할 듯 팔을 벌린 운조루.
긴 행랑채에는 여민동락의 전통이 숨어 있다.
연못 때문에 고택이 더 풍요로워 보인다.

고택의 그윽함이 느껴진다. 거북이를 뜻하는 한자 때문일까? 솟을대문 안으로 보이는 사랑채의 창호 때문일까?

솟을대문에 걸린 짐승의 뼈. 운조루가 무관의 집임을 알 수 있다.

훈장인 바에야. 호랑이 뼈의 주인공 유이주가 바로 이곳의 문화 유씨 입향조다. 그는 경상북도 출신이지만, 구례에 인접한 낙안에 수령으로 왔다가 아예 운조루를 지어 눌러앉았다. 이때가 1776년이다. 운조루는 처음 100여 칸 정도의 규모였으나, 현재는 63칸 정도가 남아 있다. 넓은 대지에 충분한 공간을 확보하여 개방적으로 짓는 전라도 한옥과 높이를 강조한 경상도 한옥이 잘 조화를 이룬 건축이다. 영남 사람으로 호남에 뿌리내린 유이주의 삶이 녹아 있는 셈이다.

솟을대문을 들어서면, 그리 높아 보이지 않는 사랑채가 나타난다. 하지만 잠깐 만에 집을 받친 기단이 보기보다 매우 높다는 것을 눈치채고 만다. 그렇다면 사랑채가 꽤 높은 건물인데, 사람을 압도하지 않는 까닭은 무엇일까? 아마도 마당의 넉넉함에 기인할 것이다. 그러나 사람을 윽박지르지 않는 사랑채의 관대함은 일정 부분 넓은 기단의 공으로 돌려도 좋을 것 같다. 기단 위에 늘어선 키 작은 나무들이 사랑채가 주는 수직적인 긴장감을 누그러뜨려 마당과 건물의 조화를 이끌어 낸다. 바로 이 지점이 높이를 강조하는 영남 한옥과 개방감을 강조하는 호남 한옥이 운조루에서 만나는 부분이다. 기단에 꽃과 나무를 심은 아이디어가 기발하다. 건축을 모른다면 생각하기 어려운 구상이다. 여기에서 이 집을 경영한 유이주가 풍부한 건축 경험을 가진 건축가임을 알 수 있다. 그는 실제로 남한산성 같은 성곽이나 공공건물의 정원 공사에 참여한 이력이 있다. 기단 위에 만든 화단의 회양목, 밥티꽃, 싸리꽃, 동백꽃, 자목련으로 사랑마당을 풍요롭게 만든 건축적 접근이 가능했던 배경이다. 이곳으로 출발할 때 품었던 궁금증 하나를 털어 낸 셈이다. 출발 전 운조루에 전해 내려온 그림인 〈전라구례오미

(위) 사랑채 가운데 안채로 들어가는 중문에 어둠이 들어차 있다. 안채를 벗어날 수 없던 여인들의 까맣게 탄 가슴을 보는 듯하다.
(아래) 궁궐의 월대처럼 높고 넓은 사랑채의 기단.
높은 기단임에도 사람을 압도하지 않는다. 사랑채의 화단에 봄이 왔다.

동가도 全羅求禮五美洞家圖)를 살펴보며 생긴 궁금증이다.

조선 사대부의 로망이 담긴 누마루

〈전라구례오미동가도〉는 1800년 전후의 운조루의 모습을 담은 그림이다. 원색으로 사랑마당 가득 그려 놓은 화초의 화려함 때문에 사랑마당에 통째로 정원을 들인 것은 아닐까 하는 궁금증을 불러일으킨다. 마당 없는 정원이 한옥에서는 매우 이례적이기 때문이다. 사랑마당에 그린 화초는 자연을 집 안으로 들인 과장된 표현으로 보인다. 누마루에 오르면 이 그림에 나타나는 정취를 직접 느낄 수 있다. 실제로 누마루에서는 마당에서 느꼈던 분위기와는 전혀 다른 정서에 빠져들게 된다. 누마루라는 건축의 틀을 통해서 평범하게 지나온 주변 경치가 빼어난 경관으로 바뀌는 순간을 경험할

〈전라구례오미동가도〉, 1800년대 (추정)

수 있다. 누마루는 높은 기단 덕분에 풍경을 들일 수 있고, 집에 들어서는 이는 넓은 기단 덕에 자칫 사랑채가 주는 긴장감을 해소할 수 있다. 사랑채 건축에서 기단이 차지하는 비중은 작지 않다. 누마루의 난간에는 연꽃을 새겨 넣어 은유를 더했다. 송나라 주돈이 周敦頤, 1017~1073가 연꽃을 군자에 비유한 이후, 유학자에게 연꽃은 군자를 상징한다. 세한삼우 歲寒三友인 소나무, 대나무, 매화를 주변에 가꾸어 그 의미가 누마루의 연꽃에서 하나 되게 하였다. 그는 이곳에 앉아 세한삼우를 바라보며 지조 굳은 군자의 삶을 꿈

사랑채 누마루 난간의 연꽃.

꾸었을 것이다. 누마루는 건축적으로 운조루 전체 건축의 중심이다. 한 걸음 더 나아간다면, 군자라는 완성체로 우주의 중심이 되는 자리이기도 하다. 한옥이 가지는 철학적인 확장성을 느껴 볼 수 있다. 사랑채 뒤쪽으로 두 칸의 건물이 이어져 있다. 하나는 글방이고 하나는 책을 보관하는 서고다. 이곳은 안채의 부엌과 바로 연결되어 생활의 동선 속에 완전히 흡수된다. 같은 사랑채 건물이지만, 사랑채의 앞쪽과 정서적으로 전혀 다른 공간

(위) 사랑마당에 핀 매화. 이곳에서는 세한삼우로 불리는 소나무와 대나무, 매화를 모두 만날 수 있다.
(아래) 운조루의 누마루에서 바라본 풍경. 자연을 끌어들여 정원으로 삼은 한옥의 아름다움을 느낄 수 있다.

이 된다. 정원 꾸미기를 좋아한 성품은 이곳에도 이어져 꽃나무와 괴석으로 오밀조밀한 분위기를 연출해 작은 기쁨을 더해 준다. 담장을 대신하는 대나무 숲은 남도 특유의 정서를 불러일으킨다.

운조루 사랑채에서 감지되는 풍성한 선비의 세계는 당시 조선 유학자들의 공통된 로망이기도 했다. 박지원은 그가 쓴 「하풍죽로당기荷風竹露堂記」에서 당시 유학자의 거처를 운조루와 비슷하게 묘사하고 있다. 하풍은 바람에 실려 오는 연꽃 향기고, 죽로는 대나무에 맺힌 이슬이다. 그가 묘사한 사대부의 거처는 다음과 같다.

"새벽이면 촘촘히 숲을 이룬 대나무에 이슬이 구슬이 되어 점점이 맺히고, 아침이 되어 난간에 기대면 맑은 바람이 불어 셀 수 없는 연꽃의 향기를 실어 온다. (중략) 저녁이 되면 아름다운 손님과 함께 누마루에 올라 달빛 아

탁 터진 시야로 들어오는 자연과 함께 풍류를 즐기던 사랑채지만, 바로 뒤는 생활로 분주한 모습이다.

래 깨끗함을 다투는 나무를 살핀다. 이제 한밤중이다. 주인은 휘장을 드리우고 매화와 함께 야위어 간다."

「하풍죽로당기」의 묘사가 어쩌면 운조루의 모습과 그리도 유사한지 무릎을 치게 한다. 누마루에 앉아 있자니 조선 선비라도 된 듯하다. 하지만 진정한 선비라면 이 풍요를 백성과 함께할 것이다. 그렇지 않다면 군자에게 풍류가 다 무슨 의미겠는가? 운조루에 숨은 여민동락의 아름다운 이야기를 읽을 차례다.

풍경에 걸려 흔들리는 보자기만 한 하늘

건축적으로 사랑채의 누마루가 운조루의 중심이라면, 생활에서는 안채, 특히 '큰 부엌'이 운조루의 중심이 된다. 운조루에서 풍수는 매우 중요한 건축 요소다. 때문에 이 집의 부엌에도 풍수에 얽힌 이야기가 전해져 온다. 유이주가 집을 짓기 위해서 땅을 파다 보니 지금의 부엌 자리에서 거북 모양의 돌이 나왔다고 하는데, 그 돌이 최근까지 전해 내려오다 누군가의 손을 타 사라졌다는 이야기다. 수명을 뜻하는 거북이 나온 자리에 부엌을 들인 것도 매우 의미심장하다. 부엌은 사람 생명을 건사하는 중심으로 집의 어느 곳과도 끊어지지 않아야 한다. 실제로 큰 부엌은 다른 공간으로의 접근성이 뛰어나 생명의 중심점 구실을 충실히 해낸다. 여러 개의 마당과 연결되어, 사랑채는 물론이고 작은 부엌을 통해 사당으로도 연결된다. 이런 접근성은 외부에 여인을 노출시킬 수밖에 없는데, 이를 막기 위해 부엌 주위에 T자 모양으로 아담하게 담장을 쌓았다. 당시 여인들은 그렇게 바깥

(위) 집의 모든 곳으로 통하는 부엌은 외부인에게 노출될 수밖에 없다. 그래서 외부인의 시선을 차단하려는 다양한 아이디어가 동원되었다. T자 담장이 눈길을 잡는다.
(왼쪽) 둥근 두리기둥에서 안방마님의 권위가 느껴진다. 작은 부엌이지만 보기와는 달리 집안 어디로든 통하는 생활의 중심이다.
(아래) 운조루에는 크기가 다양한 물확이 있어 운치를 더한다. 안채 대청 앞에는 주인이 손을 닦는 데 쓰던 물확도 있다.

세계와 격리된 채 집의 생명을 키워 내야 하는 운명을 짊어지고 있었다.

마당에는 돌을 파서 만든 물확(가운데가 움푹 팬 물건으로 돌절구 등 생활에 쓰이기도 했고, 물을 가두어 두기도 했다)이 여러 개 있다. 작은 공간에 답답하게 갇혀 있던 여인들에게 물확은 단순한 물건 이상이었을 것이다. 때로는 생활에 이용되기도 했지만, 물을 담아 물고기를 풀어 놓으면 훌륭한 어항이 되기도 했다. 이곳에는 다른 곳에서는 보기 힘든 물확이 하나 있다. 대청 앞에 놓인 물확은 안주인이 세수를 하거나 손을 씻을 때 쓰던 것이다. 그 정도 호사를 누리기는 했지만 안주인이라고 해서 여인의 삶이 그리 녹록한 것은 아니었다.

사랑채의 누마루에서 그랬던 것처럼 안채의 대청에 잠깐 앉아 본다. 지붕 선 위로 보자기처럼 조각난 하늘이 한 귀퉁이에 풍경을 달고 흔들거린다. 안채에서 보이는 것은 보자기만 한 하늘이 전부지만 그리 답답하지 않다. 행여 이런 생각이 평생을 이 안에 갇혀 살아야 했던 조선 여인의 부아를 돋우는 일이 되지는 않을까 조심스럽다. 요즘에야 갖은 이유로 수시로 이사를 다니지만, 조선 시대에는 태어나서 죽을 때까지 한 집에 사는 경우가 많았다. 한 아이가 태어나 이유기가 지나면 어머니 품을 떠나 할머니에게 간다. 아이가 조금 자라면 작은사랑으로, 그리고 다시 큰사랑으로 옮겨 가 생을 마감한다. 결혼한 여자라면 시댁의 안채 건넌방에서 생활을 시작한다. 아들이 장성하여 결혼하면 시어머니가 되어 안방을 차지했다가 다시 할머니 방으로 옮겨 생을 마감한다. 생을 마감한 이들은 다시 자리를 옮겨 초빈으로 간다. 초빈은 사람이 죽었을 때 시신을 모시던 곳인데, 운조루에는 초빈이 잘 보존돼 있다. 안채에는 시어머니가 있던 안방, 며느리가 있던 건넌방, 할머니가 있던 모퉁이방 등이 그대로 있다. 그렇게 한 시대를 살다 간 이들을 추억하며 방의 위치를 가늠하다 보면 분할된 벽면의 아름다움을 만나게 된다. 수직선과 수평선만으로 만들어진 사각형이 반복되며 독특한 아름다움을 이루어 낸다. 반복되는 듯하지만, 다 다른 모습을 하고 있어 단조롭지 않다. 돌아갈 시간이 주머니 속 동전처럼 잘랑거리지만 않는다면, 조선 여인네가 물끄러미 바라보며 세월을 견딘 벽면의 분할을 느긋하게 감상하는 것도 한옥을 감상하는 기쁨을 더해 줄 것이다. 운조루에는 다른 한옥에서 구경하기 힘든 것들이 여럿 있다. 굴뚝을 따로 만들지 않고, 기단에 구멍을 내서 연기를 빼내는 장치를 가렛굴(또는 기단굴뚝)이라고 하는데, 운조루에는 이런 굴뚝이 여럿 있다. 아궁이를 쓰는 방법이 추운 북쪽 지방과 달라서 생긴 차이다. 안채와 사랑채 기단을 유심히 보면 가렛굴을 찾을 수 있다. 사랑채의 쪽마루를 받친 돌기둥이나 누마루 추녀를 받친 활주도 민가에서는 보기 드문 것인데, 집을 지은 이가 사랑채에 쏟은 정성이 어떠했는지 짐작할 수 있다. 활주는 추녀가 처지지 않도록 댄 가느다란 기둥이다. 누마루 아래 마차는 덤으로 보는 이색적인 물건이다.

건축을 통해 나를 돌아보다

마지막으로 이 집의 정신적 풍요를 상징하는 것이 뒤주다. 과거에는 행랑채 쪽에 있어서 가난한 이라면 누구나 쌀을 퍼 갈 수 있도록 했다고 하나, 현재는 안채로 들어가는 중문채의 봉당(건물 내의 작은 마당)에 보관되어 있다. 박지원의 「하풍죽로당기」 역시 백성과 함께하는 즐거움이 진정한 사대부의 로망임을 강조하며 끝을 맺고 있으니, 운조루야말로 조선 사대부

(위) 안채의 좌우 채를 2층으로 나눈 모습에서 영남 한옥의 특징을 살펴볼 수 있다.
(왼쪽) 안채의 벽면은 단순한 듯하지만 가만히 보면 미묘하게 움직인다. 안채의 벽면은 정중동의 은근한 우리 문화를 담고 있다.
(아래) 기단에 구멍을 내어 연기를 빼내는 가렛굴은 굴뚝 역할을 하는데, 뒤쪽의 창호와 잘 어우러진다.

(위) 추녀를 받친 활주와 쪽마루를 받친 돌기둥에서 집을 짓기 위해 쏟은 정성을 엿볼 수 있다.
(왼쪽) 집안의 내력과 유구함을 알려 주는 마차 바퀴가 이채롭다.
(아래) 유씨 집안의 인심을 보여 주는 나무로 된 쌀독. 아래쪽 마개에 쓰인 '타인능해他人能解'라는 글귀는 '누구나 뒤주를 열 수 있다'는 뜻이다.

의 로망이 어린 곳이다.

　운조루를 떠나기 전 바깥사랑의 누마루에 다시 오른다. 누마루로 들어온 풍경을 좀 더 보고 싶어서다. 곧 해가 스러질 시간, 무심히 먼산바라기를 하고 있으니 시인이라도 된 기분이다. '운조루'라는 당호 역시 도연명 陶淵明, 365~427의 「귀거래사歸去來辭」에서 왔다. 관직을 집어던지고 고향으로 돌아가는 이의 기쁨을 생생하게 그린 시다. 「귀거래사」에서 당호가 등장하는 부분을 옮긴다. 시구의 첫 자를 합한 것이 이 집의 당호다.

雲無心以出岫　　구름은 무심히 산봉우리를 돌아 나오고
운 무 심 이 출 수
鳥倦飛而知還　　날다 지친 새들은 집으로 돌아올 줄 아는구나
조 권 비 이 지 환

　유이주는 도연명의 「귀거래사」에서 당호까지 가져왔지만, 관직을 포기하기는 쉽지 않았던 모양이다. 낙안 군수 시절인 1773년, 낙안의 세곡선이 한양으로 가다 침몰하여 그 책임을 지고 함경도 삼수 땅으로 유배까지 다녀왔지만, 구례에 와서도 다시 관직에 나갈 기회를 잡자 집 짓는 일을 아들에게 맡기고 출사했다고 한다. 자연과 하나 되고 싶은 마음 하나, 세상에 나가 출세하고 싶은 마음 하나. 우리는 늘 그렇게 두 가지 마음의 경계선 위에 머물다 가는 것은 아닌지.

주소 | 전라남도 구례군 토지면 오미리 103(운조루길 59)
관람시간 | 8:00~17:00
관람료 | 1,000원
문의전화 | 구례군청 문화관광실 061-781-2644

섬진강은 꽃과 함께 흐른다

섬진강을 끼고 도는 남도의 봄은 그만큼 화려하다. 운조루로 방향을 잡았다면 매화가 흐드러지게 피어나는 광양 매화마을에서 시작하자. 섬진강을 건너가는 배도 축제가 벌어질 때는 거저 탈 수 있다. 이웃한 악양면 느림보마을도 점점 이름이 알려지고 있다. 소설 『토지』의 배경이 된 이곳에는 드라마 〈토지〉의 세트장까지 그대로 남아 있어 『토지』를 사랑한 독자들을 감상에 빠져들게 한다. 전라도와 경상도가 만나는 화개장터에서 시골 장터 분위기를 느끼며 오감을 만족시킬 수 있다. 이튿날 운조루에 들렀다가 화엄사로 이어지는 건축 기행도 권하고 싶다. 국보 제67호로 지정된 각황전이 화엄사에 자리 잡고 있다. 각황전을 짓는 일을 맡았던 계파대사는 비용 마련에 고심하다 잠이 들었는데, 밖에 나가서 첫 번째 만나는 사람에게 시주를 청하라는 꿈을 꾸었다. 이튿날 기대를 걸고 밖을 나선 대사가 만난 사람은 절에서 밥을 얻어먹는 노파였다. 시주를 하라는 말에 황당해하던 노파에게 스님이 계속 시주를 요구하자, '왕궁에 태어나 불사를 이루겠다'고 서원을 하고 옆에 있는 늪에 몸을 던졌다. 이후 계파대사가 한양 나들이에 나섰다 한 여자아이를 만나는데, 여자아이는 숙종의 딸인 공주였다. 물론 노파가 윤회를 통해 태어난 것이다. 숙종은 이 이야기를 듣고 감동하여 각황전을 지었다고 한다. 3~4월이라면, 산동으로 가서 산수유 축제를 즐기자. 꽃으로 시작한 여행길을 꽃으로 마무리할 수 있다.

광양 매화마을 →30분→ 하동 악양면 느림보마을 →23분→ 화개장터 →20분→ 운조루 →17분→ 화엄사 →24분→ 산동(산수유 축제)

4
—
경상도

한국의 미로 거듭나다

옻골마을
백불고택

'백불'이라는 이름은 '백불지 백불능 百弗知 百弗能'에서 왔다. 불弗에는 부不의 뜻이 있어서 하나도 알지 못하고, 하나도 하지 못한다는 뜻이 된다. 겸손의 뜻이기도 하지만, 알고 모르고, 하고 안 하고의 경계를 넘어섰다는 뜻이기도 하다. 인위적인 것을 넘어서는 자연스러움으로 연결되니 '무작위의 미'라는 한국의 미에 닿아 있다. 백불고택을 돌아보고 도달하는 아름다움도 바로 거기에 맞닿는다. 우리나라 최고의 서원 중 하나로 꼽히는 도동서원이 멀지 않다. 도동서원에서는 문화재로 지정된 아름다운 담장을 더불어 볼 수 있다.

살아 움직이는 듯한 거북 바위 '대암'

백불고택百弗古宅의 사당 앞에서 한참을 서성거린다. 사당 건물이 주는 알수 없는 느낌 때문이다. 담장 위로 솟은 사당은 단정한 모습이다. 그러나 단정하다는 표현만으로는 무언가 모자란다. 분명 다른 느낌이 또 있지만, 그것이 무엇인지 정확하게 잡히지 않는다.

"경상도 사내를 닮아서 건물들이 다 무뚝뚝하네!"

담장처럼 묵묵히 서 있던 동행이 툭 던진 한마디에 마음이 무언가를 감지한다. 여기 무슨 마을이 있을까? 차에서 내려서는데 옻골마을을 제대로 찾아온 것인지 자신이 없었다. 마을도 얼른 눈에 들지 않았지만, 옻나무가 많아 옻골마을이라더니 시선이 닿는 범위 안에서 옻나무는 도통 보이지 않는다. 무엇보다도 산이 겹겹이 마을을 감싸고 있었고, 산의 경사가 너무 가팔라서 풍수적으로도 그리 편해 보이지 않는다. 굉음을 내고 지나가는 비행기의 소음 때문일까? 마음까지 소란스럽다. 이런 마음은 마을을 한 바퀴 다 돌아보고 나서야 겨우 가라앉는다.

마을에 막 도착한 사람처럼 마을 입구에 다시 선다. 거친 개발의 바람을 막고 오늘의 백불고택을 지켜 온 느티나무가 줄지어 거친 바람에 맞서고 있다. 17세기 초, 이곳에 들어온 경주 최씨慶州 崔氏의 입향조 최동집崔東㒜, 1586~1661의 심정은 어땠을까? 몇백 년 전 이곳에 뿌리를 내리기 위해 들어선 한 사내의 생각을 추리는 동안 눈이 저 혼자 산머리를 향한다. 그리고 어느 순간, 산 위로 기어가는 커다란 거북이 한 마리가 눈에 들어온다. 거북이 머리가 발딱 서서 실제 살아 움직이는 것처럼 생생하다.

조선朝鮮의 미美를 생각한 것은 어쩌면 이때였는지 모른다. 다시 볼수록

옻골마을 입구에 들어서면 산등성이에서 만날 수 있는 거북의 모습. 머리 부분이 대암이다. 살아 있는 듯 생생하다.

제맛이 나는 것이 조선의 미다. 우리에게 익숙한 한국의 미는 거의 고유섭 高裕燮, 1905~1944 이 찾아내 체계를 세운 '조선의 미'에 신세를 지고 있다. 바로 이 마을의 아름다움은 어느 정도 조선의 미, 그러니까 한국의 미에 닿아 있다. 그리고 그 느낌이 가장 강렬하게 다가온 곳이 백불고택의 사당이었다. 김명민이 열연한 드라마 〈불멸의 이순신〉. 거기에는 조선의 도공으로 일본에 잡혀갔다가 일본 장수의 참모로 돌아온 인물이 등장한다. 내가 떠올린 것은 그가 제 동족을 죽여 가면서까지 구하러 다니던 조선의 막사발이다. 우리가 일상에서 무심히 쓰는 물건에 일본 사람들은 왜 그토록 열광했을까? 그것은 어느 정도 사당이 주는 무뚝뚝함과 관련이 있을 것 같다.

고유섭은 그 무뚝뚝함을 '구수한 큰 맛'이라고 했다. 구수하다면, 숭늉을 생각하면 무리가 없다. 툭툭 무를 잘라서 버무려 낸 깍두기에서도 볼 수 있는 생활의 미다. 어느 것도 치밀하지 않고, 사람을 사로잡을 만큼 미려하지 않다. 그러나 씹을수록 새롭게 느껴지는 맛, 그 맛이 구수한 맛이다. 막사발은 이에 걸맞은 안성맞춤의 예다. 도무지 치밀하지 않다. 숭늉을 끓이듯 너무 대충 만든 것 같아서 사람 손이 닿지 않은 듯 천연덕스럽다. 그래서 자연에 그저 굴러다니는 자연물에 가깝다. 그런데도 차분하게 앉아서 바라보고 있노라면 분명 일정한 아름다움을 성취하고 있다. 부분적으로는 완성도가 떨어지지만, 그것이 미완성으로 남지 않고 리듬을 만들어 보는 사람에게 흥을 느끼게 한다. 인공적인 아름다움에만 몰두하던 일본인에게 막사발은 상상을 넘어선 그 무엇이었다. 부분적으로는 어딘가 허하고 부족한 듯하지만 전체에서 압도하는 미가 바로 한국의 미다. 그것이 고유섭이 말한 구수한 큰 맛이다.

가파르고 험한 산세를 다독이는 마을의 담장

마을을 다시 걸어 올라가는 마음은 아주 편안하다. 어느 정도 마을에 익숙해진 탓도 있겠지만, 마을을 감싼 담장의 구실도 크다. 흙이 주는 자연스러운 질감과 낮게 깔려 긴 수평선으로 이어지는 담장이 그만큼 고즈넉한 분위기를 만들어 낸다. 마을을 감싼 산이 너무 가팔라서 자칫하면 마음이 분주해지기 쉽지만, 그 움직임을 담장이 다 감당해 내고 있다. 아마도 이런 분위기 때문에 마을의 담장이 보존 가치를 인정받고 등록문화재 제266호로 지정되는 영광을 안았을 것이다. 그 느낌이 아득하고 좋아서 한없이 이어지기를 기대했을까? 어느새 끝나 버린 길 끝에서 아쉬움이 크다. 백불고

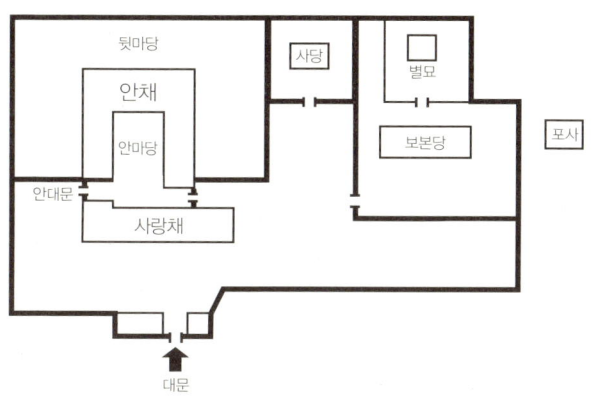

등록문화재로 지정된 옻골마을의 담장.
흙이 주는 질감과 낮게 깔린 담장의 높이가
고즈넉한 분위기를 만들어 낸다.

담장이 문틀까지 따라온 모습이 이색적이다. 안채로 들어섰다면 눈여겨볼 것이 있다. 건물을 지지하기 위해 사선으로 대는 부재를 가새라고 하는데, 전국 한옥을 다 뒤져 보아도 이 집에만 있는 특별한 것이다. 꼭 찾아보기 바란다.

택에 아주 잠깐 만에 도착한 것이다.

    흙으로 빚어 올린 마을의 담장이 대문에까지 곧게 연결되어 담장의 질감이 자연스럽게 대문으로 이어진다. 대문에서 느껴지는 예스러움과 열린 대문 사이로 보이는 사랑채의 고풍스러움이 이 때문에 더 진하게 묻어난다. 입구를 지나 사랑마당에 들어서면 사당 앞의 화려한 정원이 등장한다. 화려하지만, 아늑함을 함께 갖춘 공간이다. 한겨울 눈 쌓인 마당이 화려하고 아늑하게까지 느껴지는 것은 정원에 있는 수목 때문이기도 하겠지만, 주변의 산세와 이에 호응하는 지붕 선, 또 흙투성이 담장이 함께 연출한 것이다.

    이곳에는 다른 고택과 달리 사당이 두 개다. 때문에 사당 앞 정원은 건물로 둘러싸인 듯한 인상을 준다. 일반 사당이 하나이고, 불천위를 모시는 사당이 하나 더 있다. 그리고 사당에 딸린 전사청 典祀廳 (제사를 준비하는 공간)과 포사(부엌 등의 용도)가 있다. 그래서 백불고택의 중심은 안채나 사랑채가 아닌, 사당 앞의 정원을 중심으로 한 공간이다. 조상에 대한 자부심이 집의 중심인 셈이다. 이런 자부심은 조상들의 유품을 한곳에 모아 지은 사랑채 옆의 숭모각으로 태어났다.

    한옥의 아름다움 중에서 첫 번째를 꼽으라고 하면, 많은 이들이 지붕 선을 꼽는다. 그런데 한옥에서 가장 아름답다고 하는 지붕 선을 만드는 방법이 아주 독특하다. 그냥 대충 만든다. 정말 대충 만든다. 지붕 선을 확정하기 위해 서까래를 올릴 때면, 양쪽 추녀에 목수가 한 명씩 올라가 줄을 늘어뜨린다. 그러면 다른 목수 하나가 멀리 떨어져서 지붕 선을 본다. 그리고 손짓을 섞어서 '올려', '내려'를 몇 번 주문하다가 '됐어!'라고 소리치며 주먹을 들어 올리면 그게 지붕 선이 된다. 서양 건축을 하는 이라면, 십 분 만에 지붕 선을 결정하는 그런 엉터리가 어디 있냐고 제도실에서 가져온 수치를 들이댈 것이다. 그러나 따지고 보면, 한옥의 대충 하는 방법이 더 합리적이다. 목수가 지붕 선을 결정할 때는 자신의 오랜 연륜뿐 아니라 집주인의 취향과 집 주변의 산세도 함께 고려한다. 책상머리에서 머리로만 결정하는 지붕 선과는 비교할 수 없는 장점이 있다.

백불고택의 시선이 모이는 사당 쪽은 전사청인 보본당의 날렵하게 올라간 지붕 선 때문에 공간이 매우 풍성해진다. 지붕 선을 만들 때 목수는 아마도 주변의 높은 산세를 담아내려 애썼을 것이다. 때로 지붕 선만으로 자연을 담아내지 못하면, 지붕이 더 높아지거나 낮아지기도 한다. 대충 하는 듯하지만, 전체적인 아름다움을 추구하는 것이 한옥의 아름다움이다. 백불고택만 그런 것이 아니다. 대충 빚어 올린 담장이지만, 자칫 불안정해질 수 있는 마을 전체의 분위기를 안정시킨다. 그리고 그 무심한 아름다움의 백미가 백불고택 사당에서 느껴지는 무뚝뚝함이다.

이런 '구수한 큰 맛'은 백불고택 이곳저곳에서 만날 수 있다. 백불고택의 주춧돌을 보면 안채에는 자연석을 썼고, 사랑채에는 다듬돌을 썼다. 자연석은 자연 상태니 울퉁불퉁하겠지만, 이 다듬은 돌이라는 것도 다듬다 만 듯한 모양이다. 모양도 제각각이고 말끔하게 정리된 느낌도 들지 않는다. 정성껏 다듬고 깎아 만든 기둥을 왜 저 못난 돌에 얹은 것일까? 머리로만 생각하면 쉽게 답을 찾지 못한다. 그저 그 앞에 서서 느껴야만 깨달을 수 있다. 다듬다 만 듯한 주춧돌이 눈에 전혀 거슬리지 않는다. 그로 인해 전체적으로 보면 사랑채는 훨씬 아름다운 자연미에 다다른다. 그런 자연

(위) 무뚝뚝하게 한국의 미를 보여 주는 사당은 활기가 넘치는 정원을 거느리고 있다.
(아래) 조상을 자랑스럽게 여기는 후손들은 숭모각을 세워 전통을 보존하고 있다.

(위) 사랑채(왼쪽)와 안채(오른쪽)의 기둥을 받친 주춧돌.
사랑채에 쓰인 거친 다듬돌이 오히려 고택의 정취를 더한다.
(아래) 약간만 손을 보면 훨씬 곧게 쓸 수 있는 나무지만,
자연스러운 모양 그대로 사랑채 대청에 대들보를 걸었다.
한국의 미에 닿아 있는 모습이다.

스러움은 대청의 대들보에도 그대로 녹아 있다. 곧게 쭉 뻗은 나무가 더 좋을 법한데도 대충 손에 잡히는 나무를 대들보로 쓴 듯하다. 그렇지만 그 모습이 나쁘지 않다. 그리고 그 모습은 오래 두고 보아도 물리지 않는다. 백불고택의 아름다움은 한국의 미에 바로 닿아 있다. 곧은 나무를 세우고 눕혀 쓰는 것이 쉽지, 휘어진 나무로 들보와 기둥을 쓰는 것은 아무래도 더 어렵다. 언뜻 대충 한 듯하지만, 대충 했다고 할 수도 없다.

살림집이 들어설 수 있는 경계선의 백불고택

중요민속문화재 제261호인 백불고택의 연혁을 잠깐 살펴보면, 마을의 제일 안쪽 건물인 안채는 1694년 입향조의 손자인 최경함崔慶涵, 1663~1699이, 안채 주위의 사당 등 부속 건물은 이후 백불이라는 당호의 주인공인 백불암 최흥원百弗庵 崔興遠, 1705~1786이 지었다. 현재 안채 앞을 막고 선 사랑채는 제일 마지막인 1905년에 지어졌다. 17세기 말에 지어진 안채는 대구에서 가장 오래된 건물이기도 하다. 그리고 보면 마을 입구에서 이곳까지 줄곧 시간의 물길을 거슬러 온 셈이다. 백불고택 안채의 지붕을 감상하기 위해 건물 뒤로 향했다. 특이하게도 백불고택 뒤에는 산 대신 넓은 과수원이 평평하게 펼쳐진다. 산발치의 한옥에만 익숙한 사람에게 평지를 등지고 앉

와공이 만들어 낸 안채의 유려한 지붕 선.
주변 산세를 닮아 가파르지만
곡선이 주는 미감이 좋다.

은 백불고택은 아무래도 좀 낯설다. 집터도 대충 잡은 느낌이다. 그러나 집터를 대충 잡았을 리 없는 것은 마을 초입에서 보면 정확하게 마을의 소실점에 해당하는 지점에 백불고택의 대문이 위치한다는 것을 보면 명확해진다. 즉 한옥 마을을 구성하는 작동 원리가 절묘하게 들어맞는다. 그러니 집터를 대충 잡은 듯하지만, 무언가 까닭이 있을 것이다. 뒷산으로 넘어가는 계곡까지 두어 번을 오가며 주변의 지세를 살펴보고서야 풍수적으로 어쩔 수 없는 선택이었다는 것을 알았다. 산이 좁고 높아 골바람이 적지 않았고, 과수원은 지대가 높아 눈에만 평지일 뿐 사실상 바람이 몰아치는 산 중턱이나 다름없었다. 바람이 몰아치는 고원 위에다 덜렁 집을 짓지는 못한다. 과수원은 골바람을 막아 주는 방풍림 구실까지 하고 있다. 백불고택은 살림집이 들어설 수 있는 마을의 경계선이었던 셈이다. 그 경계선에 선 백불고택 안채의 지붕은 산을 닮아 높아 보였다. 사랑채가 세상에서 안채를 지켜 냈다면, 안채는 거친 자연에서 사랑채와 마을을 보호해 오고 있었던 것이다.

백불고택을 돌아 나오며 볼만한 건물이 여럿 있다. 대원군의 서원 철폐령으로 해체된 동천서원이 있던 자리에는 그 부재를 이용하여 지은 동계정東溪亭이 있다. 이는 최씨 문중의 정자로, 계곡으로 이어지는 계단이 백불고택의 구수한 맛을 제대로 잇고 있다. 담장 높이를 조절하여 건물 안에 앉은 이의 시선을 막고 여는 능숙함도 갖춘 꽤 잘 지어진 건축물이다. 백불고택을 방문하는 사람이라면 꼭 함께 돌아볼 만하다. 처음 마을에 진입할 때 가장 먼저 시선을 잡던 정려각에는 백불암의 효행을 기리는 왕의 교지가 모셔져 있다. 정려旌閭는 유교의 가치를 지켜 낸 충신이나 효자에게 왕이 내리

(위) 안채가 평화롭고 고즈넉한 분위기이면서도 지루하지 않은 것은 변화가 많은 벽이 주는 율동감 때문일 것이다.
(아래) 백불고택의 사랑채. 백불지 백불능! 선의 경지에 이르려던 백불암의 마음을 후손들이 사랑채에 잘 담아냈다.

(위) 동계정은 언뜻 단출해 보이지만, 건물 주변을 아우르는 건축적 안목이 뛰어난 건물이다.
(왼쪽) 계천에서 동계정으로 오르는 계단. 담을 끊어 문을 만들었다.
(아래) 정려각을 마을 초입에 두어 마을의 자랑으로 삼았다.

는 것이다.

마을을 돌아 나와 다시 마을을 향해 선다. 산꼭대기에서 커다란 거북이가 느릿느릿 여전히 어디론가 향한다. 거북이 머리 부분이 이곳의 마스코트인 '대암大岩'이다. 대암이라는 이름은 입향조의 호를 따라서 지었다는 의견도 있고, 대암이라는 바위 이름이 먼저 있었고 입향조 최동집이 이를 호로 삼았다는 주장도 보인다. 개인적으로는 뒤의 의견에 더 믿음이 간다. 혈혈단신으로 타성바지 땅에 들어와 자리 잡을 생각을 했다면, 아무래도 무뚝뚝한 자연이지만 이를 의지하고 받아들이는 쪽을 선택하지 않았을까? 그것이 한국의 미에 닿아 있는 백불고택의 가치를 좀 더 수긍하게 만든다. 귀로에 오르기 위해 발길을 돌리는 순간 대구국제공항을 이륙하는 비행기의 굉음이 앞서서 날아올랐다.

주소 | 대구광역시 동구 옻골로 195-5(둔산동 386)
관람시간 | 10:00~17:00
관람료 | 무료
문의전화 | 경주 최씨 종친회 053-983-1040, 옻골마을 안내소 053-983-6407

보물로 지정된
도동서원의 담장

대구까지 온 길이라면, 꼭 돌아봐야 할 곳이 있다. 서원의 대표 건축이 대구에 남아 있다. 달성군에 자리한 도동서원은 규범 건축의 아름다움을 잘 담아낸 곳이다. 도동서원은 담장 때문에 이름이 더 높은데, 옻골마을의 담장이 가파른 산세에서 마을을 보호한다면, 도동서원의 담장은 아름다운 이미지로 서원의 품격을 높여 준다. 쌓은 기법도 특별하고 장식성도 우수해서 보물 제350호로 지정되었다. 조선 초의 성리학자인 김굉필을 모신 도동서원은 사적 제488호로 지정되어 있다.

대구 시내로 들어가도 볼만한 것이 많다. 외부인에게는 상대적으로 덜 알려져 있지만, 7만 평이 넘는 대구수목원을 권하고 싶다. 약초원, 활엽수원, 침엽수원, 야생초화원, 화목원, 방향식물원, 괴석원, 죽림원 등 테마별로 21개의 전문 수목원을 만들어 놓았을 정도로 규모가 크다. 이외에 습지와 함께 산책로를 만들어 놓아서 숲 속을 걷는 기쁨을 주기도 한다. 대구의 상징인 팔공산도 다양한 볼거리와 놀 거리를 준비하고 있다. 리프트카, 골프장, 야영장 등 각종 시설이 들어서서 단순한 등산 코스 이상의 쉼터다. 특히 동화사에서 군위 삼존석굴까지 이어지는 드라이브 코스는 최고의 인기를 누리고 있다.

세상의 중심을 꿈꾸다

향단

양동마을은 첫인상이 매우 강렬하다. 양반 마을인데도 평지가 아닌 산과 계곡에 조성되어 이국적이기까지 한데, 이 특별한 마을에서 가장 멋진 한옥 하나를 꼽으라고 하면 향단을 꼽는 사람이 적지 않다. 향단은 이언적이라는 당대 제일의 유학자가 지었다는 것 말고도 그 독특한 형태 때문에 동서양을 넘나드는 사랑을 받고 있다. 향단은 자연 속에 자신을 숨기는 여느 한옥과 달리 언제나 자신을 당당하게 주장하고 싶어 한다. 양동마을은 최근 세계문화유산에 등재되었다. 넉넉하게 시간을 내서 향단과 함께 마을을 돌아보자.

동생에 대한 애틋함이 담긴 향단

마을에 처음 발을 내디디면, 생각지도 못한 마을 전경에 잠시 아득해진다. 마침 겨울이 물러나고 봄이 막 첫걸음을 놓은 터라 마을 여기저기 아주 미세하게 봄의 색감이 퍼져 있다. 그 미세한 색감에 황홀해진다. 마을 입구에 그대로 멈추어 서서 마을의 이미지를 오랫동안 눈에 담았다.

 천천히 마을 길을 따라 들어가면서 이국적인 느낌은 조금씩 낯섦으로 바뀐다. 지나치게 넓은 마을 안길이 생경해서 생긴 마음의 변화다. 안길은 원래 마을을 가르고 지나는 양동천 건너에 있었으나 일본의 강제 점령 후 천변에 신작로가 닦이면서 지금의 모습이 되었다. 원래의 모습이었다면 훨씬 아늑했을 테지만 지금의 모습으로도 충분하다. 훼손된 부분이 아쉽기는 하지만 여전히 마을의 안길이 살아 있고, 사이사이 다감한 오솔길이

집터로 집의 위계를 만든 양동마을의 전경. 제일 위에 양반의 기와집이, 그 아래로 외거노비가 살던 가람집이 늘어서 있다. 계급이 없어진 지금은 이 독특한 배치가 자연과 어우러지며 일반 한옥 마을에 식상한 사람들에게 신선한 충격을 준다.

마을의 원시 모습을 그대로 보전하고 있다. 사람들은 여전히 이 오솔길로 마을과 이웃집을 왕래한다. 마을을 움직이는 생동감은 아마도 이 때문일 것이다. 민속 마을이라는 이름표만 붙여 놓고, 사람이 거의 살지 않는 다른 한옥 마을과는 많이 다르다. 이는 민속 마을이 돈벌이의 테마가 된 이후에도 마을을 돈벌이 수단으로 이용하지 않고 지켜 온 마을의 전통 때문이다. 자기 조상에 대한 자부심이 없었다면 가능한 일이 아니다. 덕분에 양동마을은 세계문화유산에 등재되는 영광을 안았다. 노력에 값하는 격려다.

한옥 마을 가운데 으뜸을 꼽으라면, 주저 없이 양동마을을 꼽는 이가 적지 않다. 양동마을은 안강평야를 안마당 삼아 세 개의 골짜기로 이루어진 산골 마을이다. 성주봉에 올라가서 보면 勿(물)자 형상이다. 이 특이한 형상 때문에 양동마을만의 이국적 풍경이 가능했다. 계곡 바람을 피하기 유리한 산 쪽에는 양반의 기와집이, 그 아래 계곡 쪽에는 노비들의 가랍집(외거노비가 살던 집)이 자리한다. 계급에 의해 구분되어진 집터지만, 전체적으로 마을의 아름다움을 잘 성취하고 있다. 양동마을을 이처럼 옛날 모습 그대로 지켜 낸 데에는 두 성씨가 한마을을 이루어 사는 양동마을의 독특함이 한몫했다. 월성 손씨의 입향조인 손소孫昭, 1433~1484가 류씨 집안에 장가를 들어 1458년 이 마을에 들어온 후 그의 아들 손중돈孫仲暾, 1463~1529이 유학자로 이름을 떨치고 이어 외손자인 회재 이언적晦齋 李彦迪, 1491~1553까지 동방 4현 중 한 사람으로 추앙받으며, 월성 손씨와 여강 이씨 두 성씨가 한 마을에 살기 시작했다. 이후 두 집안은 때로는 경쟁하고, 때로는 협력하며 조선 초부터 지금까지 마을을 건강하게 지켜 왔다. 후손들은 종가에서 분가하여 파를 이루며 양동마을 여기저기 작은 동심원을 만들며 자리를 잡았다. 두 집안의 건강한 밀고 당김은 마을의 건축사에도 고스란히 남아 있다. 손씨가 건물을 지으면, 이씨도 뒤지지 않고 건물을 짓는 과정이 되풀이되었다. 그래서 종가, 서당, 정자 모두 둘씩 짝을 이루는 예가 많다.

향단 香壇 역시 이런 과정에서 태어났다. 향단이라는 독특한 이름은 마당에 향나무가 있어 붙여졌다는 이야기가 있지만 정확한 근거는 없다. 종손 쪽에서는 '향와 香窩'라는 현판이 있어 향와라고 불렸다고 주장하기도 한다. 아무튼 향단은 손씨의 파종가인 관가정이 지어지고 반세기 정도가 지나 이언적이 이에 어깨를 겨루기 위해 지은 건물이다. 향단을 바라보고 있으면 손씨의 터전에 끼어든 이씨가 자신의 존재감을 드러내고자 포효하던 육성 肉聲이 들리는 것 같다. 향단은 애초 99칸 건물이었지만 임진왜란과 6·25를 겪으며 현재 51칸만이 남아 있다. 양동마을이 세계문화유산으로 거듭났으니 99칸의 복원도 탄력을 받을 것이다. 향단의 크고 웅장한 모습에서 이씨와 손씨 사이의 자존심 싸움이 얼마나 거셌는지 짐작할 수 있다.

그러나 향단에 대한 세상의 평가가 어떻든 향단에는 가족에 대한 애틋함이 숨어 있다는 사실을 지나쳐서는 안 된다. 향단은 이언적이 경상 감사로 있던 1540년경, 관직에 나가지 않고 어머니를 모시고 사는 동생 농재 이언괄 農齋 李彦适, 1494~1553을 위해 지은 것이다. 즉 위압적인 외부 모습을 어떻게 해석하든, 향단에는 회재의 어머니에 대한 효심과 동생에 대한 우애가 어려 있다. 형제의 우애가 얼마나 절절했는지를 엿볼 수 있는 시가 남아 있다. 회재가 강계로 귀양살이를 떠날 때 동생인 농재는 달천까지 동행하여 아픈 마음을 시로 남겼다. 새벽녘 재를 넘는 형님을 두고 돌아서는 동생의 심정이 잘 드러나 있다. 그 시의 일부를 옮겨 적어 본다.

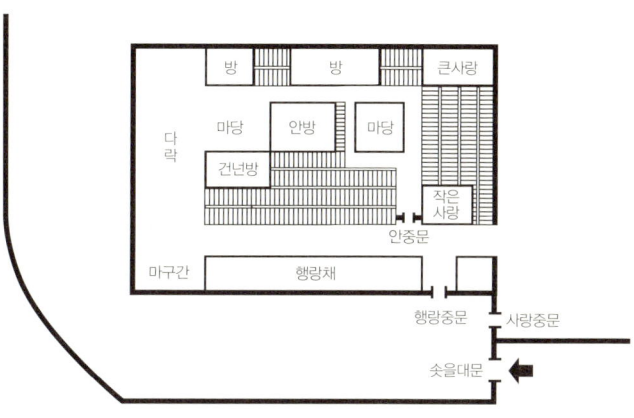

한옥 중 보는 이를 이만큼 압도하는 건물도 드물다. 자연 속에 묻히지 않고 스스로를 강하게 드러낸다는 점에서 향단은 한옥의 이단아이기도 하다.

白日淸晨上嶺遲	새벽은 밝아 오고 재 오르긴 더디구나
孤忠自信有誰知	외로운 충정을 누가 있어 알아줄까
三千去路悠悠恨	가는 길 삼천 리에 한스러움 굽이진다

위압적인 외관과 미로를 연상시키는 내부

한옥 마을 중 으뜸이 양동마을이라면, 양동마을의 으뜸은 향단이다. 적어도 그렇게 주장하는 사람들이 많다. 국도를 벗어나 마을 쪽으로 천천히 들어가면 물봉 꼭대기에 자리 잡은 관가정이 제일 먼저 시야에 들어온다. 관가정 역시 보물 제442호로 지정된 한옥이지만, 풍경 속에 녹아들어 그리 도드라지지 않는다. 풍경에 빠져 마을 안으로 들어서면 단연 돋보이는 건물이 향단이다. 마을의 중앙에 자리 잡은 향단은 다른 한옥과 달리 박공(맞배지붕 양쪽의 入모양의 널) 세 개를 건물의 전면에 도열시켜 거대한 성처럼 마을에 군림한다. 마치 일본의 성을 보는 듯한 느낌마저 든다. 이런 특별함은 겉모습에만 있지 않다. 행랑채를 포함한 전체 향단의 모습을 하늘에서 보면 巴(파)자 모양으로 그 독특함은 향단을 이야기할 때 빠지지 않는다. 안채만 보아도 안마당이 두 개나 있어서 日(일)자 모양으로 독특하다.

이 때문에 웅장한 모습을 기대하며 안채로 들어서면 미로처럼 이어진 복잡한 내부 구조의 의외성이 사람들을 혼란에 빠뜨린다. 혼란한 틈에서도 이따금 감탄을 자아내게 하는 것은 당시 건물로는 지나치다 싶을 정도로 화려한 부재들이다. 서양 사람들은 겉모습 위주로 집을 짓는 전통과 그들의 신화에 등장하는 미로迷路에 대한 로망 때문인지, 우리 전통 한옥 중

(왼쪽) 사랑채의 박공면은 가파른 계단 때문에 사람을 더욱더 압도한다. 대청에 앉으면 마을이 한눈에 내려다보여, 지난 시절 이 집안이 누렸던 권세를 느낄 수 있다.
(아래) 세밀하게 조각된 익공에서 향단의 화려함을 읽을 수 있다. 익공의 발전 과정이 엿보인다.

(위) 행랑채의 중문에 들어서면 코앞을 막아서는 축대가 사람을 당혹스럽게 한다.
(아래) 하인들은 행랑채와 안채를 잇는 이 길을 수도 없이 걸으며
미로처럼 빠져나갈 수 없던 그들의 운명을 안타깝게 여겼을 것이다.

향단을 첫 번째로 꼽는다. 그러고 보면 향단은 자연에 흡수되듯 짓는 한옥의 특성을 크게 벗어난 건물인 셈이다. 안으로 들어가 보자.

밖에서 본 화려하고 웅장한 모습은 사랑채 내부로 이어진다. 사랑대청에서 보는 하늘을 그윽하게 하는 겹처마가 먼저 눈에 띈다. 겹처마는 작은 서까래인 부연을 둥근 서까래 위에 덧붙여 지붕을 길게 낸 처마로 민가에서 함부로 쓰지 못하던 귀한 것이다. 그뿐 아니다. 사랑대청의 천장을 장식한 익공과 복화반(지붕의 무게를 받는 들보 위의 작은 부재), 그리고 궁궐이나 사찰을 지을 때만 쓰던 두리기둥 모두 당시 민가에서는 쓸 수 없던 사치스러운 부재다. 집을 보고 있노라면 당시 최악의 권력 스캔들이 터지지는 않았을까 하는 우려를 자아낸다. 중종반정 이후 강해진 신권(臣權)이 엿보인다. 사랑방을 양쪽에 거느린 넓은 사랑대청도 보기 드물다. 커다란 성주봉이 바로 앞에 있어 답답할 듯하지만, 이로 인해 안대가 주는 힘까지 강해지면서 오히려 더 호쾌해진다. 그러나 향단의 호쾌함은 딱 여기까지다.

솟을대문을 들어와 사랑채가 아닌 행랑채의 중문을 선택했다면, 전혀 다른 건축 이미지와 맞닥뜨린다. 이 문을 밀고 들어서는 순간 높은 축대가 느닷없이 코앞을 막아선다. 그 당혹감이라니! 안채로 들어가기 위해서는 축대 밑으로 난 좁은 골목길을 지나야 한다. 한 사람이 겨우 지나갈 수 있는 그 길을 걷다 보면 마음은 어쩔 수 없이 위축된다. 조심스럽게 도착한 골목 끝, 잠시 마구간 앞에 쪼그려 앉는다. 대낮이지만 어두컴컴하다. 지나온 길을 돌아보니 골목 끝으로 햇빛이 쏟아진다. 햇빛이 저렇게 찬란했던가 싶다. 업(業)처럼 물동이를 이고 물을 길어 올리던 하인에게 골목 끝으로 떨어지는 햇살은 어떤 의미였을까? 풍수적으로 양동마을은 배의 형상이어서 집에 우물을 파지 않았다. 하여 노비들은 산 중턱에 자리 잡은 집까지 물을 길어 올려야 했다. 쏟아지는 햇빛을 하염없이 보다 일어선다. 이 집에는 절의 흔적이 많다. 주춧돌 몇 개는 절에서 쓰던 것들로 보인다. 살림집을 짓기 위해 이렇게 높은 축대를 쌓는다는 게 언뜻 현실적이지 않다. 높은 축대 위에 원래는 절집이 있지 않았나 싶다. 그 자리를 밀어내고 집이 들어섰을 것이다. 두 개의 안마당 중 하나는 2층으로 된 다락 창고와 붙어 있다. 여기에서 좁은 골목길을 5~6미터 지나면 또 하나의 안마당이 나온다. 첫 마당이 주로 하인들이 쓰던 공간이라면 두 번째 마당은 안방에 빛을 들이고 바람을 들이기 위한 것이다. 위치상 안방을 사이에 두고 두 개의 마당이 나란히 있다. 안방을 중심에 두어 공간을 장악할 수 있게 했지만, 안방을 막아선 행랑채 때문에 안방 주인은 답답했으리라. 그러나 마을에서 훤히 보이는 축대 위의 안방을 보호하기 위한 행랑채의 위치는 어쩔 수 없는 선

(왼쪽) 안채에는 두 개의 마당이 있는데, 그중 이 마당은 주인마님이 쓰던 것으로, 중국 집의 중정처럼 안방에 빛과 바람을 들이는 구실을 했을 것으로 보인다.
(오른쪽) 안채에 있는 두 개의 마당 중 나머지 하나로, 하인들은 여기에서 주인들을 위해 봉사했다.

(위) 하인들의 마당 옆에 설치된 2층 다락은 사찰에서 만날 수 있는 형태다.
이 집이 절 자리에 지어진 것임을 여기에서도 확인할 수 있다.
(아래) 다락 밑으로 음식을 나르던 하인들의 부산한 움직임이 느껴진다.
좁은 내부 공간 때문에 그들은 저 문을 통해 수시로 밖을 드나들었을 것이다.

(위) 사랑채에서 안채로 이어지는 중문이다. 왼쪽이 사랑채고 오른쪽이 안채다. 가족만이 드나들 수 있는 내밀한 공간이다. 어머니와 동생에 대한 이언적의 사랑이 이 언저리에 남아 있을 것 같다.
(아래) 사랑대청에서 본 안채의 모습이다. 안채의 마당이 보이고, 마당과 마당을 잇는 복도가 보인다. 그리고 그 끝에 2층 다락이 보인다.

택이다. 안채의 안대에도 이에 대한 배려가 있다. 마을 사람들의 직접적인 시선을 피하면서도 행랑채 지붕 위로 바깥세상에 대한 여인들의 갈증을 해소할 수 있게 배려한 모습이다. 문화재 보존을 위해 해체 수리를 하기 전에는 행랑채가 지금보다 많이 낮았다고 하니 답답함도 그리 심하지 않았을 것이다.

사회적 맥락이 중요한 향단의 건축 감상

안채로 진입하는 다른 방법은 사랑채 쪽에 난 중문을 통해서다. 이곳으로 해서 거꾸로 안마당 - 좁은 골목 - 안마당 - 축대 밑 좁은 골목의 역순으로 돌아보면 또 다른 감정의 흐름을 느낄 수 있다. 한쪽은 종의 길이고, 한쪽은 주인의 길이다. 그러나 어느 쪽으로 진입하든 안채는 미로처럼 이어져 고택 감상을 혼란에 빠뜨린다. 밖에서 보았던 화려하고 위압적인 느낌을 도무지 찾을 수 없기 때문이다. 좁은 공간을 여러 개로 나누어 쓸 수밖에 없는 가난한 민가에 들어선 느낌이라고 해야 할까? 그러나 시간이 흐르면 혼란스러움은 호기심으로 바뀐다. 왜 이렇게 복잡하고 답답한 안채를 만들었을까? 어쩌면 답을 찾는 일은 무망한 일이다. 하지만 시기적으로 양민이 쓰던 구들이 양반에게 본격적으로 보급되던 시기임을 생각하면 한옥에 구들을 들이면서 다양한 건축적 시도가 있었음을 짐작하게는 한다. 하지만 좀 더 근본적으로는 이언적의 건축 취향과 관계가 있을 듯하다.

한옥은 대부분 자연과 어우러지게 짓지만, 향단은 자연과의 어우러짐만으로는 설명하기 어렵다. 이씨와 손씨의 경쟁 속에서 나온 건축이기 때문이다. 그렇기에 향단을 주변 건물과 관계 지어 보는 것이 필요하다. 바로

향단의 안채 복도는 마당과
마당을 이어 준다.

옆에 지어진 관가정은 그의 외삼촌 손중돈이 분가하여 지은 집이다. 손중돈은 이언적을 부임지마다 데리고 다니며 학문이 성장하도록 도왔는데, 지금도 이 부분에서 두 집안 사이의 자존심이 미묘하게 부딪힌다. 언덕 위에 세워진 관가정은 향단보다 세상에 대해 훨씬 관대해 보인다. 내부도 향단보다 개방적이다. 이 때문에 과시적인 외모와 폐쇄적인 속마음을 가진 향단과 다르다. 향단에서 드러나는 이런 건축 태도는 회재가 관직에서 물러나 불우한 시기를 보내며 머물렀던 독락당에도 나타난다. 마을의 별이 되려는 세속적 의지가 향단에 강하게 나타난 것처럼, 독락당에는 자연의 중심을 선언하고 스스로를 위로하던 속내가 드러난다. 독락당의 미로와 향단의 미로에서는 그의 소극적이고 폐쇄적인 감성이 묻어난다. 독락당을 방문했을 때 느꼈던 의외성과 당혹스러움이 향단 안채에 그대로 이어지기 때문이다. 불안감을 조장하며 이어지던 독락당의 골목길은 향단의 미로 같은 이미지에 겹치고, 계곡의 축대 위에 세워진 독락당의 정자 '계정' 역시 축대 위에 세워진 향단의 이미지와 겹친다. 향단과 독락당은 그래서 다른 듯 같은 건물이다.

외가 건물인 관가정과는 전혀 다른 방향을 보고 앉은 모습에서 외삼촌에 대한 그의 마음을 엿볼 수 있다. 일찍 아버지를 여의고 삼촌의 부임지마다 따라다니며 돌봄을 받아야 했던 자신의 처지가 그리 유쾌한 기억은 아니었을 것이다. 관가정과 독락당은 향단과 함께 꼭 감상해야 하는 건물이다. 향단을 감상할 때 주변 건물들을 함께 찾아본다면 훨씬 풍부한 한옥의 이미지를 마음에 담을 수 있다. 향단의 건축 배경이 자연과의 조화보다는 사회적인 가치이기 때문이다.

주소 | 경상북도 경주시 강동면 양동리 135
관람시간 | 10:00~17:00
관람료 | 무료
문의전화 | 양동마을 관리사무소 054-762-2630

이언적과 함께하는
역사 기행

양동마을은 아름답기도 하지만 전통 문화의 보존 수준도 높다. 우리나라에 보물로 지정된 살림집은 전국에 열한 곳이 있는데, 그중 세 개가 양동마을에 있다. 이웃한 독락당까지 합하면 네 개다. 향단, 관가정, 무첨당, 독락당, 그리고 중요민속문화재인 서백당이 모두 이언적이라는 걸출한 인물을 통해 하나의 이야기로 연결된다. 서백당은 이언적이 태어난 집이고, 무첨당은 이언적이 자신의 본가에 지어 준 건물이다. 우리나라 최고의 한옥인 향단에서 민박을 할 수 있고, 체험 행사도 가능해 1박 2일의 일정을 잡아도 시간이 남지 않는다. 하루를 묵는다면, 한 시간이면 올라갔다 내려올 수 있는 성주봉에 올라가서 마을 전체를 조망해 보았으면 한다. 향단에서 관가정으로 이어지는 코스도 좋다. 관가정觀稼亭은 '농사짓는 풍경을 보는 정자'라는 뜻인데, 안강평야가 한눈에 내려다보여 고개를 끄덕이게 된다. 관가정에서 안골로 넘어가는 뒷길이 걷기에는 그만이다. 이곳에서 손씨의 종가인 서백당과 이씨의 종가인 무첨당으로 이어지는 동선을 따르면, 마을의 정취를 감상하면서 중요한 건물들도 거의 다 볼 수 있다. 특히 물봉에서 수졸당으로, 수졸당에서 마을 안길로 이어지는 오솔길이 일품이다. 귀로에 독락당과 옥산서원을 잊지 않고 들른다면, 이언적이라는 인물과 함께하는 건축 기행은 훌륭한 역사 기행이 될 것이다.

건축, 자연이 되다

병산서원

살림집의 아름다움이 생활에서 시작한다면, 서원의 아름다움은 선학과 후학의 격식에서 출발한다. 그러나 편하게만 지은 한옥이 좋은 집일 수 없듯이 격식에만 매달려서는 좋은 서원이 되지 못한다. 격식을 허물지 않으면서 아름답게 짓기가 쉽지 않지만, 사적 제260호로 지정된 병산서원은 이런 점에서 매우 뛰어난 건축물이다. 격식을 지키면서 자연의 아름다움까지 담아낸 서원 건축의 백미를 만나 보자. 세계문화유산에 등재된 하회마을이 가까이 있어 병산서원 기행을 풍요롭게 한다. 하회마을에서는 탈놀이 공연 등을 즐길 수 있어 건축 기행을 문화 기행으로 이어 갈 수 있다.

병산을 두르고 선 병산서원은 인공과 자연이 만나는 최적의 접점을 찾아냈다. 이것이 많은 이들에게 건축적 감동을 선사한다.

자연 속에 녹아든 건축미

서원이 눈 속에 묻힌 탓일까? 병산서원에 도착하자 눈길을 사로잡은 것은 주름치마를 펼쳐 놓은 듯한 병산屛山이다. 낙동강과 절벽을 흔들며 내려앉는 눈송이들의 군무라니! 한 세기 만에 내린 폭설을 뚫고 오기에 바빴던 터라 차에서 내렸을 때 시야 속으로 부서져 내리는 눈발에 어우러진 풍광의 장대함이 보는 사람을 압도했다. 무사히 도착한 안도감에 긴장이 풀리며 세상은 잘 꾸며진 자연의 무대 위에서 마임처럼 차분하게 가슴으로 내려앉는다. 어떤 예술 건축이 이처럼 감동적일 수 있을까?

맨 처음 인간에게 건축을 가르친 것은 자연이다. 인류 초기 움집의 둥근 모양은 자연에서 제일 흔하게 만나는 디자인이다. 해도 달도 나무의 그루터기도 모두 둥글다. 둥지를 만드는 새와 곤충은 비록 미물이지만, 건축 역

사에서만큼은 인간의 선배일지도 모른다. 그래서 건축에서 자연은 늘 중요하다. 이는 동서양 모두에 해당되는 말로, 서양 건축의 화려한 출발점인 그리스 신전에서도 자연의 모습을 읽어 내는 것은 어렵지 않다. 서양의 대표적 건축가인 가우디 Antoni Gaudí i Cornet 도 자연에서 건축의 모티프를 찾고는 했다. 하지만 서양의 건축물들은 자연에 동화되어 하나가 되기보다는 자연을 표방하여 화려하게 자신을 드러낸다. 가우디의 자연 건축 역시 그리스·로마·중세를 거치며 화려했던 그들의 전통을 이어받았다. 반면 우리 전통 건축은 스스로를 드러내는 법이 없다. 때로는 슬며시 자연이 되어 버려 어디까지가 건축이고 어디까지가 자연인지 구분조차 힘들다. 사람들이 서원을 제쳐 두고 서원 앞에 우뚝 솟은 병산이 낙동강으로 눈을 툭툭 털어 내는 모습에 빠져든다 해도 그것이 병산서원의 건축미를 가볍게 하지는 않는다. 자연 속에 녹아든 병산서원은 자신을 내세우지 않고, 건물이 자연과 어떻게 어우러져야 하는지를 무언으로 보여 준다.

백 년 만의 폭설로 세상은 온통 소란스럽지만, 병산서원은 세상을 잊은 선비처럼 천연덕스럽다. 서원 앞에 군락을 이룬 배롱나무 역시 온통 눈꽃을 피우고 자신만의 세계에 침잠해 들어간다. 떠나간 이를 그리워한다는 뜻을 담고 있어 선현을 모시는 서원에 안성맞춤인 나무다. 관리인은 서애 류성룡西厓 柳成龍, 1542~1607이 특히 배롱나무를 좋아했다고 귀띔해 주었다. 류성룡과 함께 그의 셋째 아들 류진의 위패를 모신 곳이 병산서원이다. 퇴계 이황의 제자로 스물네 살에 벼슬을 시작하여 우의정까지 오른 류성룡은 국난을 내다보고 정읍 현감으로 있던 무명의 이순신李舜臣, 1545~1598을 전라좌수사에 천거한다. 이때가 임진왜란이 일어나기 2년 전이다. 그가 없었다면 이순신도 없었을 것이고, 조선의 명운도 달라졌을 것이다. 배롱나무는 나목裸木으로 인식되어 여인이 머무는 안채 마당에는 심지 않았지만, 사내들에게는 속을 숨기지 않는 강직한 선비 정신을 의미했다. 이 나무는 무상한 세월 속에서도 제 모습을 잃지 않고 서원을 든든하게 지켜 온 병산과 함께 시류에 휩쓸리지 않던 결연한 선비의 모습을 보여 준다. 서원의 이름은 이 산의 이름에서 왔다고 한다.

병산서원의 슈퍼스타, 만대루

성리학의 비조인 주자朱子, 1130~1200의 스승 유자휘劉子翬, 1101~1147의 호가 병산屛山이었다는 것을 생각하면 병산서원의 명칭은 다분히 중의적이다. 류성룡에 대한 자부심과 존경심이 엿보인다. 여기에서 짐작할 수 있듯 서원

눈꽃을 피운 배롱나무가 병산서원으로 향하는 사람을 맞이한다.
서원에 다가갈수록 산머리는 기와를 타고 자꾸 건물 뒤로 내려가려고만 한다.

을 짓는 까닭은 두 가지다. 후학을 가르치는 것과 사당에 모신 스승의 제사를 지내는 것. 그래서 서원 공간은 크게 둘로 나뉘는데, 학생을 가르치는 강당 영역과 제사를 모시는 사당 영역이다. 서원 밖에서 강당으로 들어가는 문을 외삼문外三門, 강당에서 사당으로 들어가는 문을 내삼문內三門이라고 하여 구분한다. 그리고 여기에 서비스를 제공하는 하인의 영역이 덧붙는다. 병산서원의 경우, 서비스 시설을 포함한 강당 영역은 고려 시대부터 유지되던 풍산 류씨 가문의 풍악서당이 1572년 풍산에서 이곳으로 옮겨 오면서 세워졌지만, 이는 임진왜란 때 소실되고 1607년에 다시 지어졌다. 사당 영역은 류성룡이 죽은 뒤 그의 제자 정경세, 이준 등이 1614년에 존덕사尊德祠를 지어 류성룡의 위패를 안치하면서 조성되었다. 이후 만대루까지 들어서고 부대시설이 완성되면서 지금의 병산서원이 되었다. 병산서원은 철종 때인 1863년 사액서원(왕이 현판과 특혜를 주어 지정한 서원)이 되고, 1978년 사적 제260호로 지정되었다.

  서원 쪽으로 다가가자 서원 뒤 산머리가 발걸음에 리듬을 맞추듯 조금씩 지붕 아래로 내려서더니 아예 지붕 뒤로 숨어 버리고 산머리를 좇던 눈발만이 분주하다. 산머리를 놓치고 내려서던 시선이 대문(외삼문)의 현판을 잡는다. 復禮門(복례문). '예를 다시 갖추는 문' 정도로 해석할 수 있을 것이다. 『논어論語』의 「안연편顔淵篇」에는 공자의 제자 안연이 공자에게 인이 무엇이냐고 묻는 장면이 나오는데, 공자는 '인은 극기복례克己復禮'라고 대답한다. '나를 극복하여 예로 돌아가는 것, 그것이 인'이라는 말이다. 예는 인을 품고 있다. 복장을 추스르며 마음까지 단속하던 옛 선비의 기풍이 느껴진다. 전통 건축이라고 해도 종류마다 아름다움을 만드는 데에는 차

예로 돌아감을 의미하는 복례復禮는 예에 인仁의 마음이 담겼음을 뜻한다.
복례문은 소실점 효과를 만들어 묘한 건축적 감응을 준다.

이가 있다. 살림집의 아름다움이 생활에서 시작한다면, 서원의 아름다움은 선학과 후학의 격식에서 출발한다. 복례復禮는 안팎으로 갖추어야 할 이 격을 함축하고 있다. 그러나 편하게만 지은 집이 좋은 한옥일 수 없듯, 격식에만 매달려서는 좋은 서원일 수 없다. 격식을 허물지 않으면서 아름답게 짓기가 쉽지 않지만, 병산서원은 이 점에서 매우 뛰어난 건축물이다.

대문을 들어서면 커다란 건물이 시야를 가로막는다. 바로 병산서원의 슈퍼스타 만대루다. 세계적인 건축가들의 마음도 사로잡는 빼어난 건축물이다. 좁은 문을 지나 나타나는 만대루가 워낙 커서 사람을 순간 당황하게 하지만, 이는 자연스럽게 건축적인 효과로 이어진다. 만대루를 받친 기둥이 만든 사각 프레임으로 시선이 모여, 놀란 눈길이 차분히 계단을 올라 강당을 향하게 한다. 대문을 들어섰을 때의 답답함과 누 밑의 좁은 통로는 만대루가 주는 감동을 예비하는 장치다. 좁은 누 밑 계단을 지나 만대루에 오르면 사방이 터지면서 주변 풍경이 조금 전과는 완전히 다른 이미지로 다가온다. 건물이 창조해 낸 틀 속에서 재해석된 자연이다. 병풍처럼 펼쳐진 병산은 산세가 좌우로 잦아들며 시야를 끝없이 확장시키더니 건물 속으로 들어서는 낙동강과 함께 다양한 이미지를 형상화한다. 어디쯤 해가 있을까? 인상주의 화가 모네가 빛의 변화에 따라 달라지는 자연을 그린 것처럼, 만대루 역시 시시각각 변하는 자연을 매우 섬세하게 그려 낸다.

민초들의 생활 미학이 스며든 사대부의 도량

건축적으로 만대루는 강당의 앞마당이 확장된 모양새다. 마당을 둘러싸고 있는 네 개의 건물 기둥이 모두 둥근기둥이어서 앞마당 자체가 기둥에 둘러싸인 건축적 이미지를 획득한다. 병산의 깎아지른 절벽과 둥근기둥이 만드는 이미지는 학자보다는 예술가에게 더 잘 어울린다. 그렇다면 당시 유학자들은 병산을 앞에 두고 두리기둥으로 세운 서원의 마당을 신선 세계

(위) 소실점을 좇아서 생각 없이 좁은 문을 지나온 사람이라면 갑자기 나타나는 커다란 만대루에 압도당하고 만다.
(아래) 다시 누마루 밑을 지나 만대루에 오르면 갑자기 터진 시야가 주는 극적인 공간 변화로 인해 커다란 건축적 감동을 받게 된다.

(위) 유학의 중심 공간인 입교당은 비움과 채움이 반복되면서 민중의 생활미를 잘 담아내고 있다.
(왼쪽) 교장실에 해당하는 명성재에 앉아 창과 문을 모두 열어 놓으면 병산서원의 모든 곳이 한눈에 들어온다. 동재와 서재의 학생들은 움직이기 전에 명성재의 문부터 살폈을 것이다.
(아래) 입교당의 교무실에 해당하는 경의재다.

로 상정하고 그 세계를 만대루까지 확장한 것은 아닐까? 누樓에 대한 첫 기록으로 꼽히는 중국의 『사기史記』에서는 누가 만들어진 배경으로 신선神仙 사상을 꼽고 있다. 신선을 꿈꾸던 유학자들의 마음은 서애의 스승인 퇴계 이황退溪 李滉, 1501~1570에게서도 찾을 수 있다. 도산서당에서 퇴계가 쓴 글을 모은 『도산잡영陶山雜詠』에는 자신이 꿈꾸던 생활 속에 녹아든 노장의 생각을 읽어 낼 수 있다. 그 뉘앙스가 강당의 마당과 만대루에 이어져 있는 것이다. 만대루晩對樓를 '달을 기다리는 곳' 정도로 해석하면, 그 의미가 훨씬 강렬하다. 표표히 떨어지는 달빛을 건지는 선비의 모습이 눈에 선하다. 어디 신선이 따로 있겠는가?

마당 너머 입교당立教堂이라는 이름표를 단 강당 건물도 흥미롭다. 교실과 교무실에 해당하는 이 건물은 방 사이에 대청이 있고, 기단에는 커다란 아궁이가 계단을 사이에 두고 양쪽에서 입을 벌리고 있다. 그래서 건물을 전체적으로 보면 비움과 채움이 반복되는 구조다. 비움과 채움의 매트릭스. 이를 유교의 음양 사상으로 해석하기도 하지만, 굳이 유학일 필요는 없다. 한옥에 구들을 들이면 자연스럽게 나오는 것이 아궁이고 대청이고 마당이다. 이리하여 아궁이가 비움이면 계단은 채움이 되고, 방이 채움이면 대청은 비움이 된다. 나아가 건물이 채움이라면 마당은 비움이 되는 것이다. 한옥에서 채움과 비움은 하나의 쌍이다. 구들을 양민이 발전시켜 온 점을 돌이켜 보면, 비움과 채움의 미학은 관념에서 출발한 철학이 아니라 민초들의 생활이 낳은 생활 철학이다. 조선 양반들의 상징적인 건축물에 스며든 민초의 생활 미학을 읽어 내는 것도 병산서원을 보는 재미다.

마당 좌우에 자리한 홍매화와 청매화가 모두 신선처럼 흰 옷을 입고 있다. 마당을 가로질러 강당으로 가는 동안 신선의 호위라도 받는 기분이다. 조선 시대라면 서원의 중심 계단을 이렇게 편하게 오르지는 못했을 것이다. 기왕에 누리는 호사이니 잠깐 엉덩이를 들어 대청에 앉는다. 왼쪽에 있는 방 명성재明誠齋는 서원의 교장실이고, 오른쪽의 경의재敬義齋는 교무실에 해당된다. 교장이 대청에 앉았을 만한 자리를 찾아 앉아 본다. 대청 중앙 안쪽에 자리를 잡고 보는 경치는 만대루에 올라가 보는 풍광과는 또 다른 건축적 아름다움으로 다가온다. 입교당의 기둥으로 다시 한 번 분절된 자연의 풍광은 자연과 건축이 만나는 최적의 접점을 보여 준다. 그렇다고 병산서원의 건축미가 입교당 앞마당에만 있는 것은 아니다. 동행과 도란거리며 바라보는 뒷마당의 다감한 모습은 만대루가 만드는 이미지와는 또 다른 감흥을 준다.

외톨이가 된 주소, 그래서 자유롭다

서원에서 격이 제일 높은 곳은 입교당 뒤편의 사당이지만 주변을 장악하고 감상하기에는 이곳 입교당의 대청 자리가 으뜸이다. 병산서원은 입교당 대청에 앉은 이의 시선을 고집한다. 건물은 철저하게 입교당의 교장 자리를 중심으로 지어져, 그 자리에 앉는 것만으로도 서원 전체를 장악한 느낌이다. 하지만 이 구심력은 시선의 흐름을 무한히 밖으로 보내며 건축적인 원심력을 만들어 낸다. 원심력에 이끌려 시선이 밖으로 흐르자 마당을 오가는 몇몇 유생의 조심스러운 발길이 눈에 보이는 듯하다. 입교당 앞 학생들이 머무는 동재와 서재의 모양은 닮은 듯 다르다. 문살의 수가 다르고 툇마루 벽 모습도 다르다. 왼쪽이 격이 높으니 동재에 상급생이 머물렀을 것

(위) 병산을 병풍처럼 두른 만대루의 지붕 선이 아름답다. 눈 쌓인 지붕의 하얀 고랑이 아름다움을 더한다.
(아래) 입교당 뒷마당의 아기자기함은 또 다른 감흥을 전해 준다.

이다. 동재는 담장과 나란히 짓느라 약간 비뚤어졌지만 눈으로는 가늠하기가 어렵다. 입교당과 직각으로 짓는 격을 고집했다면 지형에 맞춰 쌓은 담장과 균형이 맞지 않아 보기에 불편했을 것이다. 편안함을 추구하는 한옥의 건축 방식이 자연스럽게 스며들었다. 한옥의 자유분방함이 낳은 우리 건축의 매력이다.

사당으로 들어가는 계단은 원래 나무로 되어 운치가 있었지만, 현재는 단조로운 돌계단이어서 안타깝다. 제사를 준비하는 공간인 전사청은 보통 사당과 한 담장 안에 있지만, 이곳은 특이하게 사당과 전사청이 담장으로 나뉘어 있다. 사당-전사청-주소는 길을 하나로 잇는 것이 편하다. 주소 廚所(부엌)에서 음식을 하여 전사청에 주면 여기서 제사상을 차려 사당으로 가져가기 때문이다. 그런데 전사청에서 사당으로 통하는 문이 보이지 않는다. 아마도 자연 지형에 맞추어 짓는 대신 편리함을 양보한 모양새다. 자연과 하나가 되려는 병산서원 전체의 흐름에 닿아 있다.

다음으로 꼭 봐야 할 곳이 살림집인 주소다. 외관상 사대부의 안채 정도로 보이는 주소는 하인들의 공간으로 강당 영역에 바투 붙어 있다. 강당 영역에서 생활하는 이들의 조석을 책임진 곳이기 때문이다. 서원에 딸린 노비들의 거처이기도 하다. 이곳에 앉아 있으면 병산서원 어느 곳도 볼 수 없다. 생활하면서 만대루를 볼 수 없는 유일한 공간이기도 하다. 서원 전체의 관계에서 보면 분명 소외된 공간이다. 그러나 아이러니하게도 이 때문에 자유로운 공간이다. 서원 건물들 모두 강당인 입교당의 통제를 벗어날 수 없는 중앙 집권적 배치지만 주소에서만은 프라이버시가 보장된다. 언뜻 보면 소외된 공간이지만, 훨씬 인간적인 곳이고 여기에서 보는 풍광도 대

(왼쪽 위) 사당은 새로 단장한 계단 때문에
훨씬 권위적으로 느껴진다.
(오른쪽 위) 병산서원의 생활을 책임지던 주소.
(위) 편리함보다는 자연의 흐름을 따른 전사청.

(아래) 같은 듯 다른 서재(왼쪽)와 동재(오른쪽).
변화를 좋아하는 전통 건축의 특성을 느껴 보자.

(위) 주소 앞에 있는 달팽이 모양의 뒷간은 화장실이라고 하기에는 너무 예쁘다.
(왼쪽) 달팽이 모양의 화장실에 눈이 쌓여 포근하다.
(아래) 외삼문을 들어서면 만날 수 있는 또 하나의 화장실. 혼자 있을 때에도 스스로를 경계하도록 가르친다.

단하다. 대문을 열어 놓고 대청에 앉으니, 마당에 흩날리는 눈발이 문밖의 설경과 어우러져 만대루나 강당에서 보는 풍경과는 차별화된 색다른 감동을 선사한다. 주소 앞에 있는 뒷간의 담장은 달팽이 모양으로 아기자기하다. 슬쩍 들어가 앉아 보고 싶을 정도다. 공연히 요의를 느끼며 안으로 들어가니 하얀 눈이 덮여 차마 그 깨끗함을 더럽힐 자신이 없다. 볼만한 뒷간이 또 하나 있다. 서원의 대문(외삼문)을 들어서자마자 오른쪽 담장 끝에 있는데, 이 화장실도 꽤나 운치가 있다. 변을 보는 자리를 사람 눈처럼 타원형으로 디자인해, 홀로 된 공간에서 마음이 흐트러지는 것을 경계하고 있다. 저 혼자임에도 스스로를 경계하는 것. 영원히 변하지 않을 가르침 하나를 마음에 담아 문을 나선다.

    서원을 떠나기 전 다시 만대루에 오른다. 만대루에 올라 눈발과 함께 떨어지던 한낮의 햇살을 추억한다. 이미 아까의 그 풍경이 아니다. 서산으로 방향을 잡은 해가 낙동강을 자극해 끊임없이 이미지를 창조해 낸다. 만대루에 번진 석양빛이 아쉬운 듯 마음을 잡는다. 하지만 이제 발길을 돌려야 한다. 어둠이 내려 위태로운 고개를 넘는다. 서애가 넘던 그 고개다. 언덕 위로 위태롭게 올라서는 사이 해는 넘어가고, 병산서원은 자연 속으로 안전한다. 오호! 만대루여!

주소 | 경상북도 안동시 풍천면 병산리 30
관람시간 | 하절기(3~10월) 09:00~18:00, 동절기(11~2월) 09:00~17:00
관람료 | 무료
문의전화 | 병산서원 관광안내원 054-858-5929

작은 만대루, 원지정사에서 보는 부용대

아무리 바빠도 부용대에 올라가 하회마을을 보면 좋겠다. 병산서원에서 멀지도 않고, 강이 마을을 감싼 독특한 하회마을 전경을 한눈에 볼 수 있어 인상적이다. 부용대 아래에는 옥연정사가 있다. 임진왜란이 끝나고 서애가 낙향하여 머물던 곳이다. 그는 이곳에서 임진왜란을 회고하며 『징비록懲毖錄』을 썼다. '징비'란 미리 징계하여 후환을 경계한다는 뜻이다. 옥연정사는 역사적으로도 중요한 건물이지만, 강과 어우러지는 경관도 빼어나다. 하회마을 안에는 서애가 삼십 대 중반 잠시 머물던 원지정사가 있다. 옥연정사와 원지정사, 두 건물 모두 자연을 집 안으로 끌어들이는 솜씨가 능수능란하다. 원지정사의 누각 연좌루燕座樓에서 바라보는 부용대 역시 일품이다. 병산서원의 만대루에서 마주한 병산을 연상시켜 연좌루를 작은 만대루라고 부를 만하다.

하회마을은 세계문화유산으로 등재되면서 이제 세계의 명소가 되었다. 이곳에는 보물로 지정된 양진당과 충효당을 비롯해서 국가 지정 건축 문화재가 아홉 개나 된다. 특히 충효당은 서애 류성룡의 생가라는 점에서 병산서원을 돌아보는 사람에게 더 큰 의미를 가진다. 하회별신굿탈놀이 등의 볼거리도 하회마을을 찾는 이에게는 보석 같은 선물이다. 주말 나들이를 마치고 먹는 안동 간고등어는 하회마을에서의 추억을 좀 더 맛깔스럽게 해 줄 것이다.

막사발을 닮은 건축

남흥재사

재사齋舍는 조선 시대의 독특한 건축 양식이다. 가문을 중시하는 양반 사회가 낳은 건축이지만 형식에 있어 비교적 자유롭다. 완성도 높은 재사는 양반 문화가 발달한 안동 지방에 주로 몰려 있는데, 경북 민속문화재 제28호로 지정된 남흥재사南興齋舍가 그중 으뜸이다. 비록 지방 문화재로 지정되어 있지만 재사만의 특유한 생명력과 리듬감을 잘 살려 내고 있어 어떤 국가 문화재보다 건축적인 매력이 돋보인다. 도산서원이 가까워 퇴계의 건축 세계를 읽어 보는 기회도 가질 수 있다. 1박 2일의 주말여행이라면, 새롭게 안동의 명소로 등장한 허브 공원 온뜨레피움에 들러 다채로운 안동 여행의 추억을 만들어 보자.

막사발의 감흥을 담은 건축

재사가 자리를 잡아 가던 17세기, 조선 막사발에 대한 일본인의 평가는 대단했다. 당시 일본 도공들 중에는 죽기 전에 막사발 같은 도자기를 하나라도 만든다면 원이 없겠다고 말하는 이가 있을 정도였다. 차를 즐기는 다도가茶道家들도 크게 다르지 않아 개중에는 막사발을 한 번 만져 보는 것이 소원이라든가, 한 번 만져 보면 죽어도 여한이 없다든가 하는, 언뜻 우리로서는 이해하기 힘든 소망을 품고는 했다. 우리 기물器物을 보는 일본인의 눈에서는 단순한 놀라움을 넘어서는 경외감 같은 것이 엿보인다. 우리는 바라보는 대상에서 어떤 측량할 수 없는 힘을 느낄 때 숭고미를 느낀다. 엄청난 양으로 쏟아지는 폭포를 보았을 때의 경외감 같은 것이다. 그런데 그런 자연에 대한 경외감을 일본인들은 우리의 작은 기물에서 발견한 것이다.

'보이지 않는 어떤 무한한 외부의 힘이 도공들로 하여금 아름다움을 만들어 내게 한 것이다'라는 야나기 무네요시柳宗悅, 1889-1961의 말은 일본인이 우리 막사발에 대해 가졌던 경외감의 크기를 짐작하게 한다. 그는 조선 예술을 처음으로 평가한 외국인이다. 그를 포함한 일본인들은 우리의 작은 막사발에서 거대한 자연을 본 것이다. 일본인들이 막사발에서 보고 느낀 감동을 그대로 느낄 수 있는 전통 건축물이 지금 방문하는 남흥재사다.

고속도로를 벗어나 남안동IC에서 도산서원 쪽으로 약 20여 킬로미터를 달리다 보면 길 오른편에 남흥재사로 유도하는 이정표가 보인다. 안내판을 따라 5분여를 들어가면 집 십여 채가 어우러진 영양 남씨 씨족 마을이 나타난다. 남흥재사는 마을 안쪽 산 중턱에 있는데, 멀리서 보면 일본인이 지은 건물이 아닐까 하는 생각이 들 정도로 높이가 강조된 건물이다. 마을

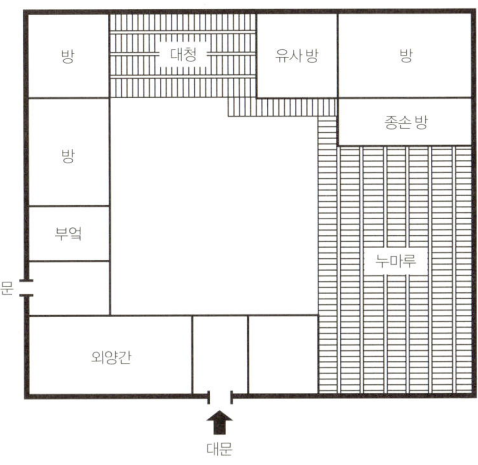

솟구치듯 올라간 누마루를 보고 놀란 가슴은 바깥마당으로 올라서면 낮아지는 지붕 선으로 안도감을 얻는다.
오른쪽은 누마루고 왼쪽의 낮은 지붕은 날개채로 부엌과 방이 있다. 건축이 가지는 강약의 리듬을 느낄 수 있다.

이 품은 가을 들판은 건물과 무관하게 그저 유쾌하게 바람을 탄다. 그 들판을 가로질러 마을의 좁은 언덕길을 휘감아 올라가면 높은 기단에 하늘로 솟구치듯 솟아오른 2층짜리 재사 건물이 나타난다. 건물을 보는 순간 유쾌함은 잦아든다. 사람을 압도할 정도로 크고 위압적인 느낌 때문에 남흥재사라는 현판을 확인하고서도 여전히 저어하는 마음이 남는다. 다행히 누마루에서 낙차를 두고 뚝 떨어진 문간채 높이가 적당해서 겨우 주춤거리던 마음을 추스르지만, 선뜻 건물 안으로 들어설 엄두가 나지 않는다. 2층 누마루를 온통 판재로 두른 폐쇄성이 주는 일종의 두려움 때문이다.

조금 지루할 수 있지만, 재사 건축을 감상하자면 약간 설명이 필요하다. 묘에 가서 지내는 제사를 묘제墓祭라고 하는데, 이 묘제를 지내기 위해 지은 건물이 재사다. 이 건축 양식의 유래가 어디 있느냐에 대해서는 의견이 갈린다. 묘소 가까이 죽은 이를 위해 지은 절집을 원찰 또는 원당이라 하는데, 이것이 유학의 옷을 입고 나타난 것이 재사라는 의견이 하나 있고, 왕실이 산릉에 丁(정)자 형태로 짓던 건물인 정자각에서 재사의 기원을 찾는 또 다른 의견도 있다. 어느 의견을 취하든, 재사 건물은 살림집인 한옥을 기본으로 응용한 건축이라는 점에서는 어느 정도 공감이 형성되어 있다.

직설적으로 집안의 위세를 드러내다

고택을 다니다 보면 명망 있는 집의 종손宗孫과 이야기를 나눌 기회를 종종 가지는데, 조상의 묘소가 전국에 걸쳐 있어 관리가 어렵다는 이야기를 듣고는 한다. 과거 묫자리를 잘 쓰면 집안이 번성한다는 굳건한 풍수적 신념이 낳은 결과다. 이렇게 풍수를 좇다 보면 자기들의 본거지에서 먼 지방에

묏자리를 쓰는 일이 불가피한데, 이곳에서 묘제를 지내기 위해 만든 거처가 재사다. 그런데 재사가 하나의 건축 양식으로 자리를 잡으면서 마을과 가까운 곳에 묘소가 있어도 재사를 짓는 일이 생겼다. 자신과 가문을 동일시하는 당시의 양반 문화가 가문의 영광을 통해 가문을 결속하려 했기 때문이다. 양반 문화가 발달한 안동에 완성도 높은 재사가 모여 있는 것도 그런 까닭이다. 때문에 재사 건축은 집안의 위세를 드러내기 위해 위압적이고, 타인에게 폐쇄적일 수밖에 없다. 남흥재사 역시 건물의 가장 웅장한 부분을 방문객에게 드러내 직설적으로 집안의 영광을 이야기하고 있는 중이다.

남흥재사는 고려 공민왕 때 판서를 지낸 남휘주南輝珠, 1326-1372와 그의 아들 민생敏生의 묘제를 지내기 위한 곳이다. 16세기경 이곳에 있던 절집 남흥사南興寺를 개조해서 지었다고 하니, 17~18세기에 지어진 다른 재사에 비하면 그 역사가 유구하다. 누마루 기둥 위에서 들보를 이고 있는 고려 말 조선 초 양식의 익공이 건물의 유구한 역사를 확인해 준다.

이런저런 생각을 하며 집 안으로 들어선다. 제례 건물이라는 선입견 때문인지 발걸음이 조심스럽다. 어느 정도는 높은 기단과 기단을 가르고 오르게 된 계단 때문이기도 하다. 아마도 이는 후손에게 마음 추스를 시간을 제공하려는 건축적 배려일 것이다. 당시 묘제에 참여하던 후손의 마음이 되어 계단을 오른다. 선조의 삶을 생각하며 추스른 마음은 대문을 들어서서 바짝 긴장하게 된다. 한옥은 단층 건물이어서 건축 공간이 수평적으로 전개되는 개방감이 특징이지만, 재사는 좁은 중정을 둘러싼 높은 건물 때문에 강한 수직적 공간감을 형성한다. 마치 유럽 여행에서 만나는 높은 돌집의 중정으로 들어서는 것처럼 낯설고 긴장된다. 문을 들어서면 아래채

(왼쪽) 재사 건물로 들어서는 계단. 높은 기단을
오르며 마음을 추스르도록 한다.
(위) 긴장을 고조시키던 수직적인 이미지를 시각적으
로 보여 주는 날개채 모습. 계단식으로 이어진
방들을 누마루에서 바라보면 리듬감이 느껴진다.
제사를 지내기 위해 모인 사람들이 묵는 방이다.
(아래) 익공은 고려 말 조선 초에 나타나기 시작한
한옥 고유의 부재다. 이곳의 익공은 조선 초의 것이어
서 건물의 유구함을 보여 준다.

앞으로 난 계단을 통해 대청으로 오르게 되어 있는데, 입구 쪽에는 평상시 재사 건물을 관리하는 고지기의 방과 외양간들이 몰려 있어 공간의 밀도가 조밀하다. 대청에 오르기 위해 계단에 발을 놓을 때도 긴장감은 계속된다. 건물 높이에 비해 좁은 계단 때문이다. 양반가의 널찍하고 시원한 문이 없는 것도 긴장감을 유발한다. 작은 창과 문은 심리적인 압박을 유도하는데, 문을 들어설 때도 허리를 숙일 수밖에 없어 몸가짐이 자연스럽게 조심스러워진다. 물론 문을 작게 만든 데에는 현실적인 이유가 있다. 묘제를 지내는 3월이나 10월은 시기적으로 추운 때여서 이를 감안하지 않을 수 없었다. 대청에 다 오를 때까지도 건축적인 요소들이 만드는 긴장감은 지속적으로 반복된다. 그러나 긴장감을 도무지 견디기 힘들 때쯤에서 극적인 반전이 일어난다. 건축적인 환호성이라고 할까?

헛간으로 쓰이는 누마루 아래 공간의 닫힘은 누마루와 대문의 열림이 있어 답답하지 않다.

리듬을 타고 흐르는 대청과 누마루

대청에서 옆으로 난 쪽마루를 지나 누마루로 발을 옮기는 순간 공간의 이미지가 뒤집힌다. 대청과 누마루의 높이 차이는 아이 손 한 뼘이 채 안 된다. 눈곱만큼 낮은 누마루가 만드는 놀랄 만한 건축적 효과다. 마을 언덕 아래에서 바깥마당을 거쳐 대청에 이르기까지 줄곧 위로 올라오기만 했다는 것을 깨닫는 지점도 그곳이다. 그 작은 내려섬이 심리적인 이완을 만들다니! 이 소소한 차이가 그토록 차오르던 긴장감을 순식간에 날려 보내고 드라마틱한 건축적 경험을 이끌어 낸 것이다.

물론 극적인 반전이 작은 높낮이 차 때문만은 아니다. 넓은 누마루가 주는 확장감이 없었다면 가능하지 않았을 것이다. 누마루에 내려서는 순간 누마루와 대청이 이어지면서 만들어진 넓은 수평선이 앞뒤로 놓이면서 긴장을 고조시키던 수직적 건축 요소를 한꺼번에 무너뜨린다. 그 높던 지붕의 처마까지 눈높이에 맞춰지면서, 집 안의 모든 공간이 일제히 제 몸을 열어젖힌다. 그토록 폐쇄적이고 답답하던 공간이 마치 요술이라도 부린 듯 열린 공간이 된다. 밖에서는 폐쇄적이고 위압적으로 보이는 누마루지만, 내부에서 개방감과 안도감을 만드는 것도 누마루다. 따라서 누마루가 건축적 긴장과 이완을 일으키는 중심 공간이다.

그러나 누마루만으로는 이런 건축적 감동을 만들어 내기 어렵다. 긴장감을 한껏 끌어올렸다가 카타르시스를 유발하는 심리적 변곡점에는 대청이 있다. 그리하여 대청은 건물의 중심성을 확보한다. 시각적으로는 누마루보다 약간 높을 뿐이지만, 분명 제일 높은 곳을 차지한 것도 대청이다. 대청을 건물의 중심에 놓으려는 건축적 의지가 관철된 모습이다. 대청을

(위) 누마루에서 지나온 길을 되짚어 본다. 자기를 돌아보고, 조상을 회상하기 좋은 구조다.
(아래) 대청에 속한 쪽마루가 누마루로 이어지는 마루보다 아이 손 한 뼘 정도 높다.
저 작은 턱을 내려서면 수직의 세계가 수평의 세계로 변한다. 누마루에 휘청 올라선 기둥은 개방된 공간에 리듬감을 불어넣는다.

누마루가 가진 수평 구조는 폐쇄적인 재사를
개방적인 공간으로 만든다. 여기에 창까지
열어 놓으면 시원함이 배가된다.

중심 공간으로 삼은 것은 조선 후기에 지어진 누마루 중심의 재사와 비교할 때 남흥재사가 가진 유구한 역사의 흔적이기도 하다.

다른 재사의 경우 누마루가 대청 맞은편에 자리하는 것이 보통이지만, 이곳에서는 대청과 누마루가 직각으로 만난다. 물론 이런 구조는 절을 개조해서 만들었다는 어쩔 수 없는 한계를 반영한 것이지만, 긴장감을 조절하여 건축적인 환호성을 만들어 내고, 유사有司가 전체 상황을 파악하면서 제사를 준비하는 데에도 필요하다. 즉 대청을 차지한 유사가 재사 내부는 물론이고 마을과 이어지는 골목까지 모두 시야에 둠으로 해서 제사 준비에 만전을 기할 수 있다. 종손이 제사를 집전하는 상징적인 존재라면, 유사는 실질적으로 제사를 준비하고 진행하는 책임자다. 종손은 한 명이지만, 유사는 규모에 따라서 숫자가 바뀔 수 있다.

누마루에 앉자 마음이 한결 여유롭다. 마음을 태운 시선이 누마루에서 쪽마루를 지나 대청으로, 대청에서 계단을 내려가 마당으로 파도를 탄다. 동선을 거꾸로 흐르는 눈길이 리듬을 타 신바람 난다. 긴장감 때문에 건축적 리듬을 의식하지 못했지만, 몸은 이미 그 리듬을 감지하고 있었던 것이다. 일단 몸을 일으키니 수직적인 압박에 숨죽이고 있던 흥이 주변의 작은 소품들이 돋우는 장단에 춤추기 시작했다. 외양간과 부엌으로 이어지는 좁은 길, 좁은 마당에서 힘껏 솟구쳐 오르는 건물, 그 건물 사이로 굴곡 있게 움직이는 길, 울퉁불퉁한 주춧돌과 댓돌, 세월의 흔적이 고스란히 남은 마룻바닥의 질감, 휘어져 올라간 기둥, 지붕을 짊어진 대들보, 그리고 유난히 화창한 하늘의 뭉게구름까지. 모두가 홀연히 리듬을 타고 움직이기 시작한다. 골목길을 올라왔을 때 사람을 주눅 들게 하던 커다란 지붕 선은 어느새 눈앞에서 리드미컬하게 움직이다 내려가고 그러다 다시 올라가고, 너무 높이 올랐다 싶으면 아래로 뚝 떨어져 단아한 지붕 선을 만든다.

형形을 파괴하고 상象에 이르다

지붕 선의 리듬을 타던 눈길이 아래로 뚝 떨어져 흡사 막사발을 연상시키는 주춧돌을 보는 순간, 숭고미가 떠올랐다. 칸트 Immanuel Kant가 미학을 종합하여 『판단력 비판 Kritik der Urteilskraft』을 쓰기 전까지 서양인들은 아름다움을 오로지 대상에서 찾았다. 그러나 칸트는 아름다움을 대상에서 독립시켜 개인이 대상에서 느끼는 주관적인 아름다움으로 전환시켰다. 이런 주관적인 아름다움은 작품을 만드는 작가주의가 태동하는 기반이 되었고, 칸트는 이전의 미학과 현대 미학의 다리 역할을 하게 된다. 작가의 천재성에 의지하는 현대 예술의 단초가 거기에서 출발한 것이다.

우리는 남흥재사에서 이를 지은 장인들의 손길을 직접 감상할 수 있다. 기우뚱하게 올라간 기둥, 분위기를 돋우는 대들보의 움직임. 한옥을 지은 목수는 꼭 저렇게 생긴 기둥과 대들보를 작정하고 만들지는 않았을 것이다. 그들의 눈에는 탁 보니 기둥감이고 탁 보니 대들보감이었을 것이다. 그들은 그저 제 흥에 맞추어 기둥을 세우고 들보를 세웠을 것이다. 자연이 그 숭고함을 드러내게 한 경유지는 목수의 흥이다. 그것이 이 답답한 공간에 해방감을 주고 생명력을 불어넣는다. 결국 긴장감을 해소하면서 건물의 완성도를 이룬 것은 조선 목수에게 내재된 우리의 리듬, 흥이 아니었을까?

남흥재사는 특별한 목적을 위해 지어졌지만 한옥이 가져야 할 미덕을 너무도 잘 표현해 내고 있다. 그 흥은 묘제를 지내는 이들에게 집안의 축제

(왼쪽) 목수들의 흥이 살아 있는 기둥은 누마루에 리듬을 더한다.
(위) 목수가 대들보를 저 모습 그대로 만들자고 한 것은 아닐 것이다. 대들보는 자연이 건축에 직접 개입한 흔적이다.
(아래) 대문을 들어섰을 때 만나는 복잡한 입구는 재사에 들어선 이들에게 긴장감을 부여한다.

에 참여하는 영광을 새기게 했을 것이다. 비가 오는 날이면 묘소에 오를 수 없는 후손들은 비가 긋기를 기다리다 이곳에서 묘제를 지냈을 것이다. 누마루는 선산의 위치와 깊은 관계가 있는데, 이곳에서도 누마루에서 보이는 산 쪽에 영양 남씨의 묘소가 있다. 보이는 것과 보이지 않는 것까지 치밀하게 고려한 것이다.

사물의 형상形象은 형과 상으로 이루어진다. 전통미는 단순히 밖으로 보이는 형에 집착하지 않는다. 그 안에 숨은 상을 찾아 드러낸다. 엄숙한 부처의 형을 파괴하여 나타난 우스꽝스러운 부처의 상을 통해 부처의 자애로움을 느끼게 하는 것이 우리의 마애불이 아니겠는가? 저 부재 하나하나에

유사와 종손의 방이 누마루와 함께 나란히 있다. 종손이 머무는 방 뒤쪽으로는 커다란 방이 있어서 일시에 여러 사람이 머물 수 있다.

정확한 수직과 수평을 주었다면, 지금의 흥을 만들어 낼 수 없었을 것이다. 저 큰 들보며 기둥을 들어 올리고 세우던 사내들의 건강한 근육미를 바로 그 들보와 기둥에서 읽어 낼 수 있지 않은가? 살림집도 아니고 무덤도 아닌 재사는 어차피 삶과 죽음 그 사이 어디쯤 세워진 우리의 흥일지 모른다. 묘제를 위해 이곳에 모여든 후손들은 생명력이 충만한 이곳에서 죽은 자들과 한바탕 축제를 벌였는지도 모를 일이다.

   재사가 가지는 엄밀한 계획성과 자연적인 리듬감을 매우 성공적으로 융화시킨 건물이 남흥재사다. 마애불을 보고 편안함을 느꼈던 이라면, 그 감동을 좀 더 극적으로 느끼고 싶은 이라면 한번 다녀올 만하다. 황홀한 석양 밑에서 묵묵히 그물코를 꿰는 어부의 모습처럼 그렇게 조선 목수는 묵묵히 자연이 주는 리듬감에 따라 집을 올렸을 것이다. 정교한 문화에 익숙한 외국인이라면 일본인이 그랬듯 우리보다 더 진한 감동을 받을 수 있는 곳, 그곳이 남흥재사다.

주소 | 경상북도 안동시 와룡면 중가구리 535(남흥길 100)
관람시간 | 09:00~18:00
관람료 | 무료
문의전화 | 경북미래문화재단 054-841-2434, 안동시청 문화예술과 054-840-5230

전통의 도시에서
즐기는 허브 체험

도산서원은 안동호를 끼고 있어서 굳이 건축이 아니어도 물과 산이 어우러진 풍광이 수려하다. 도산서원을 돌아보며 퇴계의 사유의 깊이를 가늠해 보고, 뒤쪽의 서원 경내까지 돌아본다면 뜻깊은 건축 여행이 될 것이다. 사람들은 안동에는 건축 문화재가 넘쳐 나지만, 안동댐과 이들 문화재를 빼면 딱히 가 볼 만한 곳이 없다는 불평을 하기도 한다. 경북관광개발공사는 이런 불만을 수렴하여 만여 평의 부지에 허브 테마 공원을 조성했다. 공원 이름은 공모를 통해 '온 뜰에 꽃을 피운다'는 뜻을 가진 '온뜨레피움'으로 정해졌다. 테마별로 조성한 허브 정원에는 100여 종의 허브가 물결을 이룬다. 진귀한 열대식물이 자라는 초록별 온실을 돌아보고, 아이들과 함께하는 동물원 쥬쥬월드로 가면 좋을 것 같다. 어린이들이 동물과 함께 시간을 보내기 좋은 체험형 동물원이다. 그 밖에도 전통 체험, 허브 체험 등 다양한 체험 프로그램을 운영하고 있어 가족이 함께 나선 나들이라면 시간을 보내기에 좋다.

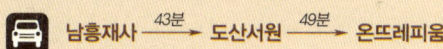

/ 영광과 좌절, 숙명을 끌어안다 /

정온선생
가옥

중요민속문화재 제205호인 정온선생가옥은 매우 고급스럽게 지어진 상류 주택이다. 이 집이 유명한 것은 정온과 정희량이라는 걸출한 두 인물 때문이다. 후손들은 정온을 통해 강직함을, 정희량을 통해 매사에 삼감을 배웠다. 이 고급스러운 집에는 그런 마음가짐이 잘 담겨 있다. 역적으로 내몰려 죽은 정희량이지만 후손들은 그에게도 추모하는 마음을 담아 집을 지었다. 사람을 압도하는 사랑채와 사랑채의 독특한 차양이 사람들의 시선을 끈다. 가까운 곳에 정온 선생을 기념하여 세운 재사, 모리재가 있어 함께 돌아볼 수 있다. 대한민국 명승 제53호인 수승대의 풍광이 가깝다.

영광과 좌절을 하나의 몸뚱이에 담다

집을 나서 거창으로 향하는 동안 모든 것이 평온했다. 첫새벽 신선한 공기가 몸속에 녹아드는 느낌이 좋았고, 평소 단조롭게만 여겨지던 고속도로도 오늘만큼은 막힘없이 내달려 좋았다. 그리고 차분하게 내려앉은 하늘까지. 그러니까 모든 것이 만족스러운 출발이었다. 아마도 삶에 대한 막연한 낙관은 이런 분위기에서 나오지 않을까? 무엇이든 잘될 것 같은 기분이었다. 하지만 동군산IC를 내려서면서 만족스럽던 모든 기분이 한순간에 사라지고 말았다. 느닷없이 시작된 복통 때문이다. 좀처럼 가라앉지 않던 통증은 정온선생가옥으로 가는 내내 동행하며 발걸음을 늦추었다. 지나고 보니 이는 어떤 암시 같은 것이었다.

마을은 예의 평화로운 모습이다. 이정표를 보고 언덕으로 올라서자마자 시야가 탁 터지면서 너른 들판이 나타난다. 적당한 산세가 강동마을을

마을을 두른 활달한 산세에서 굴곡진 정온 집안의 내력을 찾는 이도 있지만 마을에서 느껴지는 활력 또한 산세에 기대고 있다.

감싸고 있어 마음을 안온하게 한다. 이 안온함이 단조롭거나 지루하지 않은 것은 산세 덕분이다. 어떤 풍수가는 주변의 활달한 산세에서 굴곡 많은 정온선생가옥의 내력을 읽어 내기도 하지만, 평범한 감상객에게 산세는 그저 마을에 율동감을 너울지게 하는 기타의 울림통 정도로 느껴질 뿐이다. 냇물을 두르고 앉은 고택도 여유롭기만 하다. 한때는 방풍림에 가려져 있었을 고택이지만, 이제는 자신을 모두 드러낸 채 산발치에 앉은 모습이 마치 낚싯대를 드리운 노신사처럼 담담하고 평온하다. 정온선생가옥을 코앞에 두고 발길을 옆으로 돌린다. 맛있는 음식을 앞에 두고 아끼는 마음 비슷한 것이지만, 마을에 먼저 익숙해지면 마을 속 고택도 그만큼 익숙해지기 때문이다. 대도시 생활 속의 날 선 시선도 한결 따뜻해진다.

그렇게 마을을 먼저 둘러보고 고택으로 발걸음을 놓았다. 담장 위로 어금버금 머리를 내민 지붕을 눈으로 짚어 보며, 나지막한 건물에 다소곳이

산자락에 단정하게 자리 잡은 정온선생가옥. 멀리서 보면 사랑채가 그리 높아 보이지 않지만, 안에 들어서면 강단 있는 집안의 면모가 보인다.

지붕을 인 노신사의 이미지 정도를 상상했지 싶다. 그러나 솟을대문에 들어서는 순간 그런 상상은 여지없이 깨지고 만다. 높은 툇마루 탓일까? 기골이 장대하고 꽤나 권위적인 사내를 마주한 느낌이다. 예상을 벗어난 사랑채의 모습에 순간 당황해서 대문 주위를 벗어나지 못하고 서성거린다. 어쩌면 이는 정온선생가옥에 대한 선입견 때문일 수도 있을 것이다.

정온선생가옥은 역사상 뚜렷한 족적을 남긴 두 사람, 그러니까 동계 정온桐溪 鄭蘊, 1569-1641과 정희량鄭希亮, ?-1728의 영광과 좌절을 숙명처럼 안고 있다. 광해군이 영창대군을 죽이고 대군의 생모인 인목대비까지 죽음으로 몰고 가자 정온은 목숨을 걸고 이에 반대하다 결국 광해군의 노여움을 사서 문초를 당하고 죽을 지경에 빠진다. 그의 인품에 감동한 유생들이 들고 일어나 겨우 구명을 받지만, 그는 결국 제주도로 유배 가는 신세가 된다. 이후 인조반정이 성공하여 겨우 자유를 얻지만, 실천 유학자로서의 기질은 그에게 편안한 노후를 허락하지 않았다. 병자호란에 패하여 인조가 삼전도에서 청나라에 굴욕적으로 항복하자 이를 참을 수 없었던 정온은 목숨을 끊으려다 실패하고, 덕유산 자락 모리라는 곳에서 은둔했다. 그의 불안한 삶은 불천위라는 집안의 영광으로 마무리된다. 이렇듯 빛나는 집안의 영광은 오래가지 않았다. 이인좌의 난으로 더 잘 알려진 무신란戊申亂의 주역이 바로 정온의 현손(손자의 손자)인 정희량이다. 역모를 꾀했으니 가문이 온전할 리 없었다. 바람 앞의 등불이 된 집안을 살려 낸 것은 죽은 정온이었다. 세상은 목숨을 걸고 직언하던 실천 유학자 정온을 잊지 않고 있었다. 정희량의 죄야 용서할 수 없지만 충신 정온의 제사를 끊기게 할 수 없다는 의견이 받아들여진 것이다. 지금의 정온선생가옥은 후손에 의하여 1820년에 다시 지어진 것이다.

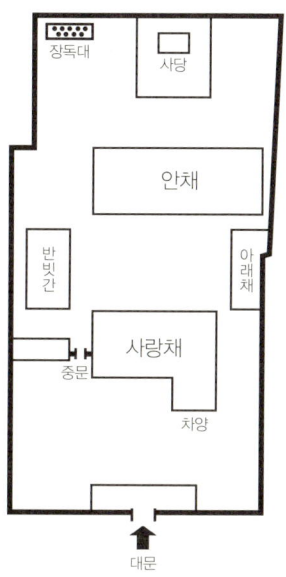

(아래) '호두 껍데기처럼 단단한 질감'. 사랑채를 마주한 이에게 담담히 던지는 정온 선생의 선문禪問이다.
충신과 역적, 정온과 정희량 두 인물의 기상이 하나의 건물에서 만났다. 언뜻 건물 좌우의 공간감이
기우뚱하게 느껴지는 것은 차양으로 깊어진 누마루의 공간감 때문일 것이다.

차양에 담긴 후손의 자부심

사랑채의 모습에 당황한 까닭은 당당함이다. 너무 당당하여 반역을 시도하다 겨우 목숨을 부지한 정희량의 후손이 지은 집이라고는 차마 상량할 수 없었다. 중문채가 사랑채 옆으로 나란히 지어져 수평선을 만들지 않았다면, 솟을대문을 들어선 사람은 크고 고급스러운 사랑채의 위세에 틀림없이 심리적으로 움츠러들고 말았을 것이다. 그렇지만 사랑채에서 느껴지는 위압감은 우뚝 솟은 건물의 높이 때문만은 아니다. 한옥의 지붕 중에서 가장 아름다운 곡선을 연출하는 팔작지붕을 이고 있지만, 이 집 지붕의 처마 선은 단숨에 붓으로 그은 듯 一(일)자에 가까워 매우 단호해 보인다. 산세도 출렁이는 곳이어서 추녀를 들어 올려 아름답게 할 만하지만 그렇게 하지 않았다. 집 안을 돌아보고서야 그 까닭을 알았다. 그러니까 사랑채 지붕 선의 단호함은 안채의 지붕 선으로 이어지고, 다시 정온을 모신 사당의 맞배지붕으로 연결된다. 돌아보면, 이 집의 지붕에 담긴 결연함은 사당의 지붕 선에서 출발한 듯하다. 간결하지만 경건해 보이는 사당의 이미지를 화려한 사랑채와 안채의 팔작지붕에 옮겨 놓은 것이다. 경건하되 당당하여, 강직한 정온의 기상을 이보다 더 잘 표현해 낼 수는 없을 것이다.

사당에서 시작된 지붕 선의 이미지를 확인하기 위해 거꾸로 돌아 나오니 엉뚱하게 누마루의 차양이 눈길을 잡는다. 여름이 무더운 한반도 기후의 특성상 우리 조상들은 여름 햇볕을 피하기 위해 처마를 길게 늘이는 등 갖은 노력을 기울여 왔다. 그런 노력의 결과가 차양이다. 소나무 가지를 가져다 처마에 덧대어 차양을 만들어 쓰기도 했는데, 이것이 바로 송첨이다. 고래 등 같은 기와집에 자주 등장하는 부연도 이런 노력의 결과다. 당시 힘

(위) 솟을대문 안에서 의관을 갖춘 선비처럼 자리를 지키는 사랑채.
(아래) 불천위를 모신 사당. 이 집 지붕 선의 시작점이다.

센 관리는 서까래에 부연을 덧대어 자신의 위세를 드러내기도 했지만, 부연은 조선 시대 민가에서는 사용할 수 없던 부재다. 따라서 이 집의 차양은 부연을 대신해 설치한 것이다. 위태롭게 집안을 보존한 사정을 생각하면 처마에 부연까지 쓰기는 힘들었을 듯하다. 결국 사랑채 누마루에는 정희량의 그늘이 드리워져 있다. 정온의 의기가 지붕의 처마 선에 담겨 있다면, 누마루 차양에는 정희량의 죽음이 준 가르침, 스스로 조심하고 단속하는 마음이 담겨 있다. 그러나 누마루의 처마에서는 정희량에 대한 후손들의 원망이 보이지 않는다. 오히려 차양 위 누마루의 지붕 선은 매우 강렬한 인상을 준다. 강동마을 전체에 생동감을 주는 주변의 산세까지도 제압할 기상이다. 용마루는 마치 하늘로 승천할 기세다. 수평선이 강조된 지붕에서 단연 돋보일 만하지만, 차양에 가려진 용마루는 쉽게 눈에 띄지 않는다.

  수평선에 가까운 지붕 선이 실천 유학자 정온의 강직함을 나타낸다면, 누마루 위에서 힘차게 솟구치는 용마루는 거사에 실패한 정희량에 대한 자손의 회한이 아닐까? 인조반정이 일어나지 않았다면, 정온 역시 반역의 이름을 받지 말라는 법도 없었을 것이다. 어쩌면 충신과 역적은 샴쌍둥이처럼 한 몸에서 나온 두 얼굴은 아닐지. 후손은 그런 이야기를 하고 싶었던 것이 아닐까? 느닷없는 복통처럼 시간이 지나면 이 악몽 같은 현실이 좀 나아지리라 생각하지 않았을까? 그런 조상에 대한 자신감을 용마루에 숨기고 차양으로 가렸을 것이다. 잠깐 이야기를 나눈 종손의 말에 따르면, 최근 들어 정희량에 대한 후손들의 재조명이 시작되었다고 한다. 차양이 오늘날 정온선생가옥의 대표적인 이미지로 남아 있는 것은 이 건물을 지은 이의 예지일지도 모른다.

사랑채의 장식적인 창호와 계자난간이 누마루를 고급스럽게 만든다.
절제를 되새기며 설치했을 차양마저 누마루를 돋보이게 한다.

건물 구조에까지 드리워진 조상의 그늘

누마루에 덧대어 만든 차양은 그 독특함도 독특함이지만, 골조가 매우 섬세하다. 분명 처마를 먼저 만들고 차양을 덧붙인 듯한데, 가만히 보면 짧은 처마가 이미 차양의 자리를 예비한 듯하다. 그렇다면 정온선생가옥의 지붕선은 다분히 의도적이다. 건물의 섬세함은 차양이 아니라도 건물 여기저기에서 만날 수 있다. 한옥은 일일이 손으로 나무를 깎아 장부(나무를 잇기 위해 이음 부분을 깎아서 암수로 만드는 부분)를 만들고 이를 이어 짓는 수공예품이다. 불천위를 모신다는 긍지 때문이기도 하겠지만, 이 집은 한옥이 가지는 섬세함을 매우 다채롭게 보여 준다. 사랑채 툇마루에 두른 계자난간(난간 기둥이 닭 다리를 닮아 붙여진 이름), 방마다 다른 독특한 창호 살, 문간채에 달린 광창, 부엌에 설치한 꼼꼼하고 미려한 살대, 어느 것 하나에도 빈틈을 두지 않았다. 이런 섬세하고 세밀한 아름다움이 누마루 차양에서 하나가 된다면, 이 집이 가지는 단호함은 사당의 지붕 선에서 하나가 된다.

안채 역시 정숙한 여인처럼 단정하고 단호하다. 일자 건물이지만, 공간을 풍성하게 하여 단조롭지 않다. 부엌-방-대청-방- 간이 누마루로 이어지는 공간 활용은 한옥의 활달함을 잘 간직하고 있다. 부엌에 붙여 지은 반빗간(집에서 반찬을 만드는 곳)에서는 그 크기로 보아 반역의 오명을 잘 극복하고 집안을 성공적으로 일으킨 후손의 자부심도 묻어난다. 그 자부심은 늘 경계심과 함께한다는 것을 전체 건축에서 읽어 낼 수 있다. 높은 툇마루와 방이 두 줄로 늘어선 겹집 형태가 정온선생가옥에만 있는 것은 아니지만, 남쪽 한옥의 특징 중 하나인 높은 툇마루는 정온의 높은 기상과 강직함을 드러내기에 알맞고, 안채까지 두 줄로 방을 들인 모습에서는 집안의 말이 밖으로 새어 나가지 않게 단속하려는 경계심도 엿보인다. 결국 이 집은, 처마에서 집의 구조에 이르기까지 정온과 정희량이라는 두 인물을 숙명처럼 품고 있다. 그렇다면 이 집의 테마는 집안의 두 인물이 던져 준 훈육이 아닐까?

하루를 정리하고 집을 나서는 순간 사랑채에 걸린 두 개의 현판이 눈을 잡는다. '忠信堂(충신당)'이라는 현판은 제주도로 유배 갔던 추사가 정온을 기려 훗날 적어 주었다고 한다. 추사만큼 정온을 잘 이해한 사람도 드물 것 같다. 그 옆에 나란히 걸린 현판 '某窩(모와)'는 나라를 빼앗긴 불우한 왕족 이강(李堈, 1877~1955)이 썼다고 한다. 두 현판을 직역하면 '충신이 사는 집'과 '아무개가 사는 집'이라는 정도의 뜻이다. 병자호란의 패배를 참지 못했던

(위) 안채의 지붕 선도 집안의 내력을 따라 강한 의지를 품은 모습이다.
하지만 안채는 공간 구성에 변화를 주어 고택을 감상하는 이에게 즐거움을 준다.
(아래) 부엌 옆에 자리한 반빗간. 벽을 나무로 대서 내부 환기에 신경을 썼다.
커다란 반빗간에서는 집안을 일으킨 후손의 자부심이 묻어난다.

(위) 문간채 방에 난 광창. 방바닥으로 떨어지는 한 조각 달빛이 그려진다.
(아래) 옛 부엌의 모습이 그대로 살아 있다. 고급스러운 창살 등
부엌에도 많은 정성이 들어갔다. 벽면에 걸린 주걱이 유쾌하다.

(왼쪽) '충신당'. 제주도 유배의 아픔을 아는 추사의 글씨다.
(오른쪽) '모와'. 정온이 숨어든 덕유산 자락의 '모리'를 뜻한다고는 하지만, '아무개의 집'이라는 단순한 뜻이 훨씬 마음에 와 닿는다. 현판을 받치고 있는 난간 때문에 그 의미가 훨씬 깊어진다.

정온의 마음과 세상을 바꾸려던 정희량의 마음 사이에서 이강은 어떤 생각을 했을까? '아무개가 사는 집'이라는 현판이 마음을 두드린다. 나란히 걸린 현판은 좀처럼 끝나지 않을 이 집의 운명을 마치 어떤 은유처럼 마음에 남긴다. 아랫배에 잠시 통증이 느껴진 것도 같다.

정온선생가옥은 거창에서 멀지 않은 함양의 일두고택과 여러 면에서 흡사하다. 지어진 시기와 지역, 그리고 실천 유학자의 삶을 살았던 조상에 대한 긍지까지. 그러나 건물이 주는 뉘앙스는 많이 다르다. 비슷한 건물이 짓는 사람에 따라 어떻게 달라지는지 그 차이를 읽어 내는 것도 즐거운 한옥 읽기가 될 것이다.

주소 | 경상남도 거창군 위천면 강천리 50-1(강동1길 13)
관람시간 | 10:00~17:00
관람료 | 무료
문의전화 | 거창군청 문화관광과 055-940-3420

수승대의 풍광 속에서 읽는 퇴계의 시

정온선생가옥을 나설 때쯤이면 생각이 많아져 발걸음이 쉬이 떨어지지 않는다. 옆에 붙은 조선 후기 살림집인 반구헌을 기웃거린 것은 그 때문이다. 지방 문화재인 반구헌은 현재 대문채와 사랑채만 남아 있어 구경하기에는 너무 단조롭다. 반구헌에서 잠깐 머리를 식히고 나와 진짜 가야 할 곳은 모리재다. 동계 정온이 죽은 뒤 그를 기려 지역 유림들이 지은 건물이다. 모리재는 재실이 남부 지방의 민가 형식을 띠고 있어 눈길을 잡는 건축물이다.

모리재를 보았다면 이제 수승대로 향하자. 수승대가 옛날부터 절경으로 이름을 높일 수 있었던 것은 산이 깊기 때문이다. 퇴계는 보지도 못한 수승대의 경치를 칭송하며 시까지 남겼다고 한다. 계곡 중간의 거북바위에는 숱한 사람들의 이름이 새겨져 있는데, 퇴계의 시와 이름도 확인할 수 있다. 현재는 관광단지로 개발되어 풍광이 옛날만 못하다고 하나, 하루 쉬어 가기에는 그만큼 편해졌다는 의미이기도 하다. 무주스키장이 가까워 겨울 여행도 나쁘지 않다.

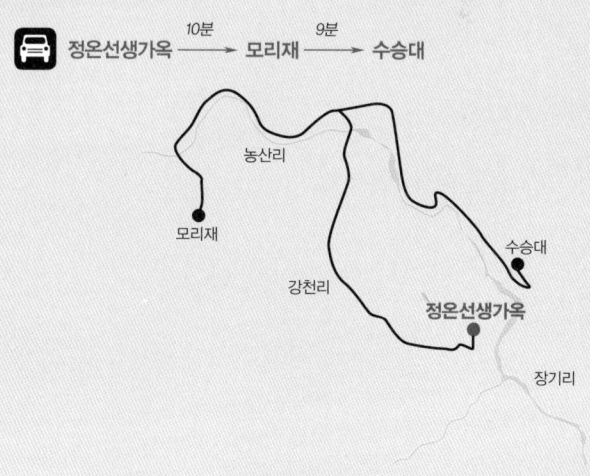

틈으로 완성하다

일두고택

틈은 일두고택의 테마다. 빈틈없이 지은 사랑채에 완결미를 더하는 것은 좋은 부재가 아니라 주변을 두른 어수룩한 담장이다. 문틈, 건물 사이의 틈, 그리고 자연까지 담아내는 마당의 틈. 일두고택에서 틈은 다양하게 나타난다. 정여창이 동방오현東方五賢으로 존경을 받는 것도 그의 엄격한 유학자의 면모 뒤에 숨은 인간적인 성품, 바로 그 작은 틈 때문이 아닐까? 그를 모신 남계서원이 가깝다. 남계서원-청계서원-허삼둘가옥으로 이어지는 건축 기행과 함께 함양예술마을로 이어지는 여행길이 풍성하다. 여행은 우리의 삶을 가능하게 하는 작은 틈이 아닐까?

졸고 있는 늙은이, 그리고 임마누엘

임마누엘 칸트. 임마누엘이라는 이름이 주는 어감이 좋다. 칸트보다는 임마누엘이라고 부르는 쪽이 철학자의 성품을 훨씬 따뜻하게 한다. 마을 사람들이 그의 산책 시간에 시계를 맞추었다는 일화는 그를 매우 까다롭고 빈틈없는 사람으로 여기게 한다. 그러나 생활 속의 임마누엘은 오히려 이웃들과 소소하게 이야기 나누기를 좋아해서, 그가 죽고 난 후 이웃들은 그를 철학자로 기억하기보다는 재치 있고 호감 가는 이웃으로 추억하기를 좋아했다. 그런데 느닷없이 왜 칸트일까?

지곡IC를 지나자 불과 몇 분 만에 일두고택이 있는 개평마을에 도착했다. 마을이 댓잎 네 개를 붙인 介(개)자 모양이라고 하여 붙여진 이름인데, 돌담이 댓잎처럼 포개져 이어지는 마을에 어울리는 이름이다. 고택에 이웃한 언덕에 오르니 동심원을 그리며 퍼져 나가는 산세의 중앙을 차지한 마을이 한눈에 내려다보인다. 산세 때문에 아늑해진 분지 마을에서 수옹 정여창睡翁 鄭汝昌, 1450-1504의 따뜻한 성품을 감지하고, 언덕을 내려와 천천히 일두고택으로 향한다. 박석이 깔린 돌담길을 가벼운 마음으로 걸어온 사람이라면 시나브로 대문에서 발걸음을 멈추게 된다. 발길을 멈추게 한 것은 솟을대문 안의 홍살문이다. 홍살문 위에는 시기를 달리하여 나라에서 내린 다섯 개의 정려패가 걸려 있다. 충과 효라는 시대적 도덕 실천에 남달랐던 집안의 내력을 한눈에 알 수 있다.

정여창은 명성에 비하면 글을 거의 남기지 못했다. 정여창이 사화에 연루되어 곤경에 빠지자 가족은 피해를 최소화하기 위해서 그의 글을 모두 불살라 버리고 말았다. 만약 그의 글이 제대로 남아 있었다면, 그의 학문적

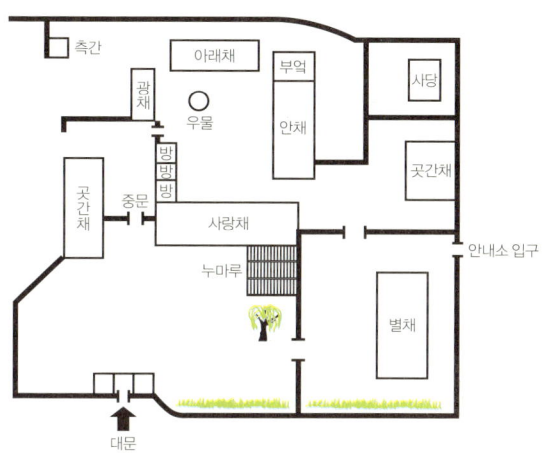

돌담을 따라가다 보면 박석에 부딪히는 구두 소리가 훌쩍 앞서 걷는다. 어느새 도착한 일두고택. 이번에는 돌담이 먼저 집안으로 들어선다.

(위) 실천 유학자 정여창을 따르던 집안의 내력이 솟을대문과 솟을대문 안쪽에 세워진 홍살문에 숨어 있다. 홍살문을 못 보고 지나치는 사람이 의외로 많다. 꼭 확인해 보자.
(아래) 일두고택의 솟을대문. 솟을대문 안쪽으로 붉은색을 칠한 얇은 기둥이 홍살문이다. 그 위로 정려패가 보인다.

성과가 좀 더 또렷하게 역사에 기록됐을 테지만, 실천을 중시하던 당시 유학에서 그의 삶은 그 자체만으로도 큰 산이 되었다. 동방오현 중 한 명으로 존경을 받게 된 까닭도 거기에 있다. 그래서 그에 관한 전설적인 이야기들이 실록 등에 여럿 전해 내려온다. 무관인 아버지가 난을 일으킨 이시애에게 죽임을 당하자 전쟁터까지 달려가서 악취가 진동하는 시신들을 일일이 들춰 보고 아버지의 주검을 수습해 돌아왔다든가, 전염병에 걸린 어머니를 바로 옆에서 지극정성으로 돌보면서도 전염병에 걸리지 않았다든가 하는 이야기들이다. 한술 더 떠서 어머니가 소 잡는 일을 보고 놀랐다는 이유만으로 평생 소고기를 먹지 않았다고 할 정도니, 조선 시대 유교를 뿌리내리는 데에 남다른 기여를 한 것만은 틀림없어 보인다.

그의 미담에 감동한 임금이 정여창에게 여러 번 벼슬을 내렸지만 그는 번번이 이를 거절하였다. 당연한 일을 하고 이를 구실로 벼슬을 얻는 것이 옳지 않다는 이유에서였다. 그래도 거듭 벼슬이 주어지자 그가 선택한 길은 과거였다. 이유는 단지 그것이 도덕적으로 정당하기 때문이었다. 누구에게나 주어진 공정한 길을 가는 것. 이처럼 일관된 도덕적 태도가 임마누엘을 떠올리게 한 것이다. 임마누엘 칸트는 영원히 선한 것은 '선하려고 하는 의지'밖에 없다고 하며, 의지적인 도덕 실천을 중요시했다. 동정으로 거지에게 돈을 주어서는 선한 것일 수 없으며, 그것이 옳기 때문에 돈을 주어야 한다는 것이다. 즉 옳은 일을 하려는 의지, 오직 그것만이 그에게 도덕적인 것이었다. 죽기 나흘 전, 주치의가 방문했을 때 임마누엘은 병석에서 나와 서서 의사를 맞았다고 한다. 당황하던 의사가 앉고 나서야 몸을 누였다는 그의 일화에서는 동양 군자의 일면을 보는 것 같다. 정여창의 삶이 임마누엘의 그것과 겹쳐지는 까닭이다. 그래서 좀벌레를 뜻하는 일두蠹보다는 정여창의 또 다른 호인 수옹睡翁이 더 마음에 와 닿는다. 자신을 한 마리 좀벌레에 비유한 결연한 겸양보다는 '졸고 있는 늙은이'라는 빈틈 많고 수수한 겸양이 정여창을 훨씬 인간적으로 만들기 때문이다.

우리 건축이 도달한 우월한 경지

홍살문을 감싼 솟을대문을 들어서면, 골목길을 따라 동행하던 담장이 집 안으로 그대로 이어진다. 건축 재료가 때로 공간을 나누는 기준이 된다는 점을 헤아리면, 이는 집의 안과 밖이 다르지 않다는 건축가의 내면세계를 드러내는 것이 아닐까? 그렇다면, 집은 집 밖의 세계와 다르지 않기에 자연 안의 자연이고 우주 안의 우주인 셈이다. 실제 일두고택의 사랑마당에는

꽤 큰 석가산(돌로 쌓은 가짜 산)이 자리한다. 사랑마당은 자신의 일부를 떼어 내 작은 틈을 만들고 거기에 자연을 들였다. 마당이 자연을 품은 것이다.

마당이 자연을 담았다면, 건물은 우주를 품었다. 누마루는 네모 기단으로 땅을 딛고, 원기둥으로 하늘을 받쳤다. 그 사이의 팔각기둥이 땅과 하늘을 잇는다. 하늘과 땅, 그리고 사람. 누마루는 천지 만물을 하나로 담아낸 것이다. 우주의 중심을 선언한 만큼 사랑채는 건축적으로 완벽하게 느껴진다. 창과 문으로 밀봉된 사랑채에는 어떤 틈도 보이지 않는다. 비어 있기 마련인 누마루와 대청, 그리고 툇마루 아래까지도 나무 판을 둘러쳤다. 인방 위에는 소로(작은 접시 모양의 부재)를 얹어 집의 격을 높였다. 툇보(툇마루 쪽의 짧은 보) 역시 유려한 곡선으로 힘이 넘쳐 집의 완벽함을 거들고 나선다. 이 모든 것이 건물을 마주한 사람을 압도한다. 이 때문에 오히려 답

틈이 보이지 않는 사랑채. 사랑채를 지은 이는 완벽주의자였는지도 모르겠다. 날렵하게 올라간 지붕 선이 더 자유롭게 느껴지는 까닭이다. 석가산의 외로운 소나무는 외로움을 훌훌 털어 버리고 날아오를 기세다.

(왼쪽 위) 사랑채는 건물로서의 완성도가 매우 높다. 우람한 툇보, 툇보를 받기에 모자람이 없는 굵은 두리기둥. 툇마루에까지 해 단 고급스러운 난간. 언뜻 보아도 세심하게 신경을 쓴 건물임을 쉽게 알 수 있다.
(오른쪽 위) 두리기둥이 반복되며 건축에 힘을 더한다. (왼쪽 아래) 툇보는 유려한 선으로 집의 완성도를 높인다.
(오른쪽 아래) 하늘과 땅 그리고 사람. 사랑채는 우주의 중심을 선언한다. 네모 기단과 원기둥 사이의 팔각기둥이 땅과 하늘을 잇는 역할을 한다.

답함이 느껴진다. 어쩔 수 없이 눈길이 쉴 틈을 찾아 주변으로 움직인다. 완전함이란 부족함이 없는 것이 아니라 부족함을 포함하는 것이다. 이는 여백을 중시하는 한옥의 미덕이며, 우리 건축이 도달한 매우 우월한 경지다. 사랑채에는 여백이 모자란다.

그리하여 너무 완벽한 사랑채가 건축적인 완결미를 얻기 위해서는 주변에 의지할 수밖에 없다. 별채로 들어가는 문은 담장을 끊어 놓은 것이어서 허술하기까지 하다. 담장이 높지도 않기에 실용적이지 않아 보인다. 허점투성이어서 사랑채의 모습과 대조적이다. 그러나 이 허술한 담장이 없었다면, 집에 들어선 사람은 사랑채의 단호함에 숨도 쉬기 어려웠을 것이다. 이 틈이 있어 사랑채가 전체적으로 살아난다. 결국 사랑채의 완결미를 살려 낸 것은 사랑채 자체의 완전함이 아니라 낮은 담장과 담장을 끊어 만든 틈이다. 별채의 담장을 사랑채와 함께 지은 것이라면, 사랑채를 지은 이는 이를 감안했을 것이다. 사랑채와 둘레를 전체적인 안목으로 하나로 묶은 것이다.

이제 일두고택의 틈을 따라가 보자. 담을 끊어 만든 문을 지나면 별채다. 이곳은 처음에는 안사랑채로 알려졌지만, 사랑채에서 안이 훤히 들여다보여 안채에 속한 사랑채라고 보기는 힘들다. 사내들의 비밀스러운 엿보기를 의도적으로 유발할 발칙한 생각이 아니라면 그럴 까닭이 없다. 아마도 사랑채의 손님들은 술자리가 길어져 돌아갈 때를 놓치면 이곳에서 잠을 청했으리라. 그런데 재미있는 것은 별채와 안채를 나누는 담장도 그리 높지 않다는 점이다. 안채의 여인들은 이따금 담 너머에서 들려오는 사내들의 목소리를 통해 바깥소식을 들었을 것이다. 낮은 담장이 틈으로 작용

(위) 담장을 끊어 만든 문은 틈으로서 고택의 운율을 살려 내고, 집 전체의 완성도에도 영향을 준다.
(아래) 안채와 사랑채의 중간에 위치한 별채는 밤길을 놓친 주객이 하룻밤 신세를 지는 사랑방이었을 것이다.

하고 있다. 결국 이 틈을 통해 별채가 안채와 이어진다. 이 집에서 틈은 중요한 건축적 테마다. 틈은 늘 닫힘을 동반한다. 닫혀 있지 않으면 틈이 있을 수 없기 때문이다. 하지만 닫힘 역시 틈 없이는 있을 수 없다. 노자는 비움의 중요성을 강조하여 '바퀴통'을 이야기한다. 바퀴가 구르기 위해서는 바퀴살을 꽂는 바퀴통이 필요한데, 그 바퀴통은 늘 비어 있기 때문이다.

멀리 별채와 안채를 나누는 담장과 문이 보인다.
일두고택에서 공간의 밀도가 제일 큰 곳이다.

채와 채를 잇던 틈이 해체되다

일두고택에서 건축적으로 공간의 밀도가 가장 높은 곳은 안채와 별채 사이다. 별채에 들어가서 몸을 왼쪽으로 틀면 건축적으로 꽉 채워진 공간이 나타난다. 사랑채, 안채, 곳간, 사당, 그리고 지금 서 있는 별채까지 일두고택의 모든 건물이 안채와 별채를 가르는 낮은 담장을 중심으로 한곳에 모여 있다. 일두고택에서 공간적인 밀도가 가장 높은 영역이다. 낮은 담장이 바퀴통 구실을 하기 때문에 가능하다. 담장이 조금만 더 높았다면, 공간의 밀도감은 현저하게 떨어져서 안채와 별채, 사랑채가 전혀 별개의 건물로 느껴졌을 것이다. 사랑채에서 사당으로 이어지는 길과 안채에서 곳간으로 이어지는 길도 여기에서 교차한다(좀 더 정확하게 말하자면, 담장 안쪽 곳간 마당이다. 그러나 담장과 붙어 있어 담장과 하나로 느껴진다). 여인의 공간인 안채와 바깥 사내들의 공간인 별채가 낮은 담을 사이에 두고 만나 긴장감도 매우 높다. 공간의 밀도와 긴장감이 가장 높은 곳이지만, 이 긴장감은 안채로 들어가면서 해체된다.

틈이 사방으로 퍼지면서 안채는 틈에 에워싸인다. 그래서 사랑채와는 전혀 다른 공간감을 가진다. 봉해진 ㅁ자 한옥의 모퉁이를 모두 끊어 안채를 틈이 에워싼다. 이제 틈이 공간 이용을 주도한다. 그리하여 안채 마당은 사방으로 통한다. 안채가 집 안의 베이스캠프 역할을 할 수 있는 것도 바로 틈 때문이다. 역설적이게도 건축적으로 일두고택을 지배하는 것은 밀봉된 사랑채가 아니라 탁 트인 안채다. 사랑채의 건축 기준도 안채에 있다. 안채 기단에 맞추어 사랑채 뒷면 높이를 결정하고, 사랑채 앞쪽으로 난 경사지에 높은 기단을 세웠다. 안채는 사방으로 이어지는 틈을 통해 집 안 어느 곳으로도 통한다.

이런 넘쳐 나는 틈에 대한 반발이 사랑채의 닫힘을 조장했을지도 모른다. 하지만 사랑채라고 틈 없이 완성될 수 있는 것은 아니다. 사랑주인은 사랑채에 통쾌한 틈 하나를 준비했다. 중문마당에는 사랑의 작은 대청이 있는데, 대청 앞에 낯선 물건이 있다. 여물통과 그 위를 가린 나무 판이다.

이곳에 들어와 이를 처음 본 사람들은 고개를 갸웃거린다. 이게 무엇일까? 해설사의 이야기에 따르면, 사랑채 뒷면인 이곳에서 사랑채 술손님들이 나와 대청에 선 채로 소변을 보았다고 한다. 그 이야기를 듣는 순간, 지속되어 오던 긴장감이 빵 터지고 만다. 완벽함을 강조하던 사랑채 뒤에 커다란 틈이 있었던 셈이다. 일두고택의 틈은 이렇듯 여러 가지 모습으로 나타난다.

마당이 틈을 만들어 자연을 들인 것처럼, 사랑채 역시 틈을 배후에 두고 우주를 담은 모습이다. 닫힌 우주는 온전할 수 없다. 그리하여 일두고택을 감상하는 이는 사랑채와 안채 모두를 보아야만 한다. 수옹이 안음 현감으로 있을 때의 이야기다. 안음현에서 노인들을 위한 경로잔치가 있을 때면,

집 안의 베이스캠프 구실을 하는 안채는 틈으로 에워싸여 있다. 틈은 일두고택의 중요한 테마다.

해설사의 설명에 따르자면, 작은 대청 앞의 여물통은 사랑채의 손님이 소변을 해결하던 해우소다. 발상이 독특하다.

정여창은 현감이라는 지위를 버리고 직접 나서서 노인들을 대접했다고 전해진다. 그의 집에는 백여 명의 노비가 있었다고 하는데, 그들과도 평생 다툼 없이 화기애애하게 살았다고 하니 여기서 이웃과 정겹게 지내던 칸트의 이미지와 하나가 된다. 안채는 정여창이 세상을 떠나고 한 세기가 지난 1690년경에 지어졌고, 다시 한 세기 반이 지난 1843년에 사랑채와 별채가 지어졌다. 정여창의 철학적 면모를 집에서 읽어 내기에는 세월의 틈이 너무 크다. 그러나 이익으로 빈틈없이 움직이는 우리 시대에 고택이 전해 주는 메시지는 작지 않다.

현재 별채 뒤쪽 담장에는 문화재 안내소로 이어지는 개구부(구멍)가 뚫려 있다. 말하자면 담장을 뚫어 문을 만든 것인데, 이곳에서 바라보는 사랑채의 모습이 일품이다. 일두고택이 가진 틈의 매력을 센스 있게 살린 듯해서 보기 좋다. 이 틈이 원래부터 있었을 리 없기에 훼손이라고 해야 하겠지만, 건축의 전체적인 흐름에서 보면 매우 감각적인 훼손이다. 툇마루에 햇살이 떨어져 따뜻하다. 오수라도 즐기고 싶은 오후다.

주소 | 경상남도 함양군 지곡면 개평리 262-1(개평길 50-13)
관람시간 | 10:00~17:00
관람료 | 무료
문의전화 | 함양군청 문화관광과 055-960-5163

일두고택의 틈을 이은 남계서원

남계서원에서는 일두고택의 사랑채에서 만났던 커다란 틈을 다시 한번 볼 기회가 주어진다. 명륜당 뒤편 쪽마루 구석에는 하얀 변기가 이물스럽게 놓여 있다. 그리 좋아 보이지도 않고 문화재에 무슨 짓인가 싶지만, 일두고택의 오줌통을 보고 온 뒤서서 헛웃음이 나오고 만다. 청계서원이 이웃해 있어 함께 볼 수 있다. 함양에는 꽤 유명한 살림집이 하나 더 있다. 허삼둘가옥이다. 허삼둘은 여자인데, 집에 여인의 이름을 붙인 것은 시집올 때 많은 돈을 가져와 집안을 일으켰기 때문이다. 안채의 중심에 부엌을 두어 좌우 대칭으로 집을 지었는데, 그 모습이 특이해서 유명세를 탔다. 그러나 이 창의적인 한옥이 누군가 일부러 지른 불에 상처를 입었다. 그래서 마당에 들어서면 을씨년스럽기까지 하다. 그러나 건물의 골조와 공간은 그대로 남아 있어 시간을 내서 볼만하다.

함양은 산이 깊어 아름다운 곳이 많다. 사람들에게 많이 알려지지 않았지만 용추계곡이 특히 아름답다. 용추자연휴양림도 있어서 자연 속에 몸을 담그고 넉넉한 마음으로 쉴수 있다. 오토캠핑장이 있어서 가까운 사람과 함께 나들이하기에는 더없이 좋다. 근처의 함양예술마을에서는 동양화는 물론이고 유리 공예까지 직접 경험해 볼 수 있다.

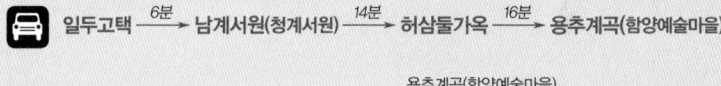

은밀한 세상으로 들어가다

밀양
향교

향교는 대표적인 규범 건축이다. 나라에서 읍마다 설치했던 국립학교여서 건축가의 창의성이 개입될 여지가 별로 없었다. 유학의 교주인 공자를 모시는 제사 영역과 유학을 배우는 강당 영역이 모두 정형화되어 있어 건축가들은 향교에 그리 호감을 갖지 않는다. 그러나 규범이 주는 아름다움을 읽어 낸다면, 종묘에서 느낀 감동을 재현할 수 있는 곳이 향교다. 경상남도 유형문화재 제214호인 밀양향교는 규범미에 세월의 흐름까지 담아낸 빼어난 건축물이다. 돌에서 쇳소리가 나는 만어사의 경석과 한여름에도 얼음이 어는 얼음골의 신비스러운 여행이 건축 기행에 이어질 것이다.

익숙하지만 낯선 건축

밀양密陽이라는 말에는 무언가 마음을 적시는 힘이 있다. 정확하게 짚어 내기는 힘들지만 어떤 마음 저림, 그러니까 지나간 인연에 대한 아련한 감정 같은 것인데, 이를테면 잊고 있던 누군가 이곳 어딘가에 도사리고 있을지도 모른다는 불안감이나 기대감 같은 것이다. 밀密은 은밀함을, 양陽은 세상을 뜻하니 밀양이라는 말 자체가 무언가 은밀한 세상을 태생적으로 안고 있다. 이곳에 오는 사람 누구나가 이 모호하고 아릿한 상념에 젖어 들지도 모를 일이다.

전통 건축을 하는 많은 이들에게 향교는 잊힌 곳이다. 그리하여 향교는 외롭다. 전통 건축에 대한 에세이가 쏟아지고 있지만, 향교에 애정을 가진 글을 찾기가 쉽지 않다. 같은 규범 건축이라고 해도 사찰은 장엄미를 내세워 건축을 조형예술의 수준까지 승화시켰고, 서원은 이를 경영한 사람의 건축적 안목을 녹여내 이따금 독창적인 건축의 아름다움을 성취해 내기도 한다. 이에 비해 향교는 이렇다 할 조형미를 갖추지도 못한 데다 전국적으로 교동이나 명륜동이라는 마을 이름이 생길 정도로 흔한 국립학교이다 보니 개인적인 창의성이 들어갈 여지가 적었다. 이 때문에 건축가들의 주목을 받지 못하고, 일반인들의 시야에서도 밀려난 처지다. 그러나 우리가 놓치지 말아야 할 것은 규범을 지킨 건물에는 규범에 의해 도달한 아름다움이 있다는 점이다. 엄격한 규범 건축인 종묘가 세계문화유산에 등재된 까닭이다.

어쩌면 이곳으로 오는 내내 의식을 지배한 아련한 감정의 정체는 향교에서 출발한 것인지도 모른다. 어릴 적 마을에서 처음 만났던 향교의 기억(살림집을 제외하고는 전통 건축에 대한 첫 경험이다)이 세월 속에서 잊히자,

향교는 스스로 자신들의 은밀한 세계를 만들고 있었는지도 모른다. 그러니까 이 미묘한 감정의 정체는 오래된 기억의 층위를 밀고 올라오는 추억 같은 것이다. 그것이 밀양이라는 이름으로 자신을 드러내고 있는지도 모른다.

　밀양향교는 옥교산 중턱에 앉은 채 바람이 실어 오는 세월을 맞고 있다. 한옥 마을 뒤편에 자리한 까닭에 향교로 들어가는 골목길은 그에 맞는 운치가 있다. 밀성 손씨密城 孫氏의 집성촌인 한옥 마을에는 19세기 후반과 20세기 초반에 지어진 한옥들이 빼곡하다. 전통 한옥이 근대 한옥으로 변하는 과정을 볼 수 있는 귀한 곳이다. 때로 폐가처럼 방치된 건물이 눈에 밟히지만, 다감한 골목길이 주는 고즈넉함이 만족스럽다. 마을의 토석담을 따라 골목 끝에 다다르면, 세월 속에 넣고 막 헹궈낸 듯 하얗게 바랜 단청을 입은 풍화루風化樓가 사람을 맞는다. 풍화風化는 '교육이나 정치의 힘으로 풍습을 잘 교화하는 일'을 이른다. 향교가 지향하는 교육 목표를 짐작할 수 있다. 누마루 아래 마련된 문이 정문 구실을 하는 외삼문이다. 밀양향교는 고려 중기에 부북면 용지리에 세워졌고, 임진왜란으로 소실되었다가 1602년 지금의 자리에 다시 지어졌다. 물론 그 뒤 여러 번 고쳐 지어 오늘에 이르렀다.

　향교는 강당과 제사 영역으로 구분된다는 점에서 서원과 유사하지만, 제사 영역에서 서원 건축과 차이가 난다. 서원에서 제사 영역은 자신들이 모시는 특정 인물에게 제사를 지내기 위한 것이지만, 향교는 공자와 함께 중국과 우리나라에서 이름을 떨친 유학자 수십 명을 한꺼번에 모신다. 여러 사람을 모시다 보니 공간이 많이 필요하고, 그래서 제사 영역에 공자를

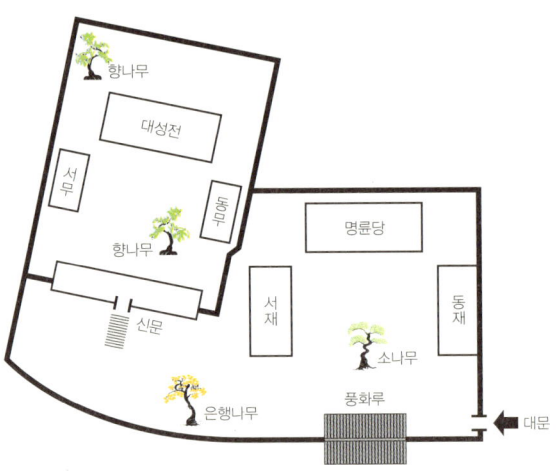

세월에 헹궈낸 듯 뽀얀 단청을 입은 풍화루는 그 이름 속에 나라의 교육 이념을 담고 있다.
'풍화'는 교육이나 정치의 힘으로 풍습을 잘 교화하는 일을 이른다.

모신 대성전大成殿 말고도 대성전 앞에 동무東廡와 서무西廡라는 건물을 같이 배치한다. 따라서 서원과 달리 강당 영역과 사당 영역의 건물 비중이 비슷하다. 향교 건축을 감상한다면, 이 두 공간의 건축적인 대비를 염두에 둘 필요가 있다.

풍화루 밑 작은 문은 몸을 낮추게 하여 마음을 겸손하게 만든다.

강당 영역을 풍부하게 하는 배후 공간

꼭꼭 잠긴 누마루의 대문을 지나 관리사 쪽으로 난 문을 통해 안으로 들어서면 강당 영역이다. 향교 건물에 들어설 때마다 느끼는 것은 단절감이다. 거의 사람이 들지 않는 곳이어서 적막감이 주는 심리적 충격 같은 것이다. 하지만 그 단절감은 오래 지속되지 않는다. 향교는 개인적으로 가장 먼저 경험한 전통 건축물이어서 부지불식간에 감정을 아련한 추억 속으로 이끌어 가기 때문이다. 더구나 계절은 봄을 지나 이제 여름으로 이동하고 있어 푸른 기운이 기분을 상큼하게 자극하고 들어온다. 마당에 마사토 대신 잔디가 깔려 조금 낯설기도 하지만, 주위에 선 고건축과 어우러지는 장면을 연출하고 있어 나쁘지 않다. 풍화루와 마주보는 명륜당明倫堂은 강당 영역의 중심 건물이다. 명륜당 앞쪽에는 학생들이 생활하는 동재와 서재가 밀도감 있게 마당을 감싸고 있다. 동재에는 양반이, 서재에는 일반 양민이 기숙하며 공부했다. 조선 시대는 실상이야 어떻게 되었든 법적으로는 양민도 과거를 보는 평등한 사회였다. 건물에 둘러싸인 마당이 자칫 답답할 만하지만, 사당으로 이어지는 공간이 비어 있어 오히려 아늑하다. 그 터짐이 밀양향교를 건축적으로 살려 낸다. 아무리 규범 건축이지만 건축을 하는 이들은 보이지 않는 곳에서 자신들의 건축적 안목을 살려 낸다.

마당을 중심으로 네 개의 건물을 세우고 건물 사이에 터진 공간을 만드는 수법은 조선 후기 사찰과 비슷한 배치 모습이다. 조선 시대 전통 건축의 풍요로운 공간 변화를 이곳에서도 볼 수 있다. 이런 특징은 건물과 건물을 회랑回廊(지붕이 있는 외부 통로)으로 연결하는 중국 건축과 명백히 구분된다. 마당 가운데 제법 세월을 견뎌 온 소나무가 그늘을 늘어뜨리고 여유롭다. 그런데 마당 한가운데 소나무라니? 언뜻 소나무를 그곳에 심은 뜻을 이해하기 힘들다. 마당 한가운데 나무를 심으면 한자 困(곤)의 모습이 되어 좋아하지 않았으니, 이도 마당의 잔디만큼이나 낯설어 보인다. 그러나 사당 쪽에 다녀오면 이곳에 소나무를 심은 까닭을 알 수 있다. 먼저 사당을 보기로 하자.

연둣빛 잔디 사이로 난 길을 따라 사당 쪽으로 들어서면 사당과 강당의 중간 영역을 지나게 된다. 사당으로 들어가는 예비 공간이면서 강당 영역을 풍부하게 하는 배후 공간이기도 하다. 이 공간이 없었다면 건축은 전체

(위) 조선 후기 향교 건축의 모범을 보여 주는 밀양향교.
풍화루에서 본 강당 영역은 고즈넉하지만, 연둣빛 잔디와
나무들이 어우러져 생동감이 느껴진다.
(아래) 서재(왼쪽)에는 양민이, 동재(오른쪽)에는 양반이 머문다.
단정하게 늘어선 기둥에서 학생들의 생활 태도를 엿볼 수 있다.

적으로 답답했을 것이다. 향교와 세월을 같이 한 은행나무가 뿌리내린 자리도 이곳이다. 공자가 은행나무 아래에서 제자들에게 강의를 했다는 고사에서 시작하여, 공자를 모시는 곳에는 으레 은행나무를 심는다. 이 점이 향교가 서원과 또 다른 점이다. 가파른 계단을 눈으로 좇아가니 그 높이가 상당하다. 제사 영역인 사당이 높은 곳에 위치하고 있어, 그곳이 일상 공간이 아니며 또 그곳에 모셔진 인물이 참배하는 사람과는 격이 다름을 일깨워 마음을 다소곳하게 한다. 가파른 계단을 오르며 늘 근신하던 선비의 생활을 느껴 본다. 신문神門을 지키듯 앉아 낯선 이를 관찰하던 강아지 한 마리가 도둑이 아니라고 판단했는지, 신기하게 한 번도 짖지 않고 조용히 옆으로 비켜 앉는다. 사람이 들지 않는 향교가 저 스스로 자연과 함께 은밀한 세상을 만들어 온 것은 아닐까? 강아지는 내가 모르는 다른 생명체가 아닐까?

내삼문을 들어서니 전혀 다른 분위기가 사람을 맞는다. 시원하게 마을을 내려다보던 공간감 때문인지 텅 빈 마당이 오히려 꽉 찬 느낌으로 다가온다. 대성전은 맞배지붕을 관모처럼 쓰고 단정하게 앉아 적멸의 세계에 빠져든 표정이다. 대성전으로 들어오는 것을 용납 못하겠다는 듯 완강하게 막고 선 세 개의 판문(판을 이어 빈틈없이 만든 문)이 공간을 더욱 정적으로 만든다. 관리인이 안을 한번 보지 않겠냐는 제안을 하지 않았다면, 결코 그 안을 볼 엄두가 나지 않았을 것이다. 그 안에는 공자와 함께 여러 유학자의 신위가 모셔져 있다. 장대석 기단(돌을 직사각형으로 길게 다듬어 쌓은 기단) 위에 앉은 대성전은 밀양향교에서 제일 격이 높은 건물이다. 왕이 머무는 곳에나 쓸 수 있는 '전殿'이라는 한자를 건물에 붙인 것은 공자가 문선왕文宣王으로 추존된 인물이기 때문이다. 그 앞으로 동무와 서무가 살창(창

(위) 공자와 유교의 선학들을 모신 사당으로 들어가는 내삼문이 정적 속에 묻혀 있다.
(아래) 신문神門을 지키는 강아지는 마치 성지를 지키는 해태상처럼 숙연하다.

(위) 높은 기단에 자리한 대성전은 바람이 통할 틈조차 없는 판문을 달아 이곳이 죽은 자가 머무는 공간임을 알려 준다.
(왼쪽) 대성전에 모셔진 문선왕 공자의 신위.
(아래) 대성전을 가운데 두고 마주보는 서무와 동무. 주위에 심은 향나무에는 향을 피우듯 경건한 마음이 담겨 있다.

틀에 살을 달아 만든 창)을 달고 역시 굳게 입을 다물고 있다. 가까운 사찰에서 가져왔을, 다듬어진 주춧돌이나 계단돌에서 언뜻 권력의 무상함이 마음 끝을 지난다.

세월이 만든 건축의 율동감

대성전까지 걸어가서 뒤를 돌아보면, 지나온 내삼문이 굉장히 길다는 데 놀란다. 은행나무 밑에서 우러러보았을 때보다 훨씬 길게 느껴져 순간적으로 혼란스럽다. 건축적으로 사람이 한번에 인식할 수 있는 최대의 층이나 간격은 다섯이다. 공간 단위가 다섯을 넘으면 이를 숫자로 인식하지 못하고, 단지 높다거나 길다고 느끼게 된다. 내삼문은 좌우에 수장 공간을 두어 아홉 칸이나 되는 긴 건물이다. 종묘 정전을 마주한 느낌이라고나 할까. 눈 아래서 기왓골이 반복되며, 길게 이어진 지붕은 자연스럽게 영원을 생각하게 한다. 그것은 이곳으로 출발하며 내내 마음속에서 밀양이라는 어감이 울려 내던 그 미묘한 감정에 닿아 있는 듯하다. 종묘의 넓은 기단 위에 섰을 때의 그 막연한 느낌, 적멸. 낡은 문간채지만 신문으로서의 기능을 충분히 해내고 있다. 건물은 전사청이 있는 문간채가 가장 낮고, 동무와 서무가 중간, 대성전이 제일 높다. 사당 영역의 위계를 세우기 위해서다. 강당 영역에서 풍화루가 명륜당보다 높은 것에 비교된다. 건물 주위에는 향나무를 심어 성현들에게 24시간 향을 피우는 마음을 담았다.

사당 영역에 다녀오면 강당 영역이 가진 생기를 확연하게 느낄 수 있다. 산 자와 죽은 자의 공간이 같을 수는 없다. 마당에 푸른 소나무를 심은 이유도 뚜렷해진다. 소나무를 심은 선학의 마음을 알았을까? 후학이 심은 동

생활의 흔적이 묻어나는 서재의 아궁이와 계단, 그리고 손때묻은 기둥은 세월이 향교에 덧입힌 또 다른 건축미다.

백나무가 꽃을 피워 계절을 풍성하게 한다. 나무가 주는 생동감은 건물로도 그대로 이어진다. 동재와 서재의 심심한 지붕 한쪽에는 눈썹처럼 좁고 긴 지붕을 달아 율동감을 주었다. 기단에도 생활 동선에 따라 자연스럽게 계단을 만들어 향교 건물이 주는 정적인 느낌을 누그러뜨렸다. 이런 주변 조건 때문에 똑같은 잔디가 대성전에서는 엄숙함을, 이곳에서는 생동감을 선사한다. 그러나 활기가 자칫 방종으로 떨어지지 않게 건축 하나하나에 예를 다한 모습이다. 지붕은 안정감 있게 맞배지붕으로 통일하고, 팔작지붕인 풍화루 역시 추녀를 높이지 않아 정숙함을 유지한다. 학생들이 머무는 동재와 서재의 칸수를 명륜당과 같게 하여 건물에 통일성을 주되, 스케

일을 작게 하여 위계성도 확보했다. 선학과 후학 사이의 예가 중요한 공간이지만, 생활의 활기를 잃지 않게 배려한 건축 태도가 지금까지 살아 숨 쉰다. 건축가들만이 건축의 율동감을 만드는 것은 아니다. 세월도 저 스스로 공간을 바꾸며 율동을 만들어 낸다. 동재와 서재의 풍부한 변화는 생활에 적응하며 세월이 만든 밀양향교의 활력이다. 소나무와 동백나무에서 느껴지는 생기 또한 세월의 공이다.

향교는 아직도 지방 유림의 활동 공간으로 제사 의식이 중요한 곳이다. 때문에 밀양향교 역시 향교 내부를 보려면 사전에 예약을 해야 한다. 이런 점이 향교가 생활 속에 들어와 있음에도 사람들이 쉽게 다가가지 못하는 까닭이다. 언제부터인가 향교는 우리에게 밀양처럼 은밀한 세계가 되었다. 대부분의 향교는 문을 굳게 걸어 두고, 학자들도 이에 별다른 관심을 갖지 않는다. 일 년 열두 달 들고 나는 사람을 보기 힘들다. 때로는 이웃에 사는 사람들조차 그것이 향교인 줄 모르는 경우도 있지만, 향교는 시군마다 하나씩 남아 있을 정도로 우리 가까이에 있는 건축물이다. 종묘에서 강한 인상을 받은 사람들이라면 향교 순례를 권한다. 특히 밀양향교는 지난 세월을 그대로 담아내며 향교만의 은밀한 세상을 잘 간직한 향교 건축의 뛰어난 예다.

주소 | 경상남도 밀양시 교동 733(밀양교동3길 19)
관람시간 | 09:00 ~ 17:00
관람료 | 무료
문의전화 | 밀양시청 문화관광과 055-359-5638

물고기 형상의 돌에서 들리는 쇳소리

밀양향교에서 약 10분 거리인 월연정은 특히 풍광이 좋다. 이곳 어디쯤 눌러 앉아 하루를 보내도 좋지만, 밀양에 온 이상 코앞에 있는 영남루도 빠뜨릴 수 없다. 조선시대 동헌의 일부였던 영남루는 보물 제147호로 지정되어 밀양의 자랑이 되었다. 영남루를 보고 영화 〈밀양〉을 기억해 내는 사람이라면 눈썰미가 꽤 좋은 사람이다. 안타깝고 위태롭게 바라보던 영화 속의 장면들이 이곳에 살아 있다. 준 피아노학원 세트장-일마레 커피숍-영남루-서광카센터-예림서원-추원재로 이어지는 촬영지를 돌아보며 영화의 감동을 반추해 보자.

밀양이라는 지명만큼이나 신비한 세계가 이곳에는 세 개나 있다. 얼음골, 만어사, 표충비. 얼음골은 3월 초순부터 얼음이 얼기 시작해서 7월 중순까지 결빙이 이어진다. 겨울에도 계곡물이 잘 얼지 않아서 고사리류가 제 모습을 유지할 정도로 신비롭다. 신비롭기로 따지면 얼음골에 뒤지지 않는 것이 만어사의 경석이다. 만어사 앞에 지천으로 깔린 물고기 형상의 돌들은 두들기면 놀랍게도 쇳소리가 난다. 그 신기함과 놀라움 때문에 동해의 물고기와 용이 변해 경석이 되었다는 전설이 진짜가 아닐까, 잠시 생각하게 된다. 마지막으로 표충비는 사명대사를 기리기 위해 세운 비인데, 나라에 큰 일이 있을 때마다 땀방울을 흘린다 해서 꽤나 유명하다.

🚗 밀양향교 →7분→ 월연정 →4분→ 영남루 →42분→ 얼음골
→1시간→ 만어사 →53분→ 표충비

5

강원도
제주도

태고의 집을 만나다

왕곡마을

왕곡마을은 양반이 아닌 평민들이 살던 마을이다. 소박하고 담백한 한옥이 허물없이 모여 앉아 마을을 이루었다. 때문에 여느 한옥마을처럼 굳이 어느 한 집만을 특별히 찾아 나설 필요 없이 마을과 함께 어우러진 한옥을 느긋하게 둘러보면 좋겠다. 집집마다 설치된 우람한 굴뚝을 보고, 오밀조밀하게 이어지는 내부를 들여다보자. 양민들이 생활 속에 동원한 지혜를 읽어 내는 것도 즐거운 한옥 읽기가 될 것이다. 설악산과 송지호, 바닷가를 따라 이어지는 백사장이 발길을 잡아 무작정 머물고 싶은 곳이다.

거창한 당호가 없어 편한 마을

옛날 옛날 한 옛날에 이 땅에 처음 사람이 집을 짓기 시작했을 때 집의 중심은 부엌이었다. 동그랗게 생긴 움집 한가운데 화덕을 만들고, 여기서 밥을 짓고 겨울 추위를 녹였다. 가족이 모두 불가에 둘러앉아 마주하고 있으니 부엌일에 여자와 남자가 따로일 수 없었다. 남녀가 평등한 시절이었다. 하지만 세월이 흐르고 흘러 문명이 발달하고 문화가 정교해지면서 부엌은 집의 변두리로 밀려나기 시작했다. 조선 시대로 오면 부엌은 안채의 한 귀퉁이로 완전히 밀려나는 처지가 되고 만다. 그리고 높은 사랑채를 지어올린 사내들은 집의 중심을 차지하고 앉아 거만하게 수염을 쓸어내렸다. 그것이 우리가 아는 전통 한옥이다. 그런데 오래전 집의 역사가 시작되던 그때처럼 부엌이 집의 중심을 차지하고 있는 곳이 있다.

　강원도로 접어들면서 높아지기 시작한 산봉우리는 점점 그 수를 늘려가더니 자못 웅장하다. 이내 설악산에 이르자 산봉우리는 차곡차곡 포개지며 고운 옷감처럼 겹겹이 접혀 화려하게 변신한다. 구름을 벗 삼은 수려한 산세가 이따금 가슴을 저릿하게 한다. 미시령 어디쯤 금강산으로 가다 멈추어 섰다는 울산바위가 코앞이다. 바다까지 눈에 잡힐 듯하다. 차를 세우고 그 앞에 서니 설악산을 여자에 비유하는 까닭을 알 수 있을 것도 같다. 고성의 양근 함씨 陽根 咸氏 입향조로 알려진 함부열 咸傅說, ?~1442 은 이성계가 공양왕을 폐하자 은둔을 선택한다. 두문동 72인 중 한 명으로 엄혹한 시절을 피해 이곳으로 오던 함부열도 여기 어디쯤에서 발걸음을 멈추고 멀리 바다처럼 출렁이는 상념을 다스렸을 것이다. 이성계의 편에 섰던 형 함부림과도 결별해야 했으니 마음속의 통곡이 작지 않았을 것이다. 정절을 지키려는 여인의 마음이 아니었을지. 그러고 보면 그를 설악산 발치에 뿌리 내리게 한 것은 그의 마음을 닮은 설악산일지도 모른다.

함부열은 인근 마을인 금수리로 들어갔지만, 이후 함부열의 둘째 아들인 함영근咸永近이 지금의 왕곡마을에 들어오면서 양근 함씨의 동족마을이 시작됐다. 현재 우리나라에 남은 한옥마을은 거의가 양반 마을이지만, 왕곡마을은 그렇지 않다. 조선 시대 내내 누구도 관직에 나가지 않은 탓이다. 이 때문에 도무지 뜻을 짐작하기 어려워 사람을 당황하게 하는 당호도 눈에 띄지 않는다. 또 거창하지 않은 택호에서는 사람냄새가 물씬 난다. 관직을 받은 적이 없으니 택호라야 그저 '논건너집', '누렁개집', '큰상나말집' 이런 식이다. 어딘지 어수룩한 친근함이 묻어난다. 그런 생각 때문인지 여느 한옥마을보다 마을이 훨씬 고즈넉하다. 그런데 놀라운 것은 이 평화로움의 견고함이다. 한국전쟁 때에는 바로 옆에서 밀고 밀리는 전투가 치열했지만 이 마을의 평화를 깨지 못했고, 거친 싸움에 지친 동학혁명군도 이곳의 평화에 잠시 몸을 의탁하기도 했다. 이를 기념해 세운 마을 입구의 기념비에는 견고한 평화에 대한 마을의 신뢰가 담겨 있다. 또 가깝게는 고성 산불이 일대를 태워서 두어 번 세상을 놀라게 했지만, 이 마을을 범하지는 못했다. 마을 사람들은 이를 모두 풍수 때문이라고 굳게 믿는 듯하다. 더구나 마을이 특별한 인물을 내지 않고 깊숙하게 숨어 있던 탓에 강원도의 전통적인 집 양식을 비교적 잘 보존할 수 있었다. 새마을운동으로 세상 모든 초가가 양철지붕으로 머리를 새롭게 단장할 때조차 이 마을에서는 문화적인 평화가 잘 유지되었다.

함씨보다 100여 년 늦게 이곳에 들어온 또 하나의 성씨 강릉 최씨江陵 崔氏

가 마을의 다른 한 축을 이룬다. 이후 함씨와 최씨 두 성씨가 서로 교류하며 하나가 되어 이곳의 전통 한옥을 굳건히 지켜 오고 있다. 두 개의 성씨가 나란히 마을을 만들어 왔다는 점에서는 경주의 양동마을과 비슷한 듯하지만 두 마을은 확연히 다르다. 양반집과 양반을 뒷바라지하는 사람들의 거주공간이 명확히 구분되는 양동마을과 달리 이곳에서는 모든 집들이 위아래 없이 이웃이 되어 하나가 된 마을공동체를 이루고 있다. 그래서 마을이 성취해 온 평화의 밀도가 양동마을보다 훨씬 촘촘하다. 마을에 들어섰을 때의 안온함에는 숨은 내력이 있었던 것이다.

달팽이집처럼 휘휘 감긴 강원도 한옥
왕곡마을은 양반이 아닌 양민이 살아온 곳이어서 양동마을의 향단이나 관

왕곡마을 안길을 중심으로 샛길을 따라 들어가면 볼 수 있는 풍경. 일자집에 외양간이 붙은 ㄱ자 형태가 이곳 한옥의 기본 모습이다.

가정처럼 이 집만이 특별하다 할 만한 집이 없고 모두 그만그만하다. 특별히 어느 집을 내세워 집안의 내력과 건축적인 의미를 미화할 필요가 없는 민속주택이니, 굳이 어느 한 집을 국가 문화재로 지정할 까닭도 없었다. 마을 전체를 중요민속문화재 제235호로 지정한 연유다. 그래서 한옥을 하나하나 떨어뜨려 감상하기보다는 마을 전체를 하나로 묶어, 그 안에서 이루어지던 삶을 더불어 감상하는 편이 좋다.

설악산을 내려와 바다와 나란히 난 도로를 따라가다 송지호를 지나면 이정표를 놓치지 않기 위해 바짝 신경을 써야 한다. 다행히 유턴을 하여 좁은 도로로 들어서면 바다를 끼고 달리던 국도와는 사뭇 다른 마을의 어귀길이 시작된다. 잠시 차를 몰면 시야가 열리면서 마을이 나타나는데, '오봉리'라는 이름답게 다섯 개의 봉우리가 마을 주변에 불쑥불쑥 솟아 있어 첫인상이 독특하고 신선하다. 그러나 마을에서 이 특별한 봉우리를 부르는 이름은 의외로 거창하지 않다. 골무를 닮아 골무산, 밭 너머 있어 밭도산, 송지호 갯가를 닮아 갯가산. 하나같이 민초들의 삶이 느껴지는 그런 이름이다. 마을 주위에 불쑥불쑥 튀어나온 산세는 누군가의 손길이 느껴질 정도로 선명하여 막 풀어지는 보자기 모습이다. 그리고 보자기 속에 담기듯 자리 잡은 집들에서는 보자기 속 음식처럼 맛깔스러운 인정이 묻어난다. 마을 사람들이 여전히 함께 어우러져 살고 있기 때문이다.

마을 안길로 연결되는 어귀길 둘레에는 작은 숲이 있어 마을을 운치 있게 해 준다. 동구에서 잠시 마을을 조망하다 호흡을 바꾸어 어귀길을 돌아들면, 마을을 자연스럽게 휘감아 흐르는 개울을 사이에 두고 형성된 마을 전경이 한눈에 들어온다. 초가와 기와집이 어우러진 모습에 마음이 푸근해진다. 물을 따라 난 완만한 안길을 걸으며 편안하게 마을 속 경치를 감상한다. 마을 입구에서 마을 끝까지 기승전결을 이루며 하나의 이야기가 펼쳐진다. 그렇게 살아 있는 공동체 마을을 다 둘러보아 마을의 흐름에 몸이 익는다면, 이제 샛길 하나를 찾아 들어가 보자. 강원도 산속에 자리 잡은 이 마을만의 독특한 한옥을 만날 수 있다.

어찌 보면 이곳의 한옥은 달팽이집처럼 휘휘 감긴 모습이다. 남한에서는 보기 힘든 양통집(용마루 밑에 방이 두 줄로 늘어선 집)이어서 학술적인 가치도 높다. 추운 지방에 유리하게 내부공간을 여러 개로 나누어 썼는데, 순수하게 생활 속에서 지어진 집이기에 주로 19세기가 저물 무렵 지어진 집들이라는 것 외에는 건축 연혁이 제대로 남아 있지 않다. 그러니 마을 어느 집이라도 모두 문화재로서 가치가 있다. 마을의 가치조차 집집마다 골고루 나누어 가진 것이다. 발길 닿는 대로 큰상나말집을 찾아든다. 굳이 큰상나말집이 아니어도 좋다.

이곳 한옥에서 가장 먼저 눈에 띄는 것은 본체에 지붕을 덧대어 만든 외양간이다. 이런 지붕을 가적지붕이라고 하는데, 강원도에서만 볼 수 있는 지붕 형태다. 큰상나말집은 고성군에서 사들여 관리하고 있어 더는 사람이 살지 않는다. 때문에 살림집이 가지는 특유한 사람 냄새가 없다. 이따금 숙박체험을 하는 사람들의 체온이 살림집 냄새를 겨우 지탱하고 있을 뿐이다. 부엌으로 얼굴을 내밀고 여물을 독촉하는 소를 보고 싶었지만 부엌에 붙은 외양간에도 더는 소가 살지 않는다. 너무도 말끔한 모습이 낯설기는 하지만 그나마 외관은 그대로 옛 모습을 간직하고 있다는 데서 위안을 받는다. 이 집에는 안마당을 구분하는 담장이 없다. 그러니 대문도 없다. 한

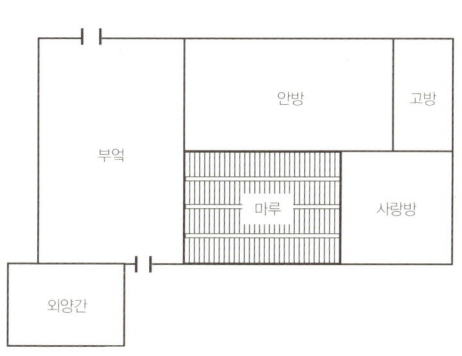

지방 정부가 관리하는 큰상나말집은
건물의 규모도 크고 내부도 비교적
자유롭게 돌아볼 수 있다.

옥이 가진 마당의 미덕을 왕곡마을의 한옥은 어떤 한옥마을보다 잘 표현하고 있다. 앞마당에서 펼쳐지는 잔치에 누구나 참여하는 우리 전통이 고스란히 살아 있는 것이다. 한옥을 소통 능력이 뛰어난 집으로 꼽는 이유 중 하나가 마당임을 생각하면, 한옥의 장점을 매우 충실하게 지켜 내고 있는 셈이다. 굳이 대문이라면, 요즘 아파트 현관문에 해당하는 문이 부엌에 달려 있을 뿐이다. 그러니 집으로 들어가자면 부엌을 통해야 한다. 이 문을 들어서면 안마당처럼 넓은 부엌이 나오고 외양간과 마루, 그리고 오밀조밀하게 이어진 방이 눈길을 잡고 한 바퀴를 돌아 나온다. 대청에서 사랑방과 안방으로 들어가고 안방에서 고방으로 들어가게 되어 있다. 고방은 타인의 손이 미치지 않도록 제일 안쪽에 두고 안주인 혼자 관리했다. 산간지방에서는 고방을 잘 관리해야 겨울을 잘 보내고 이듬해 생활을 기약할 수 있기 때문이다. 비록 사람이 살지는 않지만, 이곳에 살던 민초의 모습은 집 구조에 그대로 남아 있어 약간의 상상만으로도 그 흔적을 읽어 낼 수 있다.

추운 산간지방이어서 부엌을 비교적 크게 만들어 겨울과 봄에 불어대는 찬바람을 피하여 집 안에서 일할 수 있게 했다. 그러지 않았다면, 살을 에고 지나가는 바람과 어울려 살기가 쉽지 않았을 것이다. 부엌 안쪽에 붙은 뒷문을 밀고 나가면 뒷마당이다. 뒷마당에는 꽤 높은 담장이 둘러쳐져 있다. 북풍을 막고, 집안 살림을 위한 최소한의 사적인 공간을 뒷마당으로 확보한 것이다. 말하자면 이곳의 담장은 재산을 지키기 위해 사람을 대상으로 쌓아 올린 것이 아니다. 그렇다고 북풍을 막기 위한 것만도 아니다. 담장으로 가려진 뒷마당에는 여름나기에 꼭 필요한 과학이 숨어 있다. 뜨거운 앞마당과 그늘진 뒷마당의 기압 차이를 유발해서 집 안으로 바람을 불

(위) 큰상나말집 본채에 붙은 외양간의 모습. 이런 형태의 지붕을 가적지붕이라고 하는데, 이 마을 특유의 모습이다. 한때 소가 드나들었을 외양간의 문은 굳게 닫혀 있다. 열린 문은 현관문 구실을 하는 부엌문이다.
(아래) 부엌의 옆쪽에 있는 문. 평소에는 사용하지 않지만, 따뜻한 여름이면 저 문을 열어놓고 생활한다.

(위) 큰상나말집 부엌. 민가지만 나무가 많은 강원도라 기둥과 보가 모두 굵직굵직하다. 대갓집 부럽지 않은 뼈대미를 느낄 수 있다. 부엌을 통하지 않으면 어느 공간으로도 이동할 수 없기 때문에 집의 중심은 부엌이 된다.
(아래) 장독대는 이곳에서도 뒷마당을 차지했다. 뒷마당에는 장독대와 곳간채만 있는 것이 아니라 보이지 않는 지혜도 숨어 있다.

러들인다. 물론 집 안에 공기가 자연스럽게 들고나게 하는 환기통 구실도 한다. 방이 겹쳐진 양통집이어서 방 안의 공기 순환이 제대로 되지 않으면, 건강을 해치기 쉽기 때문이다. 이 모든 것의 중심에 부엌이 있다. 부엌문이 안과 밖을 연결하고 집 안의 어디든 부엌을 지나야 갈 수 있다. 여성의 발언권이 세지면서 주방이 집의 중심으로 변해가는 요즘의 주거문화가 이곳에는 조선 시대 내내 있었던 것이다. 때때로 한옥이 가진 여성성을 이야기했지만, 생활 속에서 만들어 낸 왕곡마을의 한옥이야말로 우리 집이 가진 여성성의 원시적인 모습을 잘 보존하고 있다.

우람해서 볼만한 굴뚝

이 마을에서 여성이 한옥의 중심이었다는 사실은 굴뚝에서도 엿볼 수 있다. 남쪽 지방에는 굴뚝이 아예 없거나 매우 낮아 볼품이 없지만 이곳의 굴뚝은 우람하고 제법 아름다워 볼만하다. 서양 문화에 익숙한 우리에게는 굴뚝이 남성을 연상시키기도 하지만, 애초 우리나라에서 굴뚝은 남성보다는 여성을 상징했다. 연기의 색깔이 젖빛이라는 것도 굴뚝의 여성성을 이해하는 데 도움이 된다. 왕곡마을의 굴뚝은 이곳 한옥의 구성물 중에서 조형성이 가장 크다. 나름대로 독특한 조형미도 갖추어 집집마다 큼지막하게 붙은 굴뚝은 이 마을의 상징처럼 여겨진다. 부엌이 집 안에서 여성의 위치를 나타낸다면, 굴뚝은 집 밖에서 여성의 위상을 보여 준다. 궁궐 굴뚝이 가지는 정교함은 없지만 규모만은 그에 못지않다. 굴뚝을 기와로 꾸미고, 끝에는 항아리까지 씌워놓아 장식성도 충분히 갖추었다. 한옥의 아궁이는 난방과 부엌일을 한꺼번에 해결한다. 그렇기에 굴뚝의 규모와 높이로 그

강원도의 산세처럼 크고 우람한 왕곡마을의 다양한 굴뚝들. 남쪽 지방 한옥의 굴뚝은 아예 없거나 매우 낮아 볼품이 없지만, 왕곡마을의 굴뚝은 우람하고 아름다워 볼만하다. 집집마다 큼지막하게 만들어져 나름대로 조형미까지 갖추고 있다. 궁궐에서나 볼 수 있는 큰 굴뚝처럼 기와로 장식되어 있고, 끝에는 항아리까지 씌워져 장식성도 충분하다. 부엌이 집 안에서 여성의 위치를 나타낸다면, 굴뚝은 집 밖으로 여성의 위상을 드러낸다.

합각은 팔작지붕에 나타나는 지붕의 모서리 부분이다. 부엌에서 불을 땔 때 나오는 연기가 자연스럽게 빠져나갈 수 있게 이곳을 비워 두는데, 지금은 메우고 장식을 한 경우가 많다. 구멍이 많은 합각은 여전히 안에서 나무를 때고 있는 집이다. 기와를 이용한 다양한 디자인은 보는 재미가 있다.

집의 열 이용 상황을 진단할 수 있다. 산골의 한옥에서는 부엌의 연기를 빼기 위해 부엌 쪽의 합각을 비워 놓는 것이 보통이지만, 이곳은 복원을 하며 합각을 메워 다양한 모습을 연출하고 있다. 합각과 굴뚝이 만드는 여러 가지 문양을 즐기는 것은 왕곡마을 기행에서 빼놓을 수 없는 볼거리다.

  한옥에는 저마다 표정이 있다. 한옥 감상은 그 표정을 읽어 내는 일이다. 왕곡마을의 한옥은 방들이 사슬처럼 이어지는 오밀조밀함이 특징이다. 그 안에서 숨쉬던 우리 민초의 애환을 읽어 내는 것은 이곳 한옥을 감상하는 의미를 더 크게 한다. 때로 그 속에 소 울음소리가 섞이기도 했을 것이다. 양민의 생활 속에서 생겨난 집이니 집 어디에서도 화려함을 느낄 수는 없다. 나무가 풍성한 산속에 살다보니 대갓집처럼 큰 부재로 집을 지어 내부 구조가 우람하기까지 하지만, 임부(妊婦)가 양쪽 손에 무언가를 잔뜩 들고 등에 아이까지 들쳐 업은 모습이라고 할까? 생활의 냄새가 짙게 배어 있다. 왕곡마을 한옥에서 도시의 성형미인을 기대할 수는 없지만, 수수한 여인에게서 느껴지는 담백함만은 기대해도 좋다. 그 담백함은 어쩌면 이성계를 반대했던 함부열이 자기가 죽은 후에도 자식들이 이성계에게 해코지당하지 않기를 바라며 이 깊은 산중에 자리를 잡았던 마음에 닿아 있다. 그의 바람대로 후손들은 출사를 하지 못했지만 자자손손 이어져 왔다. 어쩌면 권력무상의 깨우침이 핏속으로 전해 내려온 것인지도 모른다.

주소 | 강원도 고성군 죽왕면 오봉1리 502
관람시간 | 9:00 ~ 18:00
관람료 | 무료
문의전화 | 왕곡마을보존회 033-631-2120

풍성한 여정을 만드는 설악산

설악산을 끼고 있는 왕곡마을은 가는 길부터 풍성하다. 1박 2일 계획을 짜서 출발한 길이라면, 울산바위를 두고 가는 설움은 없앨 수 있다. 하루를 온전히 빼내서 즐겨 보자. 설악산의 울산바위를 등반해도 좋고, 그 아래 흔들바위처럼 앉아서 흔들흔들 쉬기에도 좋은 곳이다. 이곳에서 하루 쉬고 왕곡마을로 이어지는 건축 기행도 좋다.

왕곡마을과 함께 돌아볼 곳은 중요민속문화재 제131호로 지정된 어명기가옥이다. 이 집은 지붕 밑에 공간을 세 개로 나누어 공간의 밀집도가 매우 높다. 때문에 이 집을 통해서 혹독한 자연과 겨루어 온 강원도 한옥을 좀 더 이해하는 계기를 만들 수 있다. 전망 좋은 자리를 차지하고 있어서 왕곡마을의 한옥과 또 다른 느낌이다. 송지호와 설악산이 아니어도 바닷가를 따라 이어지는 백사장이 발길을 잡아 하룻밤 정도는 꼭 머물고 싶은 곳이다.

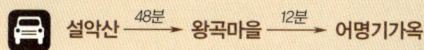

/ 바람의 땅에서 한옥을 만나다 /

성읍
민속마을

제주 한옥은 육지 한옥과 같은 듯 다르다. 환경의 척박함을 탓하지 않고, 오히려 자연과 하나가 되는 길을 택한 까닭이다. 무엇보다 시간의 층이 훨씬 두툼하다. 제주 한옥에는 원시 시대에 쓰던 화덕에서부터 우리 고유의 구들은 물론이고 최신 가스레인지까지 나란히 등장한다. 인류가 발전시킨 불의 역사가 지층처럼 쌓여 있다. 그 시간의 결을 찬찬히 읽어 내는 동안 황금빛 햇살이 동행할 것이다. 제주 성읍민속마을에서 제주 한옥만이 가지는 특별함과 경이로움을 만나 보자. 먼저 제주의 아름다운 올레길을 걷고 성읍민속마을로 들어온다면, 제주 한옥을 대하는 마음이 한결 따뜻해질 것이다.

신화 속의 신민으로 살게 한 자연

비행기를 타고 하늘을 난다는 것은 그 자체로 경이롭다. 많은 사람이 인간의 언어 능력을 칭송하고 있지만, 철학자 비트겐슈타인Ludwig Wittgenstein은 이를 그리 대수롭지 않게 생각했다. 그의 의견은 존중받을 만하다. 유유히 하늘을 나는 새를 보라. 땅을 박차고 하늘로 비상하는 새의 능력을 어디 쓸모없이 쏟아 대는 인간의 말에 비할 것인가? 활주로를 달리던 비행기가 마침내 땅을 박차고 날아오를 때 몸으로 전해져 오는 그 특별한 느낌은 견고한 시간의 벽을 마침내 성공적으로 돌파하고 비상하고 있음을 알려 주는 전율이다. 승차권의 목적지가 어디든 비행기는 공간이 아닌 시간을 여행하게 한다. 아인슈타인을 들먹일 필요도 없이 이 세상의 모든 마을은 자신만의 시계를 지니고 있다. 그리하여 어떤 마을에 들어선다는 것은 그 마을의 시곗바늘에 나를 맞추는 것이다. 그러니 오늘 만나는 마을은 언젠가 다가올 미래이거나 지나간 과거다. 세상은 그래서 한 마을이다.

시간 여행을 꿈꾸며 들떴던 기분은 제주공항을 빠져나와 성읍마을로 향하면서 조금씩 바뀌어 가고 있었다. 이 작은 섬마을에서 도대체 돌아가면 얼마나 돌아간다고, 몸뚱이에 확 그은 칼집처럼 지워지지 않을 상처를 낸단 말인가. 제주도를 가로지르는 산업도로를 빠져나와 택시에서 내릴 때의 심정은 나를 겨눈 칼끝에서 막 벗어난 느낌이었다. 제주도는 자연이 독특한 곳이어서 집을 보자면 자연을 먼저 보아야 했지만, 택시가 산업도로로 가는 것을 미처 알지 못했던 나로서는 속수무책이었다. 감상의 반을 잃어버린 심정이라니.

식은 밥에 꽂힌 숟갈처럼 넓은 식당 구석에 꽂혀 늦은 점심을 마무리하고 성읍마을에 들어섰다. 기분 때문일까? 하늘은 회벽처럼 희고 딱딱해 보였다. 그리고 그 한참 아래 바로 눈앞에서는 빗줄기가 느낌표처럼 한 줄기씩 떨어지며 불안한 마음을 일으키더니 달려온 바람에 실려 어디론가 사라졌다. 시간이 얼마 지나지 않아 회벽 같은 하늘도 더는 바람을 마다하지 못하고, 구름을 흩뜨려 이따금 푸른 살을 내비쳤다. 사물을 보는 시선이 섬세해진다. 이내 하늘은 맑아질 것이다. 그리고 황금빛 햇살을 폭우처럼 퍼부을 것이다. 변화무쌍한 제주도의 자연은 많은 신화를 창조하고, 제주도민을 신화 속의 신민神民으로 살게 했다. 신화 속의 주민들이 살던 집은 특별할 수밖에 없다. 동구에서 발을 옮겨 마을 안길로 들어서면, 눈길이 닿는 곳은 어디든 현무암이 지천이다. 그 많은 돌들은 마치 살아 있는 생명처럼

이엉을 얹은 초가지붕과
돌로 된 담장이
눈길을 끈다.

꿈틀거려 성벽이 되고 마을로 이어져 길이 되더니 이내 담장이 되어 움직임을 멈춘다. 그러나 어느새 멈춘 듯한 발길을 움직여 담장 안으로 들어가 집이 되어 생명을 담는 그릇을 만들고서야 움직임을 오롯이 멈춘다. 독특한 질감의 돌이 주는 조형미에 덧붙여 생명력까지 느껴지는 담벼락은 제주도 한옥에서 단연 돋보이는 아름다움이다. 따라서 현무암은 화산이 폭발해 만들어진 단순한 건축 자재가 아니다. 땅이 제 몸뚱이를 부수어 만든 신성神聖이 담긴 살의 일부이고, 그 신성으로 몸을 두른 집이 제주도의 한옥이다. 그것이 성읍민속마을 전체를 중요민속문화재 제188호로 지정한 까닭일 것이다. 이 보물 같은 마을을 감싸고 있는 장방형의 성城은 길이가 900미터, 높이가 4미터 정도다. 세종 때 성을 쌓고 동헌을 이곳으로 옮겨 오면서 성읍마을은 정의현의 중심지가 되었지만, 20세기 들어서 그 규모가 급격하게 축소되어 작은 시골 마을이 되었다. 성안에는 현재 90여 채의 한옥이 있지만, 생활의 제약 때문에 적지 않은 집이 빈 채로 사람을 맞는다.

때로는 담장을 높이 쌓아 바람의 눈길을 피하다

이 마을의 원래 주인은 어쩌면 바람이었는지 모른다. 바람이 먼저 들고 땅이 솟아나 바람의 다스림을 받았을 것이다. 벽랑국의 세 공주를 여기까지 모셔와 탐라국을 세운 것도 아마 바람일 것이다. 그래서 이곳의 한옥은 이 땅의 주재자인 바람을 거스르지 않는다. 지붕을 낮추어 바람에 머리를 조아리고, 때로는 담장을 높이 쌓아 바람의 눈길을 피한다. 그리하여 사람들은 신국의 주민으로 자연과 더불어 살아올 수 있었다. 땅과 하늘을 존중하고 스스로를 낮추는 태도는 이곳 샤머니즘의 오랜 전통이다. 그래서 몇몇 사람은 제주도의 샤머니즘 문화가 사라지는 것을 안타깝게 여겨 그를 기록하기 위해 노심초사했다. 민속 문화를 연구하는 이에게 제주도는 성지 같은 곳이다.

넓은 마을 안길은 일본의 강점이 남겨 놓은 유쾌하지 않은 흔적이다. 원래라면 바람 많은 마을에 저렇게 큰 바람이 내달릴 수 있게 길을 내지 않았을 것이다. 그 먼 바다를 지나온 바람이라고 쉬고 싶지 않았겠는가? 안길을 따서 만든 좁은 골목길은 따지고 보면 사람만이 살자고 만든 것이 아니다. 먼 길을 달려온 바람이 쉬어가는 쉼터이기도 하다. 그래서 그 길로 들어서야 제주 한옥의 진면목을 볼 수 있다. 돌이 만든 세상에서 바람과 가축과 사람이 어떻게 어우러졌는지 느낄 수 있는 것이다.

"이 더운 지방에 왜 이리 앞뒤로 꽉 막힌 집을 지었을까?"

무리지어 가던 사람들 속에서 흘러나온 물음이다. 아닌 게 아니라 밀봉된 듯 안팎이 막힌 한옥에서 이런 궁금증이 생기는 것은 당연하다. 그러나 제주도의 겨울이 바람을 타고 온다는 것을 생각해 낸다면 궁금증은 쉽게 풀린다. 매섭기가 여간 아니기 때문이다. 이엉으로 지붕을 덮은 제주 한옥은 집으로 들어가는 대문부터 특별하다. 육지의 대문에 해당되는 것으로 이문(간)과 정살문이 있다. 이문이 육지의 대문처럼 생긴 것이라면, 정살문은 제주만의 특별한 대문이다. 정살문의 정주석에 거는 통나무인 정낭의 개수를 조정하여 주인은 자신이 집에 있는지, 아니면 얼마나 먼 곳에 마실 나갔는지 사람들에게 알려 준다. 통나무 세 개가 정주석에 모두 꽂혀 있으면 먼 곳에 갔으니 기다리지 말라는 의미고, 하나가 꽂혀 있으면 가까운 곳에 '마실'을 나갔으니 곧 돌아온다는 뜻이다. 때로는 들에 놀던 가축들도

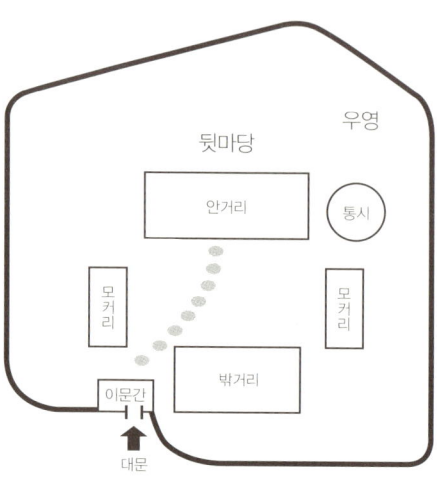

제주 한옥에서 볼 수 있는 독특한 정살문. 주인은 먼 곳으로 마실을 간 듯하다. 정낭 세 개가 모두 정주석에 걸려 있다.

그 신호를 감지했다. 신민은 굳이 말하지 않아도 이야기할 수 있었다. 올레로 이어지는 정낭은 신민이 바람이며 가축들과 어떻게 소통하며 살았는지 알려 준다. 그리고 그 자체로 주변의 풍경과 어우러져 독특한 정취를 만들어 낸다. 지역 특성이 강한 성읍마을은 특별하게 더 출중한 건물을 따로 가지고 있지 않아 모두가 그만그만하다. 이 한옥들은 대체로 19세기에서 20세기 초에 지어졌다. 그러나 그 때문에 집이 아름답지 않은 것은 아니다. 우리의 조각보를 본 어느 외국 예술가가 그 조각보를 만든 한국의 예술가를 꼭 좀 만나게 해 달라고 사정했다는 이야기도 있지 않은가? 조각보처럼 갈피마다 생활미가 묻은 우리 전통의 아름다움은 그리 멀지 않은 곳에 있다. 이 마을의 시곗바늘에 우리의 시간을 맞출 마음의 여유만 있다면 말이다.

사람과 바람이 모두 같이 정살문으로 들고 난다.

혹독한 자연과 반복되는 왜구의 침탈 속에 살다 보니 생활하는 모습이 내륙과 많이 달랐다. 제주도에서는 자식이 장성하여 결혼하면 자연스럽게 분가를 했다. 경제적으로 늘 여유가 없었으므로 집 안에서 분가를 하는 경우가 적지 않았는데, 이때 밖거리(바깥채의 제주도 방언)에 살림을 차렸다. 특이하게도 자식이 살림을 내면 같은 담장 안에 살면서도 부모와 자식의 생활은 완전히 분리가 되어 밥까지 따로 해 먹었다. 부모가 사는 건물이 안거리가 되고, 분가한 자식이 살림을 차리는 곳은 밖거리가 된다. 때문에 사랑채라는 개념이 제대로 형성되지 못했다. 이는 조선 성리학의 엄격한 남

존여비라는 문화적인 조건에서도 여인의 생활력이 더해지지 않으면 집안이 유지될 수 없었던 척박한 생활이 만들어 낸 문화다. 그래서 위치에 따라 육지의 안채에 해당하는 안거리와 사랑채에 해당하는 밖거리가 결정되고 그 양쪽으로 선 건물을 목거리(모커리)라고 해서 구분한다. 목거리는 광이나 우리 등 허드렛 공간으로 이용되는 경우가 많았다. 제주 한옥에는 남녀 간의 평등은 물론 부모와 자식 사이의 세대 간의 평등도 이루어 낸 독특한 문화가 숨어 있다. 중요민속문화재 제68호로 지정된 조일훈가옥은 건물 네 채가 모두 남아 있어 제주 한옥의 진면목을 볼 수 있다.

조일훈가옥의 모습. 왼쪽이 안거리, 오른쪽이 밖거리, 정면에 보이는 건물이 모커리다.

가축과 사람과 바람이 바투 붙어 돌고 돈다

조일훈가옥은 나그네들이 들고 나는 객주로 사용되었던 건물이다. 그렇다고 용도에 따라 건물 안팎의 모습이 달라지는 것은 아니다. 자연과의 긴장감이 만들어 낸 제주 한옥의 특징이기도 하다. 그러나 장사를 하는 집이어서 길에서 바로 집 안으로 연결되도록 했기 때문에, 고샅 구실을 하는 올레가 없다는 점이 제주 한옥 감상의 정취를 조금은 떨어뜨린다. 대문을 들어서면 이곳에서 '다리팡돌'이라고 부르는 징검돌이 안거리로 이어져 운치를 돋운다. 비가 오면 질척이는 흙 때문에 생긴 다리팡돌은 어느 집에서나 볼 수 있는 제주 한옥의 또 다른 풍경이다. 집 안쪽으로는 텃밭인 우영을 만들어 생활에 필요한 채소를 키웠다.

    집 내부 구조는 뭍의 한옥과 많이 다르다. 안거리를 보면 방과 부엌 사이에 상방이라는 마루방이 놓인다. 상방은 식사도 하고, 잠도 자고, 가족이 모여 단란함을 누리는 곳이다. 사계절이 비교적 따뜻한 지방이어서 마루방인 상방이 집의 중심이다. 특이한 것은 까마득한 옛날, 그러니까 석기 시대에 음식을 하던 화덕에서부터 조선 시대에 자리 잡은 구들, 그리고 최근에 등장한 가스레인지까지 모두가 하나의 건물에서 쓰인다는 점이다. 그래서 제주 한옥의 부엌인 정지에 들어섰을 때의 느낌은 원시 어류 실러캔스를 처음 보았을 때의 낯섦 같은 것인데, 낯섦 뒤에 여운처럼 남는 경이로움이 함께하는 감정이다. 때로 바닥을 걷기도 하는 이 특이한 물고기는 자신이 지나온 세월을 모두 제 몸에 새겨 두고 투박한 표정으로 사람을 마주한다. 백과사전만큼 두꺼운 세월 동안 바다를 지켜 온 실러캔스의 이미지와 제주 한옥은 많이 닮아 있다.

(위) 제주 한옥의 중심인 상방. 부엌에 인접한 마루방으로, 집의 중심을 차지한다.
상방은 모든 곳으로 통한다. 바닥에 깔린 우물마루에서 당시 집주인의 경제력을 느낄 수 있다.
(아래) 척박한 땅 제주에서 곡식을 보관하던 고팡은 아무나 드나들지 못하던 곳이다.

방 뒤편에는 곳간 구실을 하는 고팡이 있어서 곡식 등 이런저런 물품을 저장할 수 있다. 먹을 것이 귀하던 제주에서 고팡은 제일 중요한 곳이었다. 그래서 이곳은 내부에서만 접근할 수 있었다고 하는데, 이제는 외부에도 문을 내서 변화된 세상의 흐름을 담아내고 있다. 제주 한옥에는 이곳의 주재자인 바람의 흔적이 곳곳에 남아 있다. 집을 지을 때는 기둥을 촘촘히 세워 바람을 견디게 했고, 그 위에 덮은 초가지붕 재료도 사람이 논에서 키워 낸 볏짚이 아니라 바람이 부지런히 들판을 오가며 키워 낸 억새풀이다. 이 억새풀을 지붕으로 옮겨 끈으로 단단히 묶어 다시는 바람을 좇지 않게 했다. 벽 밖으로 나온 처마의 길이도 60센티미터 안팎으로 아주 짧다. 대신 풍차(풍채)라는 차양을 만들어 비를 막고 뜨거운 햇볕을 가렸다.

　육지 한옥에서는 뒷간을 살림 공간에서 되도록 멀리 떨어뜨려 놓았지만, 이곳 변소인 통시는 안거리에 바짝 붙어 있다. 사람의 배설물을 먹고 사는 똥돼지가 있어 가능했다. 똥돼지는 퇴비를 만들어 내는 재능 많은 가축이다. 돼지우리에 짚을 깔아 놓으면 돼지는 그곳에서 뛰어놀기도 하고 변을 보기도 한다. 때로는 구르기도 하면서 이것이 자연스럽게 퇴비가 된다. 그 퇴비로 키워진 곡식을 다시 사람이 먹는다. 더럽다고 손가락질 받는 것이 돼지지만, 사람의 지근거리에 숙소를 정하고 편히 쉴 수 있는 삶은 제주 돼지의 특권이었다. 이곳에서는 가축과 사람과 바람이 바투 붙어 돌고 돈다.

　한옥을 둘러보고 난간(툇마루)에 채 엉덩이를 놓아 보기도 전에 돌아갈 시간이다. 새촘(빗물을 모으는 장치)에 물이 고인다. 젖은 나무를 타고 내려온 빗물이 항아리로 떨어진다. 현무암으로 형성된 제주도는 땅이 물을 보

바람에 날아가지 않도록 억새풀로 지붕을 꽁꽁 동여맸다.

(위) 사람처럼 돼지도 집을 현무암으로 둘렀다. 왼쪽에 솟은 건물이 통시고 둥글게 현무암을 두른 곳이 우리다.
(왼쪽) 제주도는 물이 귀한 곳이어서 빗물과 이슬을 받아썼다. 나무로 흐른 물이 짚을 타고 내려와 항아리에 모인다. 민초들의 강인한 생명력이 느껴진다.
(아래) 규모가 작은 집에는 통시 건물을 따로 만들지 않는 경우도 있다. 짚으로 덮은 곳이 통시다.

관하지 못해 물이 귀한 곳이다. 새촘은 엄혹한 자연을 견뎌 온 제주 신민의 생활력을 보여 준다. 하늘은 여전히 회색빛이다. 끝내 황금빛 햇살이 쏟아지는 신국을 보지 못하고 돌아가야 한다. 너무 짧은 일정이 안타깝다. 한옥 감상이 단순한 집 보기가 아니라면, 그 마을과 마을을 안고 있는 자연 속으로 들어가야 한다. 아름다움은 물과 같이 낮은 곳으로 흐르는 것. 그래서 낮은 초가지붕에 눈높이를 맞추어야 한옥은 그 아름다움을 드러내 준다. 수백 년 마을을 지켜 왔을 거대한 팽나무들의 배웅을 받으며 발길을 돌린다. 시간은 어디로 흐르는가? 실러캔스 한 마리가 문득 바람을 가르며 지나간다.

주소 | 제주특별자치도 서귀포시 표선면 성읍리 987
관람시간 | 제한 없음
관람료 | 무료
문의전화 | 성읍민속마을보존회 064-787-1179

성읍민속마을에서 시작하는
올레길 1박 2일

제주도의 속살을 들추어 보자면 걷기보다 좋은 방법은 없다. 제주 올레길은 제주 여행의 좋은 길잡이다. 성읍마을에서의 접근성을 고려하면 성산읍에 있는 시흥초등학교에서 출발하는 올레1코스가 적당하다. 시흥초등학교에서 출발한 코스는 말미오름으로 이어지는데, 야생 식물 군락이 장관이다. 제주도 동쪽의 아름다운 해변이 사람을 한동안 꼼짝 못하게 만든다. 유네스코가 세계문화유산으로 인정한 성산일출봉도 가 보자. 분화구 안에서는 150여 종의 희귀한 야생 식물이 자라나고, 주변에 안성맞춤으로 굴곡을 이룬 바위들이 올레길 순례자의 발목을 잡고 놓지 않는다. 어렵사리 발을 떼서 소금밭을 지나면 마지막 코스인 광치기해변이다. 이곳에는 제주4.3사건이라는 역사적 상처가 남아 있지만, 역설적이게도 이곳에서 보는 성산일출봉이 가장 아름답고 평화롭다. 올레1코스는 16km가 채 안 되며, 5시간 내외의 시간이면 주파할 수 있다.

올레길의 감동을 가지고 하루를 묵었다면, 이튿날 느긋하게 성읍민속마을을 돌아보자. 이곳에는 국가 지정 중요민속문화재만 해도 고평오가옥, 이영숙가옥 등 다섯 개나 된다. 한옥 사이사이에는 동헌과 객사, 그리고 향교 건물까지 숨어 있어 조선 시대의 성읍 생활을 빠짐없이 돌아볼 수 있다.

🚗 성읍민속마을 —28분→ 제주 올레1코스(시흥초등학교 → 말미오름 → 종달리 옛 소금밭 → 목화휴게소 → 성산일출봉 → 광치기해변)

한옥 구조
명칭도

용마루	마루는 지붕이 만나는 선으로, 위치에 따라서 추녀마루, 내림마루 등으로 불린다. 용마루는 앞뒤 지붕이 만나는 선이다.
합각	팔작지붕 위에 삼각형으로 된 부분이다. 이 삼각형의 양 변에 팔八자로 붙이는 부재가 박공이다. 맞배지붕은 박공이 커서 박공면이라고 하면 맞배지붕의 이 부분을 말한다.
서까래	처마를 만드는 부재로 둥근 원목을 쓴다.
부연	서까래에 덧대어 단 짧은 서까래로, 밑을 둥글게 쳐서 각을 없앤다. 서까래만 있는 처마가 홑처마, 부연까지 있어 겹으로 된 처마를 겹처마라고 한다.
대들보	건물에 건너질러 놓은 큰 부재다. 한옥 대청에 앉으면 제일 먼저 시선을 잡는다.
종도리	건물 내부를 건너지르는 부재를 '보'라고 하는데, 보에 수직으로 만나는 부재를 '도리'라고 한다. 이 중에서 제일 높은 곳에 있는 도리가 종도리다.
소로	도리를 받치는 접시 모양의 작은 부재다. 장식용으로 붙이는 경우도 있다.
보아지	보를 받치는 작은 부재.
익공	보아지 자리에 들어가는 부재로, 기둥 위에서 여러 가지 부재를 잡아 주며 장식 역할도 한다.
인방	기둥과 기둥을 이어서 벽을 잡아 주는 부재다. 놓이는 위치에 따라 상인방, 중인방, 하인방으로 구분하기도 한다.
활주	추녀가 밑으로 처지지 않게 댄 얇은 기둥.
누마루	2층으로 된 마루.
툇마루	툇간에 만든 마루로 바깥기둥 안에 만든다.
쪽마루	처마 밑에 덧달아 만든 좁은 마루로 바깥기둥 밖에 만든다.

이야기를 따라가는 한옥 여행

2012년 11월 26일 초판 1쇄 발행
2014년 6월 23일 초판 2쇄 발행

지은이 | 이상현
발행인 | 이원주

책임 편집 | 한소진
책임 마케팅 | 조용호

발행처 | (주)시공사
출판등록 | 1989년 5월 10일 (제3-248호)

주소 | 서울시 서초구 사임당로 82 (우편번호 137-879)
전화 | 편집 (02)2046-2843 · 영업 (02)2046-2800
팩스 | 편집 (02)585-1755 · 영업 (02)588-0835
홈페이지   www.sigongsa.com

이 책에 실린 사진들은 저자와 농민신문사로부터 사용 허가를 받은 것입니다.
저작권법에 의해 한국 내에서 보호를 받는 저작물이므로 무단 전재 및 복제를 금합니다.
허락을 받지 못한 일부 사진에 대해서는 저작권자가 확인되는 대로 계약 절차를 밟겠습니다.

ISBN 978-89-527-6746-2   03600

본서의 내용을 무단 복제하는 것은 저작권법에 의해 금지되어 있습니다.
파본이나 잘못된 책은 구입하신 서점에서 교환하여 드립니다.